全国餐饮职业教育教学指导委员会重点课题“基于烹饪专业人才培养目标的中高职课程体系与教材开发研究”成果系列教材
餐饮职业教育创新技能型人才培养新形态一体化系列教材

总主编 ◎杨铭铎

烹饪原料知识

主　编　熊曙明　李庆彬　林海明
副主编　雷启勋　李川川　付臻祯　杨　菡
编　者　（按姓氏笔画排序）
于　洋　卢　康　付臻祯　刘文雅　许国帅
严霞光　李川川　李庆彬　杨　菡　陈立萍
林海明　段丽红　桂　福　桂海瑞　栗军峰
雷启勋　熊曙明

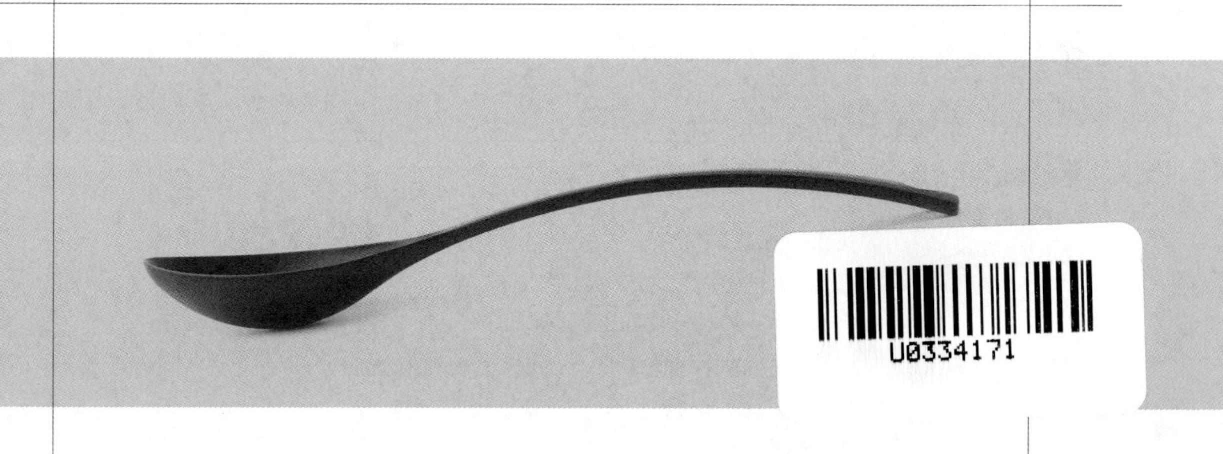

華中科技大學出版社
http://www.hustp.com
中国·武汉

内 容 简 介

本书是全国餐饮职业教育教学指导委员会重点课题"基于烹饪专业人才培养目标的中高职课程体系与教材开发研究"成果系列教材、餐饮职业教育创新技能型人才培养新形态一体化系列教材。

本书包括十个项目，分别是烹饪原料知识概况、粮食类原料、蔬菜类原料、果品类原料、畜类原料、家禽类原料、水产品原料、干货原料、调辅类原料、中药材类原料。

本书适用于烹饪类、旅游类、食品类相关专业，也可作为餐饮企业员工培训教材和餐饮文化爱好者的阅读书籍。

图书在版编目(CIP)数据

烹饪原料知识/熊曙明，李庆彬，林海明主编. —武汉：华中科技大学出版社，2020.8(2024.8 重印)
ISBN 978-7-5680-6384-5

Ⅰ. ①烹… Ⅱ. ①熊… ②李… ③林… Ⅲ. ①烹饪-原料-职业教育-教材 Ⅳ. ①TS972.111

中国版本图书馆 CIP 数据核字(2020)第 138127 号

烹饪原料知识
Pengren Yuanliao Zhishi　　熊曙明　李庆彬　林海明　主编

策划编辑：汪飒婷
责任编辑：毛晶晶
封面设计：廖亚萍
责任校对：阮　敏
责任监印：周治超
出版发行：华中科技大学出版社(中国·武汉)　电话：(027)81321913
武汉市东湖新技术开发区华工科技园　邮编：430223
录　排：华中科技大学惠友文印中心
印　刷：武汉科源印刷设计有限公司
开　本：889mm×1194mm　1/16
印　张：14
字　数：408 千字
版　次：2024 年 8 月第 1 版第 4 次印刷
定　价：46.00 元

全国餐饮职业教育教学指导委员会重点课题

“基于烹饪专业人才培养目标的中高职课程体系与教材开发研究”成果系列教材

餐饮职业教育创新技能型人才培养新形态一体化系列教材

网络增值服务

使用说明

欢迎使用华中科技大学出版社医学资源网

教师使用流程

（1）登录网址：http://yixue.hustp.com（注册时请选择教师用户）

注册 → 登录 → 完善个人信息 → 等待审核

（2）审核通过后，您可以在网站使用以下功能：

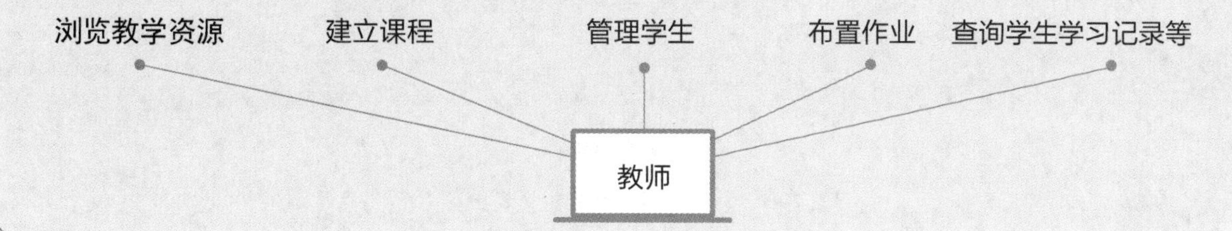

学员使用流程

（建议学员在PC端完成注册、登录、完善个人信息的操作。）

（1）PC端学员操作步骤

① 登录网址：http://yixue.hustp.com（注册时请选择普通用户）

注册 → 登录 → 完善个人信息

② 查看课程资源：（如有学习码，请在“个人中心—学习码验证”中先通过验证，再进行操作）

（2）手机端扫码操作步骤

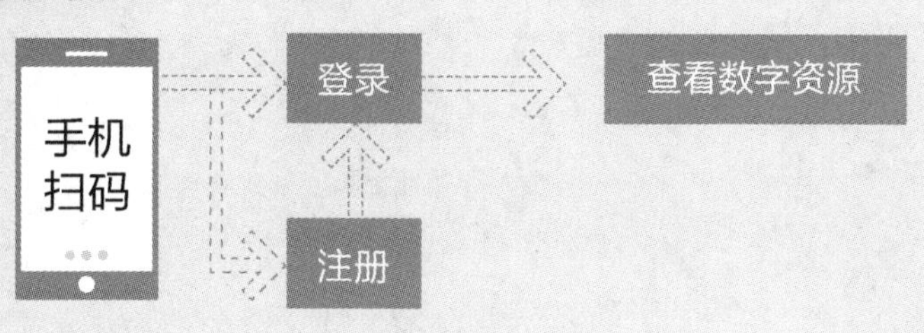

开展餐饮教学研究　加快餐饮人才培养

餐饮业是第三产业重要组成部分，改革开放40多年来，随着人们生活水平的提高，作为传统服务性行业，餐饮业对刺激消费需求、推动经济增长发挥了重要作用，在扩大内需、繁荣市场、吸纳就业和提高人民生活质量等方面都做出了积极贡献。就经济贡献而言，2018年，全国餐饮收入42716亿元，首次超过4万亿元，同比增长9.5%，餐饮市场增幅高于社会消费品零售总额增幅0.5个百分点；全国餐饮收入占社会消费品零售总额的比重持续上升，由上年的10.8%增至11.2%；对社会消费品零售总额增长贡献率为20.9%，比上年大幅上涨9.6个百分点；强劲拉动社会消费品零售总额增长了1.9个百分点。全面建成小康社会的号角已经吹响，作为满足人民基本需求的饮食行业，餐饮业的发展好坏，不仅关系到能否在扩内需、促消费、稳增长、惠民生方面发挥市场主体的重要作用，而且关系到能否满足人民对美好生活的向往、实现全面建成小康社会的目标。

一个产业的发展，离不开人才支撑。科教兴国、人才强国是我国发展的关键战略。餐饮业的发展同样需要科教兴业、人才强业。经过60多年特别是改革开放40多年来的大发展，目前烹饪教育在办学层次上形成了中职、高职、本科、硕士、博士五个办学层次；在办学类型上形成了烹饪职业技术教育、烹饪职业技术师范教育、烹饪学科教育三个办学类型；在学校设置上形成了中等职业学校、高等职业学校、高等师范院校、普通高等学校的办学格局。

我从全聚德董事长的岗位到担任中国烹饪协会会长、全国餐饮职业教育教学指导委员会主任委员后，更加关注烹饪教育。在到烹饪院校考察时发现，中职、高职、本科师范专业都开设了烹饪技术课，然而在烹饪教育内容上没有明显区别，层次界限模糊，中职、高职、本科烹饪课程设置重复，拉不开档次。各层次烹饪院校人才培养目标到底有哪些区别？在一次全国餐饮职业教育教学指导委员会和中国烹饪协会餐饮教育委员会的会议上，我向在我国从事餐饮烹饪教育时间很久的资深烹饪教育专家杨铭铎教授提出了这一问题。为此，杨铭铎教授研究之后写出了《不同层次烹饪专业培养目标分析》《我国现代烹饪教育体系的构建》，这两篇论文回答了我的问题。这两篇论文分别刊登在《美食研究》和《中国职业技术教育》上，并收录在《中国餐饮产业发展报告》之中。我欣喜地看到，杨铭铎教授从烹饪专业属性、学科建设、课程结构、中高职衔接、课程体系、课程开发、校企合作、教师队伍建设等方面进行研究并提出了建设性意见，对烹饪教育发展具有重要指导意义。

杨铭铎教授不仅在理论上探讨烹饪教育问题，而且在实践上积极探索。2018年在全国餐饮职业教育教学指导委员会立项重点课题“基于烹饪专业人才培养目标的中高职课程体系与教材开发研究”(CYHZWZD201810)。该课题以培养目标为切入点,明晰烹饪专业人才培养规格;以职业技能为结合点,确保烹饪人才与社会职业有效对接;以课程体系为关键点,通过课程结构与课程标准精准实现培养目标;以教材开发为落脚点,开发教学过程与生产过程对接的、中高职衔接的两套烹饪专业课程系列教材。这一课题的创新点在于:研究与编写相结合,中职与高职相同步,学生用教材与教师用参考书相联系,资深餐饮专家领衔任总主编与全国排名前列的大学出版社相协作,编写出的中职、高职系列烹饪专业教材,解决了烹饪专业文化基础课程与职业技能课程脱节,专业理论课程设置重复,烹饪技能课交叉,职业技能倒挂,教材内容拉不开层次等问题,是国务院《国家职业教育改革实施方案》提出的完善教育教学相关标准中的持续更新并推进专业教学标准、课程标准建设和在职业院校落地实施这一要求在烹饪职业教育专业的具体举措。基于此,我代表中国烹饪协会、全国餐饮职业教育教学指导委员会向全国烹饪院校和餐饮行业推荐这两套烹饪专业教材。

习近平总书记在党的十九大报告中将“两个一百年”奋斗目标调整表述为:到建党一百年时,全面建成小康社会;到新中国成立一百年时,全面建成社会主义现代化强国。经济社会的发展,必然带来餐饮业的繁荣,迫切需要培养更多更优的餐饮烹饪人才,要求餐饮烹饪教育工作者提出更接地气的教研和科研成果。杨铭铎教授的研究成果,为中国烹饪技术教育研究开了个好头。让我们餐饮烹饪教育工作者与餐饮企业家携起手来,为培养千千万万优秀的烹饪人才、推动餐饮业又好又快地发展,为把我国建成富强、民主、文明、和谐、美丽的社会主义现代化强国增添力量。

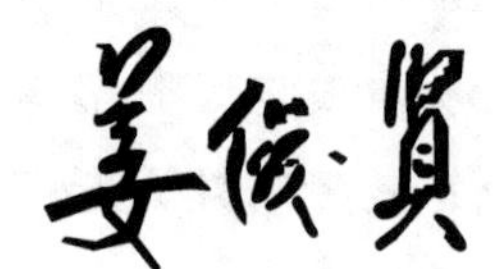

全国餐饮职业教育教学指导委员会主任委员

中国烹饪协会会长

《国家中长期教育改革和发展规划纲要(2010—2020年)》及《国务院办公厅关于深化产教融合的若干意见(国办发〔2017〕95号)》等文件指出:职业教育到2020年要形成适应经济发展方式的转变和产业结构调整的要求,体现终身教育理念,中等和高等职业教育协调发展的现代教育体系,满足经济社会对高素质劳动者和技能型人才的需要。2019年,国务院印发的《国家职业教育改革实施方案》中更是明确提出了提高中等职业教育发展水平、推进高等职业教育高质量发展的要求及完善高层次应用型人才培养体系的要求;为了适应"互联网+职业教育"发展需求,运用现代信息技术改进教学方式方法,对教学教材的信息化建设,应配套开发信息化资源。

随着社会经济的迅速发展和国际化交流的逐渐深入,烹饪行业面临新的挑战和机遇,这就对新时代烹饪职业教育提出了新的要求。为了促进教育链、人才链与产业链、创新链有机衔接,加强技术技能积累,以增强学生核心素养、技术技能水平和可持续发展能力为重点,对接最新行业、职业标准和岗位规范,优化专业课程结构,适应信息技术发展和产业升级情况,更新教学内容,在基于全国餐饮职业教育教学指导委员会2018年度重点课题"基于烹饪专业人才培养目标的中高职课程体系与教材开发研究"(CYHZWZD201810)的基础上,华中科技大学出版社在全国餐饮职业教育教学指导委员会副主任委员杨铭铎教授的指导下,在认真、广泛调研和专家推荐的基础上,组织了全国90余所烹饪专业院校及单位,遴选了近300位经验丰富的教师和优秀行业、企业人才,共同编写了本套餐饮职业教育创新技能型人才培养新形态一体化系列教材、全国餐饮职业教育教学指导委员会重点课题"基于烹饪专业人才培养目标的中高职课程体系与教材开发研究"成果系列教材。

本套教材力争契合烹饪专业人才培养的灵活性、适应性和针对性,符合岗位对烹饪专业人才知识、技能、能力和素质的需求。本套教材有以下编写特点:

1. 权威指导,基于科研　本套教材以全国餐饮职业教育教学指导委员会的重点课题为基础,由国内餐饮职业教育教学和实践经验丰富的专家指导,将研究成果适度、合理落脚于教材中。

2. 理实一体,强化技能　遵循以工作过程为导向的原则,明确工作任务,并在此基础上将与技能和工作任务集成的理论知识加以融合,使得学生在实际工作环境中,将知识和技能协调配合。

3. 贴近岗位,注重实践　按照现代烹饪岗位的能力要求,对接现代烹饪行业和企业的职业技能标准，将学历证书和若干职业技能等级证书（“1＋X”证书）内容相结合，融入新技术、新工艺、新规范、新要求，培养职业素养、专业知识和职业技能，提高学生应对实际工作的能力。

4.编排新颖，版式灵活　注重教材表现形式的新颖性，文字叙述符合行业习惯，表达力求通俗、易懂，版面编排力求图文并茂、版式灵活，以激发学生的学习兴趣。

5.纸质数字，融合发展　在新形势媒体融合发展的背景下，将传统纸质教材和我社数字资源平台融合，开发信息化资源，打造成一套纸数融合的新形态一体化教材。

本系列教材得到了全国餐饮职业教育教学指导委员会和各院校、企业的大力支持和高度关注，它将为新时期餐饮职业教育做出应有的贡献，具有推动烹饪职业教育教学改革的实践价值。我们衷心希望本套教材能在相关课程的教学中发挥积极作用，并得到广大读者的青睐。我们也相信本套教材在使用过程中，通过教学实践的检验和实际问题的解决，能不断得到改进、完善和提高。

随着我国餐饮业竞争日益激烈，企业对烹饪专业的从业人员的综合素质提出了更高的要求。目前，关于烹饪原料的知识理论介绍很多，有些知识专业性太强，操作实践运用太少，不容易被从业人员接受；有些烹饪原料加工处理方法太过简单，未能将烹饪专业的工作任务与职业标准融入其中，对于从业人员的指导作用略有欠缺。在全国餐饮职业教育教学指导委员会重点课题"基于烹饪专业人才培养目标的中高职课程体系与教材开发研究"立项之时，将专业、课程、教材紧密联系，整合优势资源，将教材内容对接新的职业标准和新的产业需求，开发反映新知识、新技术、新工艺和新方法的基于工作过程系统化的"烹饪原料知识"课程教材，以更好地服务于中等职业教育烹饪专业教学改革。

"烹饪原料知识"是中餐烹饪与营养膳食专业的一门必修基础课程。本课程的功能定位为使学生从烹饪原料的产地、产季、品种、品种特点、储藏养护、烹饪运用等方面对常用烹饪原料有初步的认识，正确掌握烹饪原料的品质鉴定方法，同时根据烹饪原料的特点准确把握其在烹调中的应用。

本书参照有关行业的职业技能鉴定规范及中级技术工人等级考核标准，采用模块化编写模式，内容包括基础模块、实践模块、选学模块等。基础模块包括烹饪原料的品质类别、烹饪原料产地、品种特点、营养价值等方面知识；实践模块包括烹饪原料的品质鉴别、储藏及养护、加工及处理（含部分初加工方法，如涨发、分档等）、烹饪运用（典型菜品加工方法，如香菇等的烹调运用）；选学模块包括拓展知识（同类的稀缺原料或地域性原料介绍、新产品与新科技运用）。

本书具有如下特色。

(1) 以任务为导向，理实一体，突破单纯的理论教学模式。

本书内容以完成工作任务为目标循序渐进，以符合职业技能的培养要求，同时又充分考虑学生对理论学习的需要，结合中餐烹调师的职业标准，理实一体，把烹饪原料知识融于烹饪加工工作过程中。理论的基础是实践，理论又转过来为实践服务，故加强实践教学就显得格外重要。因此采取了一系列措施来强化实践教学，以满足中等职业学校中餐烹饪与营养膳食专业人才培养方案的具体教学要求。例如，讲解猪肉剔骨及分档取料时，完成理论介绍后，马上带学生到实训室演示上述内容，边示范，边讲解，讲清楚骨与骨、骨与肉之间的连接方式，特别是对较难出肉的部位进行重点讲解和反复演示，如前后蹄髈与棒子骨之间、前棒子骨与扇面骨之间的连接等，然后将已取出的骨骼放回原处，让学生观察骨骼的形状及其连接方式，以加深印象，有条件的可让学生亲自操作。

(2) 以烹饪专业课程开发为关键点，以工作过程系统化为基本点。

本书以烹饪原料知识为载体，选取相关内容，紧扣烹饪原料知识结构体系要素和相关加工处理工作流程，内容循序渐进，以"工作任务驱动、理论实践融合"为宗旨，注重对学生实际工作能力的培养。

(3) 弘扬中国传统文化，补充中医药原料知识。

中医药是"祖先留给我们的宝贵财富"，是"中华民族的瑰宝"，是"打开中华文明宝库的钥匙""凝聚着深邃的哲学智慧和中华民族几千年的健康养生理念及其实践经验"。本书加入了中药材类原料知识相关内容，可引导学生学习药膳的基础知识，以满足具有中国特色的"医食同源"理念下的菜肴制作需要。

本教材是由编写团队分工合作完成的，具体分工如下：长沙财经学校熊曙明负责全书统筹，东营市东营区职业中等专业学校李庆彬、江苏省涟水中等专业学校林海明负责审核，项目一烹饪原料知识概况部分由广西商业技师学院桂福、广西梧州商贸学校段丽红负责编写，项目二粮食类原料由西安商贸旅游技师学院雷启勋、刘文雅负责编写，项目三蔬菜类原料由江苏省涟水中等专业学校林海明、桂海瑞、严霞光负责编写，项目四果品类原料由东营市东营区职业中等专业学校李庆彬、于洋负责编写，项目五畜类原料由东营市东营区职业中等专业学校李庆彬、栗军峰负责编写，项目六家禽类原料由江苏省涟水中等专业学校林海明、卢康负责编写，项目七水产品原料由长沙财经学校熊曙明、厦门工商旅游学校李川川负责编写，项目八干货原料由重庆市商务高级技工学校付臻祯、西安商贸旅游技师学院刘文雅负责编写，项目九调辅类原料由重庆市旅游学校杨菡、长沙财经学校许国帅、西安商贸旅游技师学院雷启勋负责编写，项目十中药材类原料由吉林工商学院陈立萍、长沙财经学校熊曙明负责编写。

本书在编写过程中得到了杨铭铎教授的大力支持和科学指导。华中科技大学出版社的汪飒婷等编辑从开始策划到教材落地，一直精心安排、跟踪指导、热情服务。各参编院校领导和老师给予了大力支持。在此一并表示衷心的感谢。

由于编者能力有限，疏漏之处在所难免，希望广大读者提出宝贵的指导意见。本书适用于烹饪类、旅游类、食品类相关专业，也可作为餐饮企业员工培训教材和餐饮文化爱好者的阅读书籍。

目录

项目一

烹饪原料知识概况

项目描述

烹饪原料知识概况，主要介绍烹饪原料的概念和研究内容，烹饪原料的分类方法，烹饪原料的营养构成和营养作用，烹饪原料的品质鉴定和储运方法及原理。

项目目标

1. 了解烹饪原料的概念及研究内容。
2. 掌握烹饪原料的分类方法。
3. 了解烹饪原料的营养成分。
4. 掌握烹饪原料的品质鉴定及保藏方法。

任务一 烹饪原料的概念

一、烹饪原料的概念

烹饪原料是指通过烹饪加工可以制作成各种主食、菜肴、糕点等的可食性原料的总称。学习烹饪原料知识，首先要了解烹饪原料的名称，掌握烹饪原料的产地、产季、外部特征、性质特点、烹调用途、品质鉴定、烹饪原料分类、储存保鲜、营养等方面的知识。只有掌握关于烹饪原料的基础知识，才能对烹饪原料进行科学合理的使用，丰富菜点花色品种。

可食性原料的要求必须满足：具有营养价值、良好的口味口感、食用安全。

“烹饪原料知识”是一门研究烹饪原料相关知识的课程。

二、烹饪原料研究的内容

❶ 烹饪原料的产地与产季

（1）产地：指烹饪原料的出产地区。烹饪原料品种繁多，各国各地区的物产都有自己特色，了解烹饪原料的产地对我们加工制作菜点可起到指导和帮助作用。

（2）产季：指烹饪原料在自然环境中的最佳出产季节。因各国各地区所处地理位置不同，气候差别较大，各种烹饪原料所适应的生长环境不同，造成了烹饪原料的出产季节不同。同种烹饪原料也有其最佳的出产时段。掌握烹饪原料的产地与产季知识，可为我们及时选料烹饪提供理论依据。

❷ 烹饪原料的品种特点、烹调用途、品质鉴定

（1）品种特点：指烹饪原料的色泽、外观形态、组织结构、化学成分、味道和质地等。为了烹制出色香味俱佳的菜点，前提是正确选料，因烹饪原料品种较多，各有其不同的外部特征、质地、味道等，

Note

掌握每一种烹饪原料的品种特点及各个部分的性能差异，有利于为菜点寻求最佳的调味方法、初加工方法和烹调方法，以最大限度地发现烹饪原料的物性之美。

（2）烹调用途：指烹饪原料适用的最佳烹调方法。各种烹饪原料都有不同的特性，研究烹饪原料的用途，就是寻求与烹饪原料性质相适应的烹调方法，最大限度地突出烹饪原料所具有的滋味和特殊风味，为食客提供营养卫生、色香味形兼具的菜点。

（3）品质鉴定：指鉴定烹饪原料质量的优劣。影响菜点品质的主要因素有两个：一是烹饪原料的品质，二是烹调加工水平。因此烹饪原料的品质鉴定与选料极为重要，若选用低质量甚至腐败变质的烹饪原料，菜点的质量将得不到保证。

❸ 烹饪原料的储存保鲜、营养成分、注意事项

（1）储存保鲜：指烹饪原料的保藏、保鲜方法。在烹调中对于鲜活的烹饪原料应现买现用，以防存放时间过长而引起烹饪原料变干、变色，甚至腐败变质而降低烹饪原料的使用价值，造成经济损失。鲜活的烹饪原料库存也不宜过多，对于那些不能使用完的烹饪原料一般采用低温保存法、高温保存法、腌制和烟熏、脱水干制、密封、气调、辐射、活养等储存方法。

（2）营养成分：指烹饪原料所含的能被人体消化吸收的营养物质。烹饪原料中所含的主要营养成分有糖类、蛋白质、脂肪、矿物质、维生素和水，不同的烹饪原料中所含的营养成分的种类及含量各异。研究烹饪原料的营养成分是为了满足合理营养、平衡膳食及合理烹调的需要，从而达到科学膳食的目的。

（3）注意事项：指烹饪原料在运输、加工、烹调时应注意的事项。由于烹饪原料的产地、产季、生长环境、结构特点、可食用部位等不同，其在烹饪中所适用的烹调加工方法也不同，因此在烹调加工时，应除去其老、残、有异味和不可食用部位，运用最佳的烹调方法，突出烹饪原料本身具有的鲜美滋味，保证烹饪原料的食用价值和营养价值。

三、烹饪原料的分类

（一）烹饪原料分类的意义

（1）有助于使烹饪原料知识的学科体系更加科学化、系统化。

（2）有助于全面深入地认识烹饪原料的性质和特点。

（3）有助于科学合理地利用烹饪原料。

（二）烹饪原料分类的方法

❶ 按照烹饪原料的来源属性分类

（1）植物性原料：如粮食、蔬菜、果品等。

（2）动物性原料：如家畜、家禽、鱼类、贝类、蛋、奶、虾等。

（3）矿物性原料：如食盐、碱、明矾、石膏等。

（4）人工合成原料：如人工合成色素、人工合成香精等。

❷ 按照烹饪原料的加工状况分类

（1）鲜活原料：如蔬菜、水果、鲜鱼、鲜肉等。

（2）干货原料：如干菜、干果、鱼翅、鱿鱼干等。

（3）复制品原料：如香肠、五香粉、糖果等。

❸ 按照烹饪原料的烹饪运用分类

（1）主配料：指一道菜点的主要原料及配伍原料，是构成菜点的主体，也是客人食用的主要对象。

（2）调料：指在烹调或者食用过程中用来调配菜点口味的烹饪原料。主要有咸味、甜味、辣味、酸味、香味调料，以及各种复合调料等。

（3）佐助料：指在烹制菜点过程中使用的帮助菜点成熟、成形、着色的原料。如水、油脂等。

❹ 按照烹饪原料的商品性质分类

（1）粮食原料：如大米、面粉、大豆、杂粮等。

（2）蔬菜原料：如萝卜、青菜、番茄、食用菌、藻类等。

（3）水果原料：如各种水果、干果、蜜饯等。

（4）肉类原料：如畜肉、禽肉、蛋奶、火腿、腊肠等。

（5）水产原料：如鱼类、虾、蟹、贝类、海蜇等。

（6）干货制品：如鱼翅、海参、干贝、干菜、蹄筋等。

（7）调味原料：如盐、糖、酱油、味精、醋、香料、食用油脂等。

❺ 其他分类方法（按照生物学的分类体系分类）

（1）概念及意义：生物的分类是依照物种间的亲缘关系来进行的，称为自然分类法。即根据生物的外部性状、内部结构、生活特性等确定它们之间亲缘关系的远近而进行系统的分类。

（2）生物的分类等级：通常情况下，生物的分类等级依次为界、门、纲、目、科、属、种。

强调：由于人类长期的栽培、养殖和选育，烹饪原料中形成了许多在形态特征、生理特征方面出现一些微小差异的变种，但它们总的特性还是一致的。

四、烹饪原料的营养成分

烹饪原料中所含的主要营养成分有糖类、蛋白质、脂肪、矿物质、维生素、水。研究烹饪原料的营养成分是为了满足合理营养、平衡膳食及合理烹调的需要，从而达到科学膳食的目的。

❶ 糖类　糖类又称碳水化合物。糖类在膳食中是热量的主要来源，食物中的糖类主要以淀粉的形式供给机体能量。

（1）单糖：最简单的碳水化合物，主要有葡萄糖、果糖、半乳糖等。其中葡萄糖主要存在于水果及植物的浆液中，尤以葡萄中含量较多，在人体中葡萄糖由淀粉消化而来。

（2）双糖：主要有蔗糖、麦芽糖、乳糖等。其中蔗糖在甘蔗及甜菜中含量较为丰富，加工后可形成日常所用的白糖、红糖、砂糖等。

（3）多糖：主要有淀粉、糊精、纤维素、果胶等。所有谷类均含淀粉，干豆、硬果中含量也很多，有些蔬菜中淀粉含量也很高，如慈姑、藕、马铃薯、山药等。

糖类主要来源于谷类、根茎类食物，这些食物中含有大量的淀粉和少量的单糖和双糖。

❷ 蛋白质　蛋白质是烹饪原料中的重要营养成分之一，是人类获得氮素营养的唯一来源。

供给人类蛋白质的主要食物有畜禽类、鱼类、贝类和豆类。在动物性原料中畜禽类、鱼类蛋白质含量一般为10％～20％，鲜奶类为1.5％～3.8％，蛋类为11％～14％。在植物性原料中，豆类蛋白质含量为20％～40％，谷类为6％～10％，薯类为2％～3％。

烹饪原料中蛋白质在烹调中的变化：①变性作用和凝固作用；②水解作用（嫩化）；③羰氨反应（又叫美拉德反应）。

❸ 脂肪　在植物性原料中，脂肪主要存在于种子和果实中，根、茎、叶中含量很少，其中以油料作物的种子脂肪含量最多。在动物性原料中，脂肪主要存在于皮下、腹腔内和肌肉间的结缔组织中，部分鱼类的肝脏中脂肪含量较多。

烹饪原料中脂肪在烹调中的变化与影响：①热水解作用；②热分解作用；③热氧化聚合作用；④油脂的酸败。

❹ 维生素　维生素按其溶解性分为脂溶性维生素、水溶性维生素。维生素A、D、E、K，属于脂溶性维生素，只溶于脂类或脂溶剂，主要存在于动物性原料中，在食物中常与脂类共同存在，也与脂类一起被消化吸收。

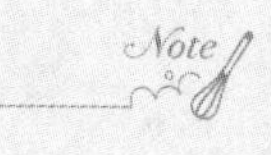

水溶性维生素分为B族和C族两大类，它们的共同特点是易溶于水。除维生素B_{12}外，其余水溶性维生素在人体内基本上不能储存，一旦在体液中的浓度超过正常需要量，则随尿液排出体外，一般不会发生维生素过多症。

❺ **矿物质** 矿物质分为常量元素（磷、硫、氯、钠、钾、镁、钙这7种元素），微量元素（铁、锌、铜、铬、钴、锰、钼、镍、锡、钒、硒、硅、氟、碘这14种元素）。

钙的来源比较丰富，其中以鲜奶及奶制品中含量较多，大豆及大豆制品、绿叶蔬菜、贝类、鸡蛋等中含量也较多。磷普遍存在于动植物原料中，在肉、鱼、蛋、奶中含量较丰富，在蔬菜和水果中含量较少。铁主要存在于动物性原料中，在动物肝脏、蛋黄、肉类、鱼类中含量较为丰富。锌在动物肝脏、肉类、奶、豆类中含量丰富。碘在藻类产品（如海带、紫菜等）中含量丰富。

❻ **水** 烹饪原料中的水以结合水和自由水两种形式存在。人类饮食中的水主要来源于饮料、汤、酒类等。烹饪原料的含水量主要与烹饪原料的种类有关，此外还与产地、成熟度以及保藏的温度、湿度和时间长短等因素有关，通常新鲜蔬菜、水果含水量为70%～90%，粮食为8%～10%，油性种子为3%～4%，乳类为80%～90%，蛋类为70%～80%，鱼类为67%～81%，肉类为40%～60%。

同步测试

1. “烹饪原料知识”的主要学习内容有哪些？
2. 烹饪原料分类的意义是什么？
3. 烹饪原料应该具有哪些有效营养成分？

任务二 烹饪原料的品质鉴定及保藏

一、烹饪原料品质鉴定的意义

(1) 定义：根据各种烹饪原料的性质和特性等，依据一定的标准，运用一定的方法，判定烹饪原料的变化程度和质量的优劣。

(2) 地位：选择烹饪原料的重要依据，是选料的前提。选料就是从菜点的要求出发，结合烹饪原料的性质和特点进行品质鉴定的过程。

(3) 实质：根据各种烹饪原料外部固有的感官特征、内在结构及化学成分的变化，应用一定的检验方法判定烹饪原料的变化程度和质量的优劣。

(4) 作用：

①有利于掌握烹饪原料的质量优劣和质量变化的规律，扬长避短，制作出优质菜点。

②避免腐败变质原料和假冒伪劣原料进入烹调，保证菜点的卫生和质量，防止有害因素危害食用者的健康。

(5) 意义：对烹饪原料品质的鉴定，是对烹饪原料进一步了解认识的过程，也是对促使烹饪原料变化的各种因素了解认识的过程。这不仅为合理选用烹饪原料提供了依据，不至于造成烹饪原料浪费、影响顾客的健康，同时也为不同的烹饪原料采取有效的储藏保管方法提供了依据。

二、烹饪原料品质鉴定的依据和标准

鉴定烹饪原料质量的基本依据是烹饪原料的固有品质、成熟度和纯度、新鲜度、清洁卫生程度等。

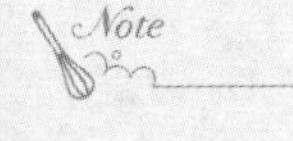

❶ **烹饪原料的固有品质** 烹饪原料的固有品质是指某烹饪原料特有的质地、色泽、气味、滋味、

外观形状等外部品质特征，以及营养物质、化学成分及组织特征等内部品质特征。

烹饪原料的固有品质与烹饪原料的产地、产季、品种、食用部位及栽培饲养条件等有关。

❷ 烹饪原料的成熟度和纯度　成熟适当的烹饪原料能充分体现其特有的固有品质。烹调中的成熟是指适合食用的成熟度，而非动植物的生理成熟度。判断成熟度的标准：与烹饪原料的饲养或栽培时间、上市季节有密切的关系，同时考虑菜点的制作要求。

纯度是指烹饪原料的食用部位占烹饪原料的比例。纯度与烹饪原料中的杂质比例有关，纯度越高，烹饪原料的使用价值就越高。烹饪原料中出现杂质是不可避免的，但必须避免烹饪原料中出现恶性杂质。

❸ 烹饪原料的新鲜度　新鲜度是指烹饪原料的组织结构、营养物质、风味物质等的变化程度。新鲜度越高越好。鉴定烹饪原料新鲜度时，一般从烹饪原料的形态、色泽、水分、质地和气味等感官指标来判断。强调：凡不属于该烹饪原料本身的气味都称为异味。

❹ 烹饪原料的清洁卫生程度　烹饪原料的清洁卫生程度是指烹饪原料表面黏附污秽物、虫及虫卵、微生物等的污染程度，烹饪原料的腐败变质程度以及可引起人体发生食物中毒的各种有害物质的含量。烹饪原料的清洁卫生程度与食用安全性密切相关。

三、烹饪原料品质鉴定的方法

❶ 理化检验法

（1）定义：利用各种理化仪器和试剂，通过对烹饪原料的理化指标进行分析测试来鉴定烹饪原料质量的方法称为理化检验法。

（2）理化检验法的实施：理化检验法通过测定分析烹饪原料的化学成分、物理指标以及生物学指标，再与国家、行业及企业标准进行对照，从而对烹饪原料品质优劣做出判断。

（3）优缺点：结论较为科学、准确，主观因素影响小，可靠性强，具有一定权威性。但需要相应的理化仪器设备，需要专门的技术人员，有的方法检测周期较长。

（4）使用范围：大多适合大型餐饮企业大批量采购时使用。

（5）分类：

①理化方法——分析检验烹饪原料的物理化学性质。

②生物方法——检验烹饪原料有无毒性或有无生物性污染。

❷ 感官检验法

（1）定义：感官检验法是以人的感觉器官作为“测量仪器”的分析检验方法，即利用人的感觉器官如眼、耳、鼻、口、手等对烹饪原料品质进行鉴定的方法。

（2）感官检验法的实施：烹饪原料的品质可从其气味、滋味、外观形态等感官性状上反映出来，人们通过感觉器官可感知并做出判断。

（3）优缺点：简便、灵敏、直观，不需要专门的仪器设备，尤其是烹饪原料品质的可接受性只能通过感官检验法来判断和认定。准确度和重现性较差。

（4）影响准确度和重现性的因素：感觉疲劳和心理因素。常见的有对比增强现象、对比减弱现象、变调现象、相乘作用等。

（5）使用范围：感官检验法是目前餐饮业最常用的品质鉴定的方法。感官检验法适用于几乎所有的烹饪原料，尤其是肉类、禽蛋、水产品、果蔬、调味品等。

（6）常用的感官检验法及注意事项：

①嗅觉检验：

a. 可采用适当方法增加气味物质的挥发度，以增加嗅觉检验的准确度。

b. 避免嗅觉疲劳的影响。

c.避免嗅觉交叉适应对检验结果的影响。

②视觉检验：

a.视觉检验应从烹饪原料包装的完整程度、大小、形状、结构、色度、光泽、杂质比例等方面入手。

b.应在光线明亮、背景亮度大的环境下进行视觉检验，最好采用自然光或日光灯等冷光源。

c.对于可能出现沉淀及悬浮物的液态食品应适当搅拌或摇晃；对于瓶装或包装食品应开瓶、开袋检验；大块食品可以切开观察其切面状态。

③味觉检验：

a.味觉检验适用于可直接入口的调味品、水果及烹饪半成品的检验。

b.检验指标：包括烹饪原料入口后的风味特性（滋味及口腔的冷、热、收敛等知觉和余味）及质地特性（烹饪原料的硬度、脆度、凝聚度、黏度和弹性），烹饪原料咀嚼时产生的颗粒、形态，以及油、水含量感。

c.一般宜在常温下对烹饪原料进行味觉检验。

d.黏度大的烹饪原料应适当延长检验时间。

④听觉检验：主要鉴别烹饪原料的脆嫩度及新鲜度。

⑤触觉检验：在具体实施感官检验法时，必须综合地运用嗅觉、味觉、视觉、听觉和触觉检验，结合多种感觉器官的检验结果对烹饪原料的质量做出较准确的判断。

四、烹饪原料在保藏过程中的质量变化和影响因素

（一）烹饪原料自身新陈代谢引起的质量变化

❶ 植物性原料的质量变化

1）呼吸作用

(1) 定义：呼吸作用是生物体中的大分子能量物质在多酶系统的参与下逐步降解为简单的小分子物质并释放能量的过程。其实质是大分子物质的一种氧化还原作用，把呼吸底物氧化为二氧化碳和水及热量。其类型包括有氧呼吸和无氧呼吸。

(2) 与植物性原料保藏的关系：果蔬储藏保鲜的关键技术是以维持最低强度的呼吸作用为前提的。

a.有益作用：有利于植物性原料抵御外界微生物的侵染，防止发生生理病害。

b.有害作用：呼吸作用产生的呼吸热使果蔬升温，会使果蔬迅速腐烂变质；营养成分逐渐消耗，营养价值下降，滋味淡化；无氧呼吸产生的中间代谢产物积累至一定浓度时将导致细胞中毒而出现生理病害。

(3) 影响呼吸作用的因素：果蔬的种类、成熟度等内在因素，温度、空气成分、机械损伤和微生物侵染等外在因素。

2）后熟作用　果实在采摘后继续成熟的过程。

(1) 表现：色泽由绿色向红色、黄色等成熟色转化，香味增加，风味好转，产生甜味，酸味下降，涩味减轻，质地软化。

a.有益作用：改善果蔬的食用品质。

b.当果蔬后熟完成时，果蔬就已处于生理衰老期而失去耐藏性。

(2) 延缓后熟的方法：适宜而稳定的低温，较高的相对湿度和恰当比例的气体，及时排出刺激性气体（乙烯）。

(3) 催熟：利用催熟的方法来加速果蔬后熟。其机理是增加果蔬中酶的活性和创造无氧呼吸的条件，如维持 20～25 ℃的温度，在密封条件下维持适量氧气，利用乙烯等催熟剂。

3）发芽和抽薹　发芽和抽薹是两年或多年生植物打破休眠状态，开始进入新的生长阶段时所

发生的一种生理变化，也称为萌发，储藏物质、水分在果蔬中转化、转移、分解和重组合，甚至产生毒素。

(1) 表现：重量减轻，损耗加大、萎蔫，正常的代谢被破坏，果蔬的耐藏性降低。

(2) 内在因素：果蔬品种、成熟度、结构紧密度和化学成分等。

(3) 外界条件：环境温度、空气相对湿度和空气流速等。

2 动物性原料

(1) 尸僵作用：指屠宰后的动物肉发生生物化学变化，促使肌肉伸展性消失而呈僵直的状态。

a. 僵直形成原因：由于动物肉中的糖原在缺氧情况下分解为乳酸，动物肉的 pH 下降，动物肉中的蛋白质发生酸性凝固，造成肌肉组织的硬度增加，因而出现僵直状态。

b. 特点：处于尸僵期的肌肉组织紧密、偏硬，弹性差，无鲜肉的自然气味，烹调时不易煮烂，动物肉的食用品质较差。

c. 与保藏的关系：处于尸僵期的动物肉的 pH 较低，组织结构也较紧密，不利于微生物繁殖，因此从保藏角度来看，应尽量延长肉类的尸僵期。

d. 影响尸僵持续时间的因素：与动物的种类、肉温有密切关系。躯体较大的动物，如牛、猪、羊的尸僵期较长，而鸡、鱼、虾、蟹的尸僵期较短。温度越低，尸僵持续时间越长。

(2) 成熟作用：僵直的动物肉由于组织酶的自身消化，重新变得柔软并且具有特殊的鲜香风味，食用价值大大提高，这一过程称为肉的成熟。

a. 成熟的原因：僵直的动物肉长期处于酸性条件下，蛋白质发生酸性溶解，重新变得柔软而有弹性。同时，肌肉蛋白质在肌肉中组织酶的作用下部分分解，形成与风味有关的化合物如多肽、二肽、氨基酸、亚黄嘌呤等，使动物肉具有鲜美滋味。

b. 特点：肌肉多汁、柔软而富有弹性，表面微干，带有鲜肉自然的气味，味鲜而易烹调，肉的持水性和黏结性明显提高，达到动物肉的最佳食用期。

c. 影响成熟的因素：动物肉的成熟与外界温度条件有很大的关系。外界温度低时，成熟过程缓慢；温度升高，成熟过程就加快。

(3) 自溶作用：组织酶继续分解肌肉蛋白质，引起组织的自溶分解，大分子物质进一步分解为简单物质，肌肉的性质发生改变。

a. 表现：肌肉松弛，缺乏弹性，无光泽，具有一定不良气味，肌肉表面色泽变暗，呈棕红色。此时的动物肉处于次新鲜状态，去除变色变味部分，经过高温处理尚可食用，但品质已大为降低。

b. 影响因素：环境温度高时，动物肉的自溶速度加快；当温度降至 0 ℃时，动物肉自溶停止。

(4) 腐败作用：自溶过程产生的小分子物质为微生物的生长提供了良好的营养条件，当外界条件适宜时，微生物可大量繁殖。首先在动物肉表面大量生长，并沿着毛细血管逐渐深入肌肉内部，继而引起深层腐败。动物肉的表面呈现液化状态，发黏，弹性丧失，产生异味，肉色变为绿色、棕色等，失去食用价值。

(二) 影响烹饪原料质量的外界因素

1 物理因素 物理因素包括日照、温度和压力等。

(1) 日照：日光的照射会促进烹饪原料中某些成分的水解、氧化，引起变色、变味和营养成分损失。强光直接照射烹饪原料或包装容器可造成温度间接升高，产生与高温情况下相类似的品质变化。

(2) 温度：温度过高或过低都会影响烹饪原料的品质。高温加速各种化学变化，增加挥发性物质和水分的损失，使烹饪原料营养成分、重量、体积和外观等发生改变，引起变质。而低温会使组织冰冻，解冻后烹饪原料质地变软、腐烂、崩解。

(3) 压力：重物的挤压可使烹饪原料变形或破裂，使汁液流失，外观不良。如为瓶装原料或食品

发生破损，则不可食用。

❷ **化学因素** 氧化、还原、分解等化学变化都可使烹饪原料发生不同程度的变质，导致烹饪原料出现变色、变味等。烹饪原料与空气接触可能发生氧化；金属物质与酸性原料或食品接触时可发生还原作用或使金属溶解；其中与烹饪原料保藏关系较密切的化学因素包括淀粉老化、脂肪氧化、褐变等。

❸ **生物因素** 包括微生物和鼠虫的作用，其中微生物的危害较大。微生物是所有形态微小的单细胞、个体结构较为简单的多细胞甚至没有细胞结构的低等生物的统称。包括某些细菌和酵母菌等。微生物的特点：种类繁多，生长繁殖迅速，分布广泛，在空气、土壤、水中无处不在，代谢能力强，绝大多数营腐生或寄生，需从其他有生命的或无生命的有机体内获取营养。

五、常用的保藏烹饪原料的方法

烹饪原料保藏的基本原理：营造不适于微生物生长繁殖的环境，以抑制及杀灭微生物，同时抑制和破坏烹饪原料中的组织酶的活性，延长烹饪原料的保藏时间，达到保藏烹饪原料的目的。

常用的保藏方法有以下几种。

（一）低温保藏法

定义：降低烹饪原料的温度并维持其处于低温状态的保藏方法，称为低温保藏法。常用低温为15 ℃以下。

特点：能最大限度地保持烹饪原料的新鲜度、营养价值和固有风味。

原理：降低并维持烹饪原料的温度能有效抑制烹饪原料中酶的活性，减弱由新陈代谢引起的各种变质，抑制微生物的生长繁殖，从而防止由于微生物污染而引起的烹饪原料腐败。低温还可延缓烹饪原料中所含各种化学成分之间发生的反应，降低烹饪原料中水分蒸发的速度，减少萎蔫现象。

❶ **冷藏**

（1）定义：将烹饪原料置于稍高于冰点的温度中进行储藏的方法。常用冷藏温度为0～15 ℃。

（2）使用范围：主要用于储藏蔬菜、水果、禽蛋，以及畜禽肉、鱼等的短期储存，亦可用于加工性烹饪原料的防虫和延长储存期限。

（3）特点：

①在冷藏条件下烹饪原料不发生冻结，能较好保持其细胞结构、胶体结构及质地和风味特征。

②在冷藏条件下烹饪原料中的酶及由酶催化的各种生化代谢并未停止，一些嗜冷微生物仍能生长繁殖，烹饪原料所含化学成分仍可缓慢地发生水解、氧化、聚合等变化，一定时间后仍然可使烹饪原料腐败变质。

③烹饪原料冷藏的储存期限较短，一般为几天至几周。

④在冷藏过程中，不同烹饪原料要求不同的冷藏温度。动物性原料要求温度越低越好，常用0～4 ℃；植物性原料要防止产生生理冷害。

（4）注意事项：适当密封，防止串味及水分过度蒸发导致萎蔫干枯。在烹饪原料的保质期内及时食用。

❷ **冻藏**

（1）定义：将烹饪原料冻结并在低于冰点的温度中进行储藏的方法称为冻藏。

（2）使用范围：常用于对肉、禽、水产品、预调理食品的保藏。

（3）特点：

①烹饪原料冻结后，其所含水分绝大部分形成冰晶，减少了生命活动与生化变化所必需的液态水分，能高度减缓烹饪原料的生化变化，更有效地抑制微生物的活动，保证烹饪原料在储藏期间的稳定性。

②冻藏适合烹饪原料的较长期储藏，时间长的可以年计。

③快速冻结可较好地保持烹饪原料的品质。

(4) 注意事项：

①尽量选择较低的冻藏温度储藏烹饪原料。

②避免长时间、频繁打开冰箱而造成温度波动，引起烹饪原料内冰晶的生长现象。

③可采用密封的方法减少烹饪原料表面失水、串味和变色的现象。

④解冻时可采用缓慢解冻法、微波解冻法和烹调解冻法。

（二）高温保藏法

定义：利用高温(80 ℃以上)杀灭烹饪原料上黏附的微生物及破坏烹饪原料的酶活性而延长烹饪原料保存期的方法称为高温保藏法。

原理：由于微生物和酶对高温的耐受能力较弱，当温度超过 80 ℃时，微生物的生理机能减弱并逐渐死亡，可防止微生物对烹饪原料产生影响。同时高温还可以破坏烹饪原料中酶的活性，防止烹饪原料因自身的呼吸作用、自溶等引起变质，达到保藏的目的。

高温保藏法可分为巴斯德消毒法、煮沸消毒法和高温高压灭菌法几种。

❶ 巴斯德消毒法　将烹饪原料在 62～63 ℃的温度下加热 30 min 以杀灭烹饪原料中致病微生物的方法。适合于啤酒、牛奶、酱油、醋等烹饪原料的消毒。只能杀死致病微生物的营养细胞，不能杀灭耐热性强的芽孢。常结合冷藏对烹饪原料进行 10 天以内的短暂保存。现代的高温短时杀菌法和超高温瞬时杀菌法，一般用于牛奶和果汁杀菌后的长期储存。

❷ 煮沸消毒法　将烹饪原料置于水中煮沸的消毒方法。杀菌消毒效果较巴斯德消毒法要好。餐厅中多用于餐具、易腐的肉类、豆制品等的消毒。

❸ 高温高压灭菌法　采用 100～121 ℃的高温灭菌的方法。可以杀灭各种微生物及芽孢，次新鲜的肉类可用高温高压杀菌法消毒杀菌后食用。

注意事项如下：①经高温处理的烹饪原料的保存期限与烹饪原料杀菌时的密封程度有关。②高温保藏法往往有类似煮、蒸的致熟作用。③经高温处理的烹饪原料还要注意防止重新被污染，否则仍会变质。

（三）脱水保藏法

定义：利用各种方法将烹饪原料中的水分减少至足以防止腐败变质的程度，并维持低水分状态进行长期储藏的保藏方法称为脱水保藏法。

原理：烹饪原料通过干燥脱水，降低了水分活度，微生物可利用的水分减少，同时烹饪原料中的化学物质浓缩，渗透压升高，最终使微生物失水而导致代谢停止，使其生长受到抑制或死亡。烹饪原料中酶的活性也因干燥而减弱，烹饪原料变质速度减缓。

使用范围：多用于山珍海味、蔬菜水果等的保藏，餐厅中可用干燥脱水的方法自行晒制干菜、猪响皮等。

❶ 自然干燥　利用太阳晒干和风吹干食品。在较长的干燥时间里烹饪原料可继续完成后熟，形成特殊的风味。

❷ 人工干燥　利用人工控制条件脱去烹饪原料的水分，干燥效率高，常见的人工干燥方法有热风干燥、真空干燥、冷冻干燥等，多见于工业化生产。

❸ 烘烤油炸　餐厅可通过油炸或烘烤脱去烹饪原料水分，延长半成品保存期限。

注意事项：干货原料应密封保藏，储藏环境中空气湿度不可太高。对于含水量低、易碎的干货原料应当轻拿轻放，以免破碎而影响外观。

（四）密封保藏法

将烹饪原料严密封闭在一定的容器内，使其和阳光、空气隔绝，以防止烹饪原料被污染和氧化的

方法。该方法较简单，最终目的是隔绝空气。可使烹饪原料具有一定的风味特点，久藏不坏。可用于制作陈酒、酱菜，罐装的冬菇、冬笋等。

（五）腌制保藏法

定义：利用较高浓度的食糖、食盐等物质对烹饪原料进行处理而延长保存期的保存方法，称为腌制保藏法。

原理：食糖、食盐等物质产生的高渗透压，可降低烹饪原料的水分活度，造成微生物细胞的质壁分离现象，使细胞内蛋白质变性，杀死微生物或抑制微生物活动。同时高渗透压可抑制酶的活力，从而达到保藏烹饪原料的目的。

❶ **盐腌** 多用于肉类、禽类、蛋、水产品及蔬菜的保藏，依烹饪原料不同分别使用食盐及硝盐、香料等其他辅助腌剂。一般使用的食盐浓度在6%～15%。盐腌有时与脱水干燥相结合。

❷ **糖渍** 主要用于水果和部分蔬菜的保藏加工，可用于制作蜜饯、果脯、果酱等。一般糖浓度在50%以上才具有良好的保藏效果。

❸ **酸渍** 酸渍保藏法是通过提高烹饪原料酸度而保存烹饪原料的方法。

（1）原理：大多数腐败菌在pH 5.5以下时生长繁殖会受抑制，通过提高烹饪原料酸度，降低pH至5.5以下，即可达到储存烹饪原料的目的。

风味醇正的可食用的有机酸，如乳酸、醋酸、柠檬酸等腌制原料，除具有明显保藏作用外，还可使烹饪原料具有独特的风味。利用微生物发酵产酸可制作泡菜、酸菜等。

（2）注意事项：用酸渍保藏法时酸度一般都不大，往往需与低温或盐渍、糖渍结合使用。

❹ **酒渍** 利用酒精的抑菌杀菌作用保藏烹饪原料的方法称为酒渍保藏法。常用白酒、酒酿、香糟、黄酒来浸渍烹饪原料。

注意事项：白酒和酒酿等酒精含量高，杀菌力强，多用于水产品的腌制，如红糟鱼、醉蟹的制作；香糟、黄酒等适用于出水后烹饪原料的腌制，如醉虾、醉鸡的制作。

酒渍保藏法多加入盐、醋及香辛料以增加保藏效果。酒渍保藏法可以使制品带上特殊的酒香风味。

（六）烟熏保藏法

定义：烟熏保藏法是在腌制或干制的基础上，利用木柴、树叶等不完全燃烧时产生的烟气来熏制烹饪原料达到保藏目的的方法。

原理：熏烟中含有醛、酚等具有抑菌作用的化学物质，烟熏过程中产生的热量可使烹饪原料部分脱水，同时温度升高也能有效地杀灭烹饪原料表面的微生物，减少其表面黏附的微生物数量，具有较好的防腐效果。

使用范围：动物性腌腊制品的保藏，个别果蔬如乌枣、烟笋也可用烟熏保藏法保藏。

（七）气调保藏法

定义：改变烹饪原料储存环境中气体组成成分而达到保藏烹饪原料目的的方法。

原理：降低氧气含量，增加二氧化碳或氮气的含量，从而减弱鲜活烹饪原料中化学成分的变化。多用于水果、蔬菜、粮食的保藏。

常用的方式：机械气调库、塑料帐篷、塑料薄膜袋、硅橡胶气调袋等。

（八）辐射保藏法

原理：利用一定剂量的放射线照射烹饪原料而延长保藏期的方法。

常用射线：α射线、γ射线。

优点：可以穿过包装和冻结层，杀灭烹饪原料表面及内部的微生物及害虫，辐射过程中温度几乎没有升高，处理后的烹饪原料与新鲜烹饪原料在外观形态、组织结构及风味上很难区别。

（九）防腐剂保藏法

食品防腐剂的定义：能抑制烹饪原料中微生物的生长、延长保藏期的一类具有食品保鲜作用的食品添加剂。

使用特点：用量小、防腐效果明显，不改变烹饪原料的色香味，对人体无毒害作用。

常用食品防腐剂：丙酸及其盐类，苯甲酸及其盐类，山梨酸及其盐类。

注意事项：食品防腐剂在低浓度时只有抑菌作用，随着浓度增高或作用时间延长则有杀菌作用。但在使用时必须注意不超过国家规定的最大用量。

注意区别食品防腐剂与化学防腐剂。不能将有毒害作用的化学防腐剂如福尔马林等加入食品中，避免造成不必要的伤害。

（十）活养储存法

活养储存法的特殊性：餐厅对小型动物性原料进行饲养而保持并提高其品质的特殊储存方法。

使用范围：适用于稀少罕见、价格昂贵或对新鲜程度要求较高的动物性原料的储存。

优点：动物性原料随用随杀，可以充分保证动物性原料的新鲜度；短期饲养可消除动物性原料的不良风味，使其风味更加鲜美，如鳝鱼的活养，可以使其吐净泥沙；经长途运输的动物性原料躯体消瘦，活养后，可使其恢复元气，提高食用质量。

注意事项：注意动物的生活习性，提高其存活率，提高食用质量。

同步测试

1. 简单介绍烹饪原料自身新陈代谢引起的质量变化和影响因素。
2. 影响烹饪原料质量的外界因素有哪些？
3. 常用的保藏烹饪原料的方法有哪些？
4. 巴斯德消毒法的原理是什么？

粮食类原料

项目描述

粮食类原料知识，主要介绍谷类原料的概况、分类特点和营养价值，麦类原料的概况、分类特点和营养价值，杂粮类原料的概况、分类特点和营养价值，豆类原料的概况、分类特点和营养价值；粮食类原料的品质鉴定和储藏方法；粮食类原料在烹调过程中的运用。

项目目标

1. 了解各类粮食的概念、产地、分类。
2. 理解各类粮食的组织结构、营养成分。
3. 熟悉粮食的品种特点，粮食制品的性质。
4. 掌握常见粮食的烹饪运用特点、品质鉴定、储藏保管方法。

内容提要

粮食类原料是以淀粉为主要营养成分、用于制作各类主食的主要原料的统称。联合国粮食及农业组织（简称粮农组织）将粮食定义为供食用的谷类、麦类、杂粮类和粮食制品等原粮和成品粮。

常见的谷类原料包括籼米、粳米、糯米。

麦类原料包括小麦、大麦、黑麦。

杂粮类原料包括玉米、小米、荞麦、燕麦、高粱、青稞。

豆类原料包括大豆、小豆、绿豆及其制品。

本项目从这四个方面分别进行介绍。

任务一 谷类

基础模块

一、谷类原料概况

稻谷为禾本科稻属草本植物，生长于热带和亚热带地区，是全世界重要的粮食作物之一，全世界稻谷种植面积占谷物总面积的1/5。我国为水稻原产地，产量居世界首位，全国约2/3的人口以稻米为主食。

水稻是我国种植面积最大、总产量最高、稳定性最好的粮食作物，稻米也是全球一半以上人口的主食。稻米在我国粮食生产中具有举足轻重的地位，占我国粮食总产量的30%以上。

稻谷加工可提高其食用品质，加工后获得稻米，稻米蛋白质和粗纤维含量虽然较低，但其生物效价较高，各种营养成分的消化率和吸收率高，因此营养价值较高。稻米蒸煮成米饭，香味宜人，糯黏可口，具有良好的食用品质。同时，以稻米为原料亦可进一步加工制作成米粉、糕点、米酒等。

二、谷类原料的品质特点

（一）稻谷的分类和特点

我国稻谷种植区域广，品种超过6万种，分类方法也很多。按稻谷的生长方式分为水稻、深水稻和旱稻；按生长的季节和生长期长短不同分早稻谷（生长期90～120天）、中稻谷（生长期121～150天）、晚稻谷（生长期151～170天）。

稻米按粒形、粒质可分籼米、粳米和糯米。

❶ **籼米**　籼米是中国产量最大的稻米品种，以四川、湖南、广东等省为主产区。籼米是用籼型非糯性稻谷制成的米。米粒细长或呈长圆形，长度在7 mm以上，蒸煮后出饭率高，黏性较小，米质较脆，加工时易破碎，横断面呈扁圆形，颜色为白色透明的居多。根据稻谷收获季节，分为早籼米和晚籼米。早籼米米粒宽厚而较短，呈粉白色，腹白大，粉质多，质地脆弱易碎，黏性小于晚籼米，质量较差。晚籼米米粒细长而稍扁平，组织细密，一般是透明或半透明的，腹白较小，硬质粒多，油性较大，质量较好。籼米含直链淀粉较多，涨性大，出饭率高，但黏性小，口感干而粗糙。

❷ **粳米**　粳米主要产于我国华北、东北和江苏等地。粳米是用粳型非糯性稻谷碾制成的米。米粒呈椭圆形或圆形，丰满肥厚，横断面近于圆形，颜色蜡白，呈透明或半透明状，质地硬而有韧性，煮后黏性、油性均大，柔软可口，但出饭率低。粳米根据收获季节可分为早粳米和晚粳米。早粳米呈半透明状，腹白较大，硬质粒少，品质较差。晚粳米呈白色或蜡白色，腹白小，硬质粒多，品质优。米粒呈短圆形，色泽蜡白，透明或半透明。

籼米

粳米

❸ **糯米**　糯米又称江米，有籼糯米和粳糯米之分，以江苏南部及浙江出产较多。糯米呈乳白色，不透明，糯米的淀粉全都是支链淀粉，硬度低，煮后透明，黏性大，涨性小，出饭率低。

（二）稻谷籽粒的形态结构

稻谷籽粒由颖（外壳）和颖果（糙米）两个部分组成，在制米加工中稻壳经砻谷机脱去而成为颖果，又称为糙米。稻壳由两片退化的叶子内颖（内稃）和外颖（外稃）组成，内外颖的两缘相互钩合包裹着糙米，构成完全封闭的谷壳。谷壳约占稻谷总重量的20%，它含有较多的纤维素、木质素、灰分和戊聚糖，蛋白质、脂肪和维生素的含量很少，其灰分主要由二氧化硅组成。

籼糯米

粳糯米

糙米是由受精后的子房发育而成的。按照植物学的概念，整粒糙米是一个完整的果实，由于其果皮和种皮在米粒成熟时愈合在一起，故称为颖果。颖果没有腹沟，长 5～8 mm，每粒的重量为 25 mg，是由颖果皮、胚和胚乳三个部分组成的。颖果皮由果皮、种皮和珠心层组成，包裹着成熟颖果的胚乳。胚乳在种皮内，由糊粉层和内胚乳组成。胚位于糙米的下腹部，包含胚芽、胚根、胚轴和盾片四个部分。在糙米中，果皮和种皮约占 2%，珠心层和糊粉层占 5%～6%，胚芽占 2.5%～3.5%，内胚乳占 88%～93%。在糙米碾白时，果皮、种皮和糊粉层一起被剥除，故这三层常被合称为米糠层。米糠层和胚含有丰富的蛋白质、脂肪、膳食纤维、B 族维生素和矿物质，营养价值很高。

三、谷类原料的营养价值

谷类的化学成分和营养价值会随品种及生长条件不同而异。稻谷籽粒中含有的主要化学物质有淀粉、蛋白质、脂类、纤维素、维生素和无机盐等。

❶ **淀粉**　淀粉是稻谷中最重要的化学成分，稻谷中的淀粉含量一般在 50%～70%。不同品种的稻谷的淀粉含量差异很大，一般籼稻淀粉含量较低，而粳稻淀粉含量较高。

稻谷籽粒中的淀粉包含直链淀粉和支链淀粉。糯米中的淀粉几乎都是由支链淀粉组成的，不含直链淀粉；粳米中直链淀粉含量要稍高一些(约占淀粉总量的 20%)，而籼米胚乳中的直链淀粉含量则更高。直链淀粉含量越高，则米质越松散，食用品质越低，因此人们一般不喜欢吃籼米，但籼米非常适合加工成米粉。而粳米和糯米所含的直链淀粉少或没有，米质较黏稠，食用品质较好，除供直接食用外，还可用来加工制成年糕。

❷ **蛋白质**　稻谷中的蛋白质含量仅次于淀粉。虽然稻米胚乳中的蛋白质含量较少(7%～8%)，但它是谷物蛋白质中生理价值最高的一种，其氨基酸组成比较平衡，赖氨酸含量约占蛋白质总量的 3.5%。稻米蛋白质以米谷蛋白为主要组成成分，约占蛋白质总量的 80%。其他三种为清蛋白、球蛋白和醇溶蛋白，其中以醇溶蛋白含量最低，仅占蛋白质总量的 3%～5%。

❸ **脂类**　稻谷中脂类含量取决于品种、生长条件、成熟期等因素。脂类在稻谷籽粒中的分布并不均匀，胚芽中含量最高，其次是种皮和糊粉层，胚乳中含量极少。稻谷的脂类含量为 0.6%～3.9%。

稻谷中的脂类可分为淀粉脂类和非淀粉脂类。淀粉脂类主要是由单酰基脂类与直链淀粉形成的复合物，其主要脂肪酸有棕榈酸和亚油酸；非淀粉脂类包括除淀粉粒以外的籽粒各部分所含的脂类，用一般极性溶剂在室温下可以提取出来。因此，通常所说的脂类，实际上是指非淀粉脂类。

稻谷脂类的含量是影响米饭可口性的主要因素，脂类含量越高，米饭光泽度越好。米饭的香味则与稻谷所含不饱和脂肪酸有关，不饱和脂肪酸含量越高，米香味越浓。因此，稻谷在储藏过程中的品质变化与其脂肪酸的构成也有着很大关系。

❹ **维生素和无机盐**　稻米中含有丰富的 B 族维生素，如硫胺素、核黄素、烟酸、泛酸、叶酸和生物素等，也含有少量的维生素 A。维生素主要分布在糊粉层和胚中，稻米的加工精度与维生素含量

呈反比。相比之下，糙米的维生素含量比精米高。

稻米中的无机盐主要存在于皮层和胚中，内胚乳中含量极少。糊粉层中含有磷、钾、镁、钠、碘、锌等，内胚乳则主要含有钙质等。

实践模块

一、谷类原料的加工方法

（一）加工工序

稻谷不能直接食用，需经过多道加工工序制成稻米后，方可食用。稻谷的加工工序一般包括清理过筛、砻谷、谷糙分离、碾米、白米分级、色选、抛光、精米分级等。

（1）清理过筛：利用圆筒筛、振动筛、磁力去石机等设备，分离去掉稻谷中的沙石、土杂等，保证进入砻谷机的稻谷均不含硬质杂质。

（2）砻谷：使用砻谷机去除稻谷的外壳，得到糙米。在风选机的作用下，将稻壳与糙米和未成功脱皮的稻谷分离。

（3）谷糙分离：砻谷后得到糙米混合物，再以筛选法、密度分离法或弹性分离法将糙米和未脱壳的稻谷分离。

（4）碾米：直接食用糙米的人群较少，需进一步对糙米加工去除外皮。在碾米机的双辊撞击下，糙米分离为糠皮和白米两个部分，以风力将两者分离，得到白米。

（5）白米分级：碾米后的白米经分离筛去除爆腰粒、残缺粒，得到不同等级的白米。

（6）色选：稻米的白度是决定档次的重要指标，使用色选机按白米的色度对其进行归类，可得到不同档次和等级的稻米。

（7）抛光：经过色选的稻米可进一步加工为精米，抛光是常用的处理手段。利用两个转速不同的抛光辊对稻米表面进行抛光，可改善稻米的色泽和外观。

（8）精米分级：精米又称为精制米。对抛光后的稻米再次进行分级筛选，去除大部分碎米，得到品质较高的精制米。

（二）分类

基于不同的加工方式，稻米还可分为以下几种。

（1）糙米：稻谷去除稻壳后得到的稻米，是产出率最高的稻米种类，其营养成分较为全面，但浸水和煮制时间也较长。

（2）胚芽米：糙米加工后去除米糠层并保留胚及胚乳的稻米种类，产出率较高，是糙米和白米的中间产物。

（3）白米：糙米经再次加工，碾去皮层和胚，仅余下胚乳，曾经是粮食市场最常见的稻米种类。

（4）营养强化米：在稻米加工过程中，针对性添加功能性营养元素，使稻米富含某种特定营养元素，以满足不同人群对营养的需求。

（5）免淘洗米：经深层次加工后得到的一种等级较高的稻米，其洁净程度高、颗粒饱满、符合相关卫生标准，不必淘洗就可以直接蒸煮食用。

（6）蒸谷米：稻谷经清理、浸泡、蒸煮、烘干等水热处理后，再以常规碾米方法加工而成。

二、谷类原料在烹调过程中的运用

稻米可加工性较小麦粉差，这是由其自身化学成分决定的。大部分稻米以米饭、饭团、米糕、粥等形式被作为主食食用，部分用来酿造米酒或加工成米粉。

籼米含直链淀粉较多，吸水率高，涨性大，出饭率高，故主要用来制作米饭，但其黏性小，质地较脆，容易断裂，口感干而粗糙。磨成米粉后可用于制作米糕、凉糕、米粉等。

粳米的支链淀粉含量较籼米高，吸水率低于籼米，黏度较高，外形圆胖，不易断，口感优良，也可磨成米粉用于制作糕点。

糯米富含支链淀粉，吸水率较低，涨性小，黏性强，一般不作为主食，多用来制作粽子、凉糕、粥等，也可用于酿制米酒、醪糟，磨成米粉后可用来制作元宵、麻团、年糕、江米条或使菜品增稠等。

三、谷类原料的鉴定与储藏

（一）稻米的品质鉴定

稻米的品质是由多个方面因素决定的，主要包括稻米的特点、种植时期的含水量、成熟情况、地区差别、加工的方法以及稻米存放时间的长短等。品质衡量指标主要包括以下方面。

（1）粒形：粒形均匀、整齐，重量大，没有碎米和爆腰米的稻米品质较好。

（2）腹白：腹白是米粒上呈乳白色而不透明的部分。腹白较多的稻米硬度低，易碎，蛋白质含量低，品质较差。

（3）硬度：稻米的硬度是稻米抵抗机械压力的程度。硬度大者品质较好；硬度小者易碎，品质较差。

（4）新鲜度：新鲜的稻米有清香味，有光泽，无米糠和夹杂物，无虫害，无霉味等异味，卫生，用手摸时滑爽干燥无粉末。而陈米的颜色暗淡无光，有虫害痕迹，有异味。

（二）稻米的储藏

稻米的胚乳直接与外界接触，容易因环境湿度、温度较高而吸潮霉变，甚至产生有毒有害物质（如黄曲霉毒素等）。同时，长时间接触空气也会使稻米所含的淀粉、脂肪和蛋白质等发生各种化学变化，稻米失去原有的色、香、味，营养价值和食用品质下降。此外，夏季蚊虫侵染和寄生虫的滋生也不可忽视。因此，为保持稻米的新鲜品质与食用可口性，应注意保持阴凉干燥、密封隔氧，并缩短储存时间。

（1）去氧保藏法：去氧保藏法是工厂常用的保藏方法，密闭的无氧环境可有效防止稻米氧化变质、寄生虫滋生等。常用的去氧保藏法主要有真空包装、充氮包装、除氧剂包装等。①真空包装：将稻米装入袋中，用真空包装机抽出袋中空气，缩小米粒之间的空隙，达到去氧目的。②充氮包装：稻米在装袋时，充入高纯度氮气，使米粒处在无氧环境中，达到隔氧目的。③除氧剂包装：在包装袋中放入除氧剂包，除氧剂包可在后期存放过程中逐渐消耗掉内部氧气成分，达到长期保鲜的效果。

（2）花椒储存法：民间常用的稻米储藏方法。花椒是一种自然抗氧化物，在存放过程中能持续释放特殊香味，可用来驱虫保鲜。一般将干花椒用纱布包裹，分别放在米袋的上、中、底部，收紧袋口，并将米袋放在阴凉通风处，可有效防止稻米生虫、霉变。

（3）草木灰储存法：草木灰具有良好的吸附作用，能将周边的水汽和异味吸除，营造干燥清爽的储存环境。通常将草木灰盛装在纱布口袋内，平放在米箱底部，然后倒入晾干吹透的稻米，并将米箱盖严，置于阴凉干燥通风处，即可保存较长时间。

选学模块

其他拓展知识如下。

蒸谷米

蒸谷米又被称为“半熟米”，是以稻谷为原料，经清理、浸泡、蒸煮、干燥等水热处理后，再按常规的稻谷加工方法生产的纯天然、营养型稻米，具有营养价值高、出饭率高、出油率高、储存期长、蒸煮

时间短等特点。一般采用无公害、绿色、有机稻谷，确保农药、重金属等不利成分不浸入其中。蒸谷米在中国还不广为人知，但在欧美、中东等地区非常畅销，在国外以健康米、绿色食品著称，其消费量逐年增加，全球年贸易量为500万吨。在国际市场上蒸谷米卖价通常比同规格的白米高出10%～15%，效益显著。但由于加工成本高、米色较深、米饭黏性较差和口味习惯等原因，其被国内消费者普遍接受还需时日。蒸谷米米粒韧密均匀，色黄如蜜，晶莹润泽，耐嚼适口，芳香甘甜，极富营养和滋味。从营养、膳食和储存角度比较，蒸谷米较普通稻米具有更多优点。

(1) 营养价值高。稻谷经水热处理后，皮层内的维生素、无机盐等水溶性营养物质扩散到胚乳内部，增加了蒸谷米的营养价值。

(2) 出饭率高。在米饭饮烂程度相同的情况下，出饭率比同等重量的白米高出37%～76%。

(3) 耐储存。稻谷蒸煮后，大部分微生物被杀死，减少了虫害侵蚀，米酶失活。丧失了发芽能力，储藏期延长。蒸谷米这一特性极其适于特殊环境和条件下的粮食运输、储存。

蒸谷米生产工艺中的浸泡、蒸煮、干燥过程使稻米内部淀粉结构发生变化，可以消除米粒内部裂痕，增强稻米硬度，有利于减少碾米过程中产生的碎米，提高稻米的出饭率和整精米率。一般稻米的碎米率在15%以上，而蒸谷米可以控制在5%以下。

关于中国蒸谷米的起源，目前引用最多的说法是，其起源于公元前400多年的春秋时期吴越时代，该说法在太湖地区流传甚广。据相关记载：吴越相争时，吴国要越国进献良种，越国大臣文种献计，将种子蒸熟后再送给吴国。结果吴国人种了，都长不出苗，造成大荒年，民心大乱，越国乘机灭吴。越国臣民大喜，将余下的蒸谷碾米造饭以表庆祝，于是沿袭下蒸谷米的食用习俗。而据《中国农业科技史》记载，我国蒸谷米加工技术最早出现在宋代。公元1101年，四川采用“先蒸而后炒”的稻米加工方法，是中国蒸谷米加工技术的萌芽。

 同步测试

1. 常见的谷类原料包括哪些品种？各具有什么品种特点？
2. 简述谷类原料在烹调过程中的运用。
3. 谷类原料的储藏方法有哪些？

任务二 麦类(面粉类)

基础模块

一、麦类原料概况

小麦

小麦是世界粮食作物中分布范围和栽培面积最广、总产量最多、贸易额最大的粮食作物。小麦总产量占世界粮食总产量的1/4，全世界以小麦制品为主食的人口占世界总人口的1/3以上。人体所需的蛋白质20%以上是由小麦提供的，相当于肉、蛋、奶产品为人类提供的蛋白质总和。小麦也是我国的主要粮食作物之一，在我国的种植面积和总产量仅次于水稻，属第二大粮食作物，但对我国北方人民而言，小麦

则属第一大粮食作物。我国小麦主产区在河南，其次在河北、山东、陕西、山西等省。

小麦的主要消费途径是先加工成小麦粉（面粉），然后再加工成各种面制食品。小麦粉中特有的面筋质，赋予了小麦优异的加工特性和广泛的食用途径。用小麦制作的食品种类繁多，这也是其他粮食作物无法比拟的。

二、麦类的品质特点

小麦在我国的种植面积大，历史悠久，分布范围广。从长城以北到长江以南，东起黄海、渤海，西至六盘山、秦岭一带，都是小麦的主要播种区。不同区域有着不同的自然条件，决定了我国小麦有不同的类型，以便适应不同的生态环境。我国小麦的产区包括北方冬麦区（包括河南、山东、河北、陕西、山西等），南方冬麦区（包括江苏、安徽、四川、湖北）和春麦区（包括黑龙江、新疆、甘肃等）。

小麦的栽种历史悠久，至今已有数千年，在漫长的栽培、传播及改良过程中，演变出了众多品种。按照大的种群分，小麦只有两大类，即普通小麦和硬粒小麦。其中普通小麦占总产量92%以上。

（一）按播种季节划分

依据播种季节可将我国小麦分为春小麦和冬小麦。春小麦在春季播种，夏末收获。如长城以北地区冬季寒冷，小麦难以越冬，故常在春季播种。春小麦籽粒腹沟深，出粉率不高。冬小麦在秋季播种，初夏成熟。如长城以南的小麦就是在秋季播种的，越冬后春季返青，夏季收获。

（二）按籽粒皮色划分

按照籽粒皮色可将小麦分为白皮小麦和红皮小麦。白皮小麦籽粒外皮呈黄白色和乳白色，皮薄，胚乳含量多，出粉率高，多生长在南方麦区。红皮小麦籽粒外皮呈深红色或红褐色，皮厚，胚乳所占比例较少，出粉率较低，但蛋白质含量较高。

（三）按籽粒质地结构划分

根据籽粒质地状况，可将小麦分为硬质小麦和软质小麦。硬质小麦胚乳质地紧密，籽粒横截面的一半以上呈半透明状，称为角质。硬质小麦含角质粒50%以上，软质小麦的胚乳质地疏松，籽粒横断面的一半以上呈不透明的粉质状。软质小麦含粉质粒50%以上。一般硬质小麦的面筋含量高，筋力强；软质小麦的面筋含量低，筋力弱。

三、麦类的营养价值

小麦籽粒与面粉的化学成分主要有水分、蛋白质、糖类、脂肪、矿物质、维生素等，此外还有少量酶类。由于小麦产地、品种和面粉加工条件不同，其化学成分含量与分布也有较大差别。

（一）水分

水分是衡量小麦及小麦干物质含量的重要指标，水分含量的多少直接影响小麦和面粉的储藏性能。一般情况下，小麦安全储藏的水分含量为13.5%以下。国家标准规定的面粉含水量，特制一等粉和特制二等粉为13%～14%，标准粉和普通粉为12.5%～13.5%，低筋面粉和高筋面粉不大于14.0%。

小麦中水分含量对面粉加工等有很大的影响。水分含量高，会使麸皮难以剥落，影响出粉率，且面粉在储存时容易结块和发霉变质，严重的会造成产品得率下降。但水分含量过低，会导致面粉粉色差，颗粒粗，含麸量高等。

（二）蛋白质

面粉中蛋白质含量与小麦的成熟度、品种，面粉等级和加工技术等有关。小麦籽粒中蛋白质含量为8%～17%。蛋白质在小麦籽粒中的分布情况如下：胚部含量最高，其次是糊粉层，胚乳部分含量较低。小麦籽粒中的蛋白质分为麦清蛋白、麦球蛋白、麦醇溶蛋白和麦谷蛋白4种。

小麦蛋白质是面筋的主要成分，因此它与面粉的加工性能有着极为密切的关系。在各种谷物粉中，只有面粉中的蛋白质能吸水形成面筋。其中麦谷蛋白对面团的性能及生产工艺有着重要影响。

调制面团时，面粉遇水，两种面筋性蛋白质迅速吸水涨润，在条件适宜的情况下，面筋吸水量为干蛋白的180%～200%，而淀粉吸水量在30 ℃时仅为30%。面筋性蛋白质的涨润结果是在面团中形成坚实的面筋网络，面筋网络包括涨润性差的淀粉粒及其他非溶解性物质，这种网状结构即所谓面团中的湿面筋，它与所有胶体物质一样，具有黏性、延伸性等特性。

（三）糖类

糖类是面粉中含量最高的化学成分，约占面粉中化学成分含量的75%。它主要包括淀粉、糊精、可溶性糖和纤维素。

❶ **淀粉** 淀粉是小麦籽粒中含量最多的成分，占小麦籽粒的57%～67%，主要集中在小麦籽粒的胚乳部分，约占面粉中化学成分含量的67%，是构成面粉的主要成分。

生淀粉不易被消化吸收，使用前必须将其煮熟。将生淀粉与水一起加热，淀粉颗粒吸水膨胀，进而破裂形成糊状物，这种现象称为糊化，又称为淀粉的α-化。经过糊化的淀粉改变了组织结构，更利于被人体消化吸收。

淀粉在人体内消化分解的最终产物为葡萄糖。葡萄糖可为生命活动提供充足能量，但也能使人体血糖含量升高，未消耗的葡萄糖可在体内转化为脂肪，囤积在皮下组织中，造成肥胖。

❷ **可溶性糖** 面粉中的糖主要包括葡萄糖和麦芽糖，约占糖类总量的10%，主要存在于糊粉层和胚芽组织中，胚乳中含量较少。面粉中的可溶性糖更利于人体消化，其中葡萄糖可直接被人体吸收，也有利于酵母的生长繁殖，是烘焙着色时美拉德反应的基础。

❸ **纤维素** 面粉中的纤维素主要来源于种皮、果皮、胚芽，是不溶性碳水化合物。面粉中纤维素含量较少，特制粉中纤维素含量约为0.2%，标准粉约为0.6%。若面粉中麸皮含量过多，会影响面点的外观和口感，且不易被人体消化吸收。但面粉中含有一定量的纤维素有利于人体胃肠的蠕动，可促进人体对其他营养成分的消化吸收。

（四）脂肪

面粉中脂肪含量甚少，通常为1%～2%，主要存在于小麦籽粒的胚芽及糊粉层。小麦脂肪是由不饱和程度较高的脂肪酸组成的，面粉及其产品的储藏期与脂肪含量关系很大。因此制粉时要尽可能除去脂质含量高的胚芽和麸皮，以减少面粉中的脂肪含量，延长面粉的储藏期。这样，在储藏期中的面粉不易产生陈味及苦味，酸度也不会增加。

面粉所含的微量脂肪与改变面粉筋力有着密切的关系。面粉在储藏过程中，其所含脂肪在脂肪酶的作用下产生的不饱和脂肪酸可使面粉筋力增大，延伸性及流散性变小，结果可使弱筋力面粉变成中等筋力面粉，使中等筋力面粉变为强筋力面粉。

（五）矿物质

面粉中的矿物质含量是用灰分来表示的。面粉加工精度越高，出粉率越低，矿物质含量越低；加工精度越低，出粉率越高，矿物质含量越高，粉色越差。我国国家标准也将灰分作为检验面粉质量的重要指标之一，如特一粉灰分含量低于0.7%，特二粉灰分含量低于0.85%，标准粉灰分含量低于1.10%，普通粉灰分含量低于1.40%。由于灰分本身对面粉的焙烤蒸煮特性影响不大，且灰分中都是一些对人体有重要作用的矿物质，随着人们营养意识的提高，将灰分作为面粉质量标准之一逐渐失去其必要性。

（六）维生素

面粉中维生素含量较少，不含维生素D，一般缺乏维生素C，维生素A的含量也较少，维生素B_1、维生素B_2、维生素B_5及维生素E含量略多一些。因此，在北方以面食为主的地区，应该增加果蔬、

肉乳等富含维生素食物的摄入量。

（七）酶

面粉中重要的酶有淀粉酶、蛋白酶、脂肪酶、脂肪氧化酶、植酸酶、抗坏血酸氧化酶等，这些酶无论是在面制品的加工方面，还是在面粉营养物质的消化吸收方面，均能起到重要作用。

面粉中含有少量的蛋白酶和肽酶，在正常情况下活性较低。在面团中加入半胱氨酸、谷胱甘肽等化合物能激活面粉中的蛋白酶，水解面筋蛋白，使面团软化并最终导致面团液化。出粉率高、精度低的面粉或用发芽小麦磨制的面粉，因含激活剂或较多的蛋白酶，会使面筋软化而降低面包、馒头的加工性能。蛋白酶对蛋白质的降解、对酸发酵产品（如苏打饼干和酸面包）的制作是有利的。这种酶解作用有时也用于高筋面粉生产馒头或挂面时，可降低面粉筋力。肽酶的作用是在发酵期间产生可溶性的有机氮，供酵母利用。

面粉中的脂肪酶是一种对脂肪起水解作用的酶。在面粉储藏期间，游离脂肪酸含量增加，使面粉酸败。由于小麦籽粒内的脂肪酶主要集中存在于糊粉层，因此精制的上等面粉比含糊粉层多的低等面粉储藏稳定性好。脂肪氧化酶是催化不饱和脂肪酸过氧化反应的一种氧化酶。催化反应伴随着胡萝卜素的耦合氧化反应，将胡萝卜素由黄色变成无色，这对面包、馒头的制作是有益的。

面粉中的抗坏血酸氧化酶可催化抗坏血酸氧化成脱氢抗坏血酸，脱氢抗坏血酸具有一定的氧化作用，可将面筋蛋白分子中的巯基（—SH）氧化成二硫键（—S—S—），促进面筋网络结构的形成。面粉中较高含量的抗坏血酸氧化酶可缩短面团的调制时间。

实践模块

一、麦类的加工方法

小麦籽粒主要由胚乳、胚芽、麸皮三个部分组成。胚乳是小麦籽粒的主体，占小麦籽粒重量的84%～85%，是面粉的主要来源。麸皮是由表皮、外果皮、种皮、糊粉层等组成的，覆盖在胚乳外面，占小麦籽粒重量的13%～14.5%，是面粉中粗纤维的主要来源，也是小麦籽粒中少量蛋白质、脂肪、酶类等的来源。胚芽位于小麦籽粒的最下端，是新生一代植物幼芽，占小麦籽粒重量的1.4%～2.9%，是面粉中脂肪的主要来源。

小麦收获后，一般不直接制粉，需经过3个月以上的后熟（陈化），小麦内部淀粉酶活性降低、食用品质提升后，方可进入加工环节。一般常用工艺主要包括清理、着水、润麦、磨粉、配粉、包装等。

(1) 清理：利用筛网、磁选机等设备清理小麦中的秸秆、石头等影响出粉率的杂质。

(2) 着水：小麦在存放时含水量较低，加工时需要着水。一方面可以提高麸皮的韧性，磨粉时麸皮不会磨得很细而进入面粉中，影响面粉品质；另一方面可降低小麦胚乳的硬度，减少面辊的磨损。一般高筋麦着水稍多，低筋麦着水相对较少。

(3) 润麦：着水后的小麦需要存放一段时间，使麸皮、胚乳充分吸收水分，整体含水量达到14%～16%，用时8～24 h。高筋麦、冬季低温条件下润麦时间较长，低筋麦、夏季高温条件下润麦时间较短。

(4) 磨粉：磨粉机双辊将小麦粉碎成大小不等的麸皮和胚乳，经多次研磨、不同等级的筛网筛理和清粉，得到不同指标的面粉。

(5) 配粉：根据面粉的各类用途，将不同的面粉按照一定比例进行混合，可以达到调整粉质特性的目的，使之更加符合食品加工的需要。

二、麦类的鉴定与储藏

（一）面粉的品质指标

❶ 面筋的含量与质量　面筋是指面粉中的麦胶蛋白和麦谷蛋白吸水膨胀后形成的浅灰色柔软的胶状物。它在面团形成过程中发挥非常重要的作用，决定面团的加工性能。面粉筋力的好坏及强弱，取决于面粉中面筋的含量与质量。面筋分为湿面筋和干面筋。

国际上一般根据面粉中湿面筋含量，可将面粉分为三个等级：①高筋面粉（简称高筋粉），湿面筋含量大于35%，适用于制作面包等食品；②低筋面粉（简称低筋粉），湿面筋含量小于25%，适用于制作饼干、糕点等食品；③湿面筋含量在25%～35%的面粉，适用于制作面条、馒头等食品。

我国的面粉质量标准规定如下：特制一等粉湿面筋含量在26%以上，特制二等粉湿面筋含量在25%以上，标准粉湿面筋含量在24%以上，普通粉湿面筋含量在22%以上。

面粉的筋力不仅与面筋的含量有关，也与面筋的质量或加工性能有关。面筋的含量和质量是两个不同的概念。面粉的面筋含量高，并不是说面粉的加工性能就好，还要看面筋的质量。

面筋的质量和加工性能指标有延伸性、韧性、弹性和可塑性。延伸性是指面筋被拉长而不断裂的能力。弹性是指湿面筋被压缩或拉伸后恢复原来状态的能力。韧性是指面筋在拉伸时所表现的抵抗力。可塑性是指面团成形或经压缩后，不能恢复其固有状态的性质。以上加工性能指标都密切关系到面点的生产。当面粉的面筋加工性能不符合生产要求时，可以采取一定的工艺条件来改变其性能，使之符合生产要求。

❷ 面粉吸水量　面粉吸水量是指调制一定稠度和黏度的面团所需的水量，以百分率（%）表示。通常用粉质测定仪来测定，一般面粉吸水量在45%～55%。面粉吸水量是鉴定面粉品质的重要指标，吸水量大可以提高出品率，对用酵母发酵的面团制品和油炸制品的保鲜期也有良好影响。

面粉吸水量的大小在很大程度上取决于面粉中蛋白质含量。面粉吸水量随蛋白质含量的提高而增加。面粉蛋白质含量每增加1%，用粉质测定仪测得的吸水量约增加1.5%。

❸ 气味与滋味　气味与滋味是鉴定面粉品质的重要感官指标。新鲜面粉具有良好、新鲜而清淡的香味，在口中咀嚼时有甜味，凡带有酸味、苦味、霉味、腐败臭味的面粉都属于变质面粉。

❹ 颜色与麸量　面粉颜色与麸量的鉴定以已制定的标准样品为对照。

（二）面粉的鉴别指标

（1）色泽：优质面粉呈白色或微黄色，不发暗，无杂质颜色；劣质面粉色泽暗淡，呈灰白色或黄色，颜色不均匀。

（2）组织状态：优质面粉呈细粉末状，不含杂质，手指捻捏时无粗颗粒感，无虫子和结块，紧捏后不成团。

（3）气味：将面粉置于手掌心，哈气加热，嗅其气味。优质面粉气味正常，有面香味，无其他气味。劣质面粉有陈味，甚至霉臭味、酸味或煤油味等异味。

（4）滋味：取少量面粉入口咀嚼。优质面粉味淡微甜，没有酸味、刺喉、发苦等，咀嚼时没有沙沙声。劣质面粉味淡，咀嚼时有沙沙声，甚至有苦味、酸味等异味。

（三）面粉的储藏

❶ 面粉的熟化过程　用新磨制的面粉制成的面团黏性大，缺乏弹性和韧性，生产出来的产品皮色暗、体积小、扁平易塌陷、组织不均匀。但这种面粉经过一段时间氧化后，其烘烤性能有所改善，这种现象就称为面粉熟化。

面粉熟化的机理是新磨制面粉中的半胱氨酸和胱氨酸含有未被氧化的巯基（—SH），这种巯基是蛋白酶的激活剂。调粉时被激活的蛋白酶强烈分解面粉中的蛋白质，从而使烘烤食品的品质低

劣。但经过一段时间储存后，巯基被氧气氧化而失去活性，面粉中蛋白质不被分解，面粉的烘烤性能也因此而得到改善。

面粉的自然熟化时间以 3～4 周为宜。新磨制面粉在 4～5 天后开始“出汗”，进入面粉的呼吸阶段，发生某种氧化作用而使面粉熟化，通常在 3 周后结束。

除了氧气外，温度对面粉的熟化也有影响。高温会加速熟化，低温会抑制熟化，熟化时温度一般以 25 ℃左右为宜。除了自然熟化外，还可在面粉中添加面团改良剂处理新磨制的面粉，使之快速熟化，可由原来的 3～4 周自然熟化时间缩短为 5 天左右。

❷ 储藏中水分控制 面粉具有吸湿性，其水分含量随周围空气的相对湿度的变化而增减。相对湿度为 70%时，面粉的水分含量基本保持稳定不变。相对湿度超过 75%时，面粉将吸收水分。常温下，真菌孢子萌发所需要的最低相对湿度为 75%。相对湿度高，面粉水分含量随之增高，霉菌生长快，面粉容易霉变发热，其中的水溶性含氮物增加，蛋白质含量降低，面筋性质变差，酸度增加。面粉储藏在相对湿度为 55%～65%，温度为 18～24 ℃的条件下较为适宜。

❸ 环境影响 面粉具有较强的吸附能力，应避免与异味物品一起存放，并注意防虫、蝇、鼠、蟑螂等生物污染。

❹ 储藏方法 储藏面粉时，可放入适量大蒜，有预防生虫的效果。面粉袋应隔墙离地，堆垛间隙充足，保持通风，阴凉干燥，环境整洁无污染、无异味、无虫害，开封后不宜久藏，应短时间内使用完毕。

三、面粉在烹调中的运用

面粉的分类使用如下。

（1）高筋粉：又称为强筋粉、高蛋白质粉或面包粉。蛋白质含量为 12%～15%，湿面筋含量大于 35%，空间网络结构稳定，发酵耐力好，适用于制作面包、起酥糕点、泡芙和松酥饼等。

（2）低筋粉：又称为弱筋粉、低蛋白质粉或糕点粉。蛋白质含量为 7%～9%。湿面筋含量小于 25%，低筋粉塑性好，适用于制作蛋糕、饼干、混酥类糕点等。

（3）中筋粉：又称为通用粉、中蛋白质粉，常见的有特制一、二等粉。中筋粉是介于高筋粉与低筋粉之间的一类面粉。蛋白质含量为 9%～11%，湿面筋含量为 25%～35%。中筋粉适用范围较广，可用于制作馒头、花卷、面条等。

（4）全麦粉：由整粒小麦磨成的面粉，除具有糊粉层组织外，还包含胚芽、胚乳和麸皮。麸皮和胚芽中含有丰富的蛋白质、纤维素、维生素和矿物质，具有较高的营养价值。全麦粉一般不单独使用，须与其他粉类搭配，以改善产品的色泽与口感。常用于制作全麦面包、全麦饼干等。

选学模块

其他拓展知识如下。

神奇的黑小麦

黑小麦是采用不同的育种手段而培育出来的特用型优质小麦新品种，其营养丰富，是具有保健功能的特色食品，也是一种很好的功能性食品。

❶ 蛋白质及氨基酸 黑小麦的蛋白质含量在 17%～20%之间，而且黑小麦蛋白质质量更好，氨基酸种类更齐全，比例模式也明显优于普通小麦。同时，其氨基酸总量和必需氨基酸含量均比普通小麦更高，尤其是苯丙氨酸、色氨酸、赖氨酸和酪氨酸含量远远超过普通小麦。

❷ 脂肪和不饱和脂肪酸 黑小麦中的脂肪含量一般在 1%～3%，其不饱和脂肪酸含量非常高，占脂肪总量的 50%以上，远超过普通小麦。其中作为人体必需脂肪酸的亚油酸和亚麻酸的含量占 30%左右，被誉为“脑黄金”的 EPA 和 DHA 含量约占 10%。

黑小麦

③ **矿物质和微量元素**　黑小麦中矿物质和微量元素含量丰富，其所含矿物质元素基本上高于普通小麦，尤其是铁、钾、碘和硒元素。黑小麦中铁含量比普通小麦高约1340%，这对于需要补铁的人群非常有好处。同时黑小麦中钾高钠少，钾、钠含量比例可达900∶1，这对于控制高血压非常有利。硒元素被称为"抗癌之王"，其防癌抗癌的功效也早已被验证。

④ **维生素**　黑小麦中B族维生素和维生素C含量较高，其中维生素B_1和维生素B_2分别比普通小麦高出约80%和50%，维生素C高出1.5倍。不仅水溶性维生素在黑小麦中含量丰富，谷物中相对缺乏的A族和E族等脂溶性维生素，在黑小麦中的含量也比较丰富，分别较普通小麦高出约70%和35%。

⑤ **膳食纤维**　黑小麦中膳食纤维含量很高，是普通浅色小麦的2～3倍。膳食纤维具有润肠通便、防治肠道疾病的作用，同时还可以降低血清胆固醇，有助于降血压、降血糖，所以在预防心脑血管疾病方面具有积极作用。

⑥ **黑小麦色素**　黑小麦中所含的天然色素非常丰富。黑小麦中色素属于花色苷类化合物，属于黄酮类化合物，具有非常良好的抗氧化作用，如清除体内自由基、抗炎抗肿瘤、预防糖尿病及保护视力等。

⑦ **二十八烷醇**　二十八烷醇是世界公认的抗疲劳功能性物质，具有极其良好的提高体力、耐力和精力的作用，如提高肌肉耐力和反应敏锐性，增强包括心肌在内的肌肉功能，消除肌肉痉挛和提高能量代谢率等。黑小麦作为小麦家族中的一员，富含这种珍贵的生物活性物质。

同步测试

1. 面粉中含有哪些酶类，具有哪些作用？
2. 什么是面粉的面筋，它在烹调过程中有何作用？
3. 储藏面粉的方法有哪些？

任务三　杂粮类

基础模块

一、杂粮类原料概况

杂粮是除水稻、小麦外的所有粮食作物的统称。大部分杂粮生长期短，种植面积小，地域性强，种植方法特殊。杂粮主要种植在我国高原和偏远地区，如陕西、山西、河北、甘肃、西藏、宁夏等地。近年来随着消费者对健康饮食的重视程度越来越高，杂粮的种植面积和种植范围也在不断扩大，综合产量不断提升，品种主要包括玉米、小米、燕麦、荞麦、紫米、高粱等。

二、杂粮类的品质特点

（一）玉米

玉米为禾本科植物，又称苞米、苞谷、棒子等，属农业高产作物，既是重要粮食，又是畜牧业的饲料，也是制酒、制糖的重要原料。主产区在河北、山东、黑龙江等地。

玉米的种类很多，按颜色不同可分为黄玉米、白玉米和杂色玉米；按粒质可分为硬粒型、马齿型、半马齿型、粉质型、糯质型、甜质型、爆裂型等。在各类玉米中，以硬粒型玉米的品质最好，可作为主要粮食；马齿型适用于制取淀粉；甜质型多在未成熟时收获，用于制作罐头和菜肴。

玉米的胚乳含有大量的淀粉、蛋白质、脂肪、矿物质和维生素。玉米胚中除含有大量的无机盐和蛋白质外，还富含脂肪，约占胚重的 30%，经提炼可制成食用油。

玉米没有等级之分，只有粗细之别。玉米粉可用于制作窝头、发糕等。玉米粉持气性差，不适合单独制作发酵产品，须与其他粉料掺和使用。

（二）小米

小米又叫黄米、粟谷，为禾本科植物粟加工去皮后的产物。主产区为华北、西北和东北地区。

小米的品种很多，按米粒的性质可分为糯性小米和粳性小米两类；按谷壳的颜色可分为黄色、白色、褐色等多种，其中红色、灰色者多为糯性；白色、黄色、褐色、青色者多为粳性。谷壳色浅皮薄者，出米率高，米质好；谷壳色深皮厚者，出米率低，米质差。

小米可单独制成小米干饭、小米稀粥。磨成粉可单独或与其他面粉掺和做饼、窝头、丝糕、发糕等。糯性小米也可用于酿酒、酿醋等。

玉米

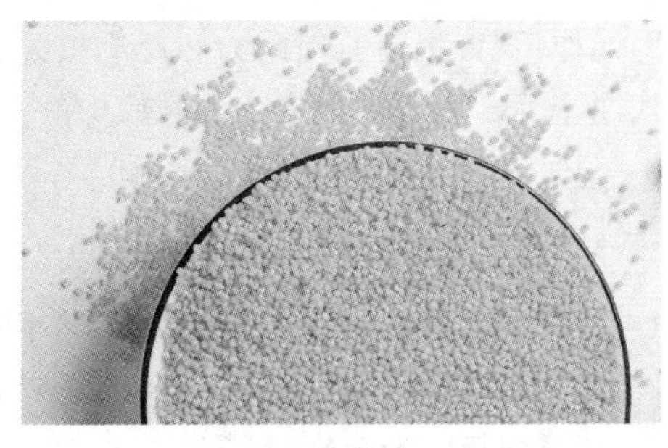
小米

（三）燕麦

燕麦为禾本科植物，主要有两种，一种是皮燕麦，另一种是裸燕麦。皮燕麦收获后带外壳，磨粉前需剥除外壳，如进口的澳洲燕麦。裸燕麦成熟后外壳自然剥离，俗称油麦，即莜麦，我国的燕麦主要指后者。

燕麦（莜麦）是主要的高寒作物之一，其生长期与小麦大致相同，但适应环境能力强，耐寒、耐旱、喜日照。在我国主要分布于西北、西南、东北等高寒地区，以内蒙古种植面积最大，产量最高。

燕麦磨成粉后，可采用蒸、炒、烙等方法加工成独具风味的食品，也可用于制作炒面。但燕麦的食用需经过多道成熟工序：磨粉前要炒熟，和面时要烫熟、制坯后要蒸熟，否则不易消化，引起腹胀。

（四）荞麦

荞麦为蓼科一年生宿根性植物，又称乌麦、花麦、三角麦。世界上荞麦的主要生产国是中国、波兰、巴西、加拿大、美国等。我国是荞麦生产大国，荞麦的分布较广。华北、西北、东北地区以种植甜荞为主，西南地区的四川、云南、贵州等省以种植苦荞为主。荞麦籽粒呈卵圆形，生长期短，春秋均可播种，适应性强，根据性状不同可分为苦荞麦、甜荞麦和金荞麦等。

燕麦

荞麦

荞麦去皮、磨粉、过筛即成荞麦粉。荞麦粉可制成蒸饺、扒糕、面条等。荞麦制品口感好，非常有风味特色，但色暗、黏性差。苦荞麦富含类黄酮，有良好的保健功效。

三、杂粮类原料的营养价值

（一）玉米的营养价值

玉米维生素含量高。玉米含有丰富的胡萝卜素和烟酸，含量为稻米、小麦的5～10倍，适当食用玉米制品可维持神经系统、消化系统和皮肤的正常功能，预防口角炎、舌炎、腹泻等。玉米中所含的丰富的植物纤维素可防治便秘，抑制饭后血糖升高，抑制脂肪吸收，降低血脂水平，预防冠心病、肥胖、胆石症的发生。

功能性物质含量高。玉米中硒和镁含量高，对防癌有重要意义；谷胱甘肽和玉米黄质可有效延缓衰老，预防老年性黄斑变性。玉米中亚油酸的含量高达60%以上，亚油酸可以降低胆固醇含量，减少动脉硬化的发生，对预防高血压、心脑血管疾病有积极的作用。

（二）小米的营养价值

小米中富含蛋白质、脂肪、碳水化合物这几种主要营养元素。因此，小米属于能量食物。小米的矿物质、维生素含量高于主粮，因小米加工并无精制过程，因此保留了较多的维生素和矿物质。其中维生素 B_1 和胡萝卜素含量均高于主粮，维生素E含量为稻米的4.8倍。

小米中铁磷含量较高。铁元素对于缺铁性贫血者有很好的补血效果。小米中磷含量也很高，是稻米的2～3倍。

（三）燕麦的营养价值

燕麦蛋白质、膳食纤维含量很高，其所含蛋白质分解后可得到人体必需的8种氨基酸，且含量均衡。膳食纤维可降低人体胆固醇含量。

维生素、矿物质含量丰富，其中维生素E和B族维生素的含量高于稻米和小麦。磷、铁、锌等矿物质有预防骨质疏松、促进伤口愈合、防止贫血的作用。

燕麦脂肪含量和热能都很高。脂肪含量是稻米的5.5倍，面粉的3.7倍，燕麦脂肪的主要成分是不饱和脂肪酸，其中亚油酸含量较高，可降低胆固醇、预防心脏病。

（四）荞麦的营养价值

荞麦分为甜荞和苦荞，无论是其籽粒，还是茎、叶、花，营养价值都很高。荞麦所含的碳水化合物主要是淀粉，因为颗粒较细小，所以容易煮熟、易消化、易加工。荞麦粉的蛋白质、脂肪含量都高于面粉和稻米。蛋白质含量也高于玉米粉，而脂肪含量却低于玉米粉。维生素 B_2 含量高于其他粮食，矿物质元素的含量也都不同程度地高于其他粮食。

荞麦蛋白质中含有丰富的赖氨酸，镁、铁、锰、锌等微量元素含量比一般谷物丰富，而且含有丰富的膳食纤维，是稻米的10倍。

荞麦含有丰富的维生素E和可溶性膳食纤维，同时还含有烟酸、芦丁和类黄酮。芦丁能降低人

体血脂和胆固醇、软化血管。烟酸能促进新陈代谢，增强解毒能力。类黄酮具有抗菌、消炎、祛痰的作用。

实践模块

一、杂粮类原料的加工方法

（一）玉米的加工

传统的玉米加工只是玉米的初级加工，主要通过粉碎和分离技术，将玉米加工成玉米粉、玉米碎和玉米淀粉等。玉米在工业上主要用来配制动物饲料、糖浆及酿造等。烹饪上根据产品不同，可使用玉米粉、玉米淀粉等。

对玉米淀粉的加工常采用湿磨法。湿磨法是将玉米放在稀亚硫酸溶液中浸泡，然后碾碎成瓣，利用胚分离器使胚与皮和胚乳淀粉分开，再将胚乳磨碎、过筛，分开淀粉和蛋白质即可。

对玉米粉的加工常用干磨法。干磨法是先将玉米籽粒吸水，待种子的果皮和胚变韧时用脱皮机去皮，再放入取胚器磨碎，使胚和胚乳分离，最后通过各种筛子分出粗细不同的玉米渣和玉米粉等。

（二）燕麦的加工

燕麦的初加工产品主要包括燕麦粉和燕麦片两种。燕麦粉的加工方式与小麦面粉不同。由于燕麦麸皮富含可溶性纤维素，是燕麦的精华所在，因此，在经过去杂清洁、高温灭酶等工序后，根据精细度需求，整粒磨粉，保证燕麦麸皮的存在。如果在清洁、灭酶后，不直接磨粉，而是进行切片、汽蒸、压片等工序，就可以得到燕麦片。

（三）荞麦的加工

荞麦的食用方式主要包括荞麦米、荞麦粉、荞麦茶等。其中荞麦粉所占比例最大，绝大多数荞麦制品以荞麦粉为基础。荞麦粉加工需经过清理、分级、脱壳、分选、磨粉等工序。荞麦米的加工方法与小麦仁颇为类似，清洁后，适当磨去角质和部分麸皮后即可得到。

二、杂粮类原料的鉴别与储藏

（一）玉米粉的鉴别储藏

选购玉米粉时，可以从三个方面进行鉴别。一看色泽，正常玉米粉色泽鲜亮，表面有光泽，较差的玉米粉颜色暗淡，无光泽。二闻气味，取样品于手掌中，用嘴哈热气，嗅其气味。正常玉米粉具有玉米香味，无异味，较差的玉米粉有轻微霉味等异味。三尝滋味，正常玉米粉微甜，有清香味，较差的玉米粉有酸、苦、辣或其他异味。

玉米粉因含不饱和脂肪酸，容易氧化酸败，保质不易，储藏时间也较短，若从温度、湿度、光照、氧气、寄生虫等多个方面做好防护，隔绝氧气、避光阴凉、干燥无虫的环境有利于延长玉米粉的保质期。

（二）小米的鉴别储藏

小米的加工过程简单，后期处理少，富含多种营养元素，较容易腐坏变质，选购时应考虑三点：一是正常小米米粒大小、颜色均匀，呈乳白色、黄色或金黄色，有光泽，碎米较少，无虫，无杂质。二是正常小米闻起来具有清香味，无其他异味。变质小米，手捻时易成粉状，碎米较多，微有霉变味、酸臭味、腐败味或其他不正常的气味。三是正常小米尝起来味佳，微甜，无任何异味。劣质小米滋味不足或微有苦味、涩味及其他不良滋味。

储藏小米时应选用避光、密闭的包装材料，储藏环境应保持干燥、通风、阴凉。也可优选隔氧或除氧包装，如真空包装、充氮包装或除氧剂包装等。

三、杂粮类原料在烹调过程中的运用

(一) 玉米粉和玉米淀粉

玉米粉不含面筋蛋白,遇水很难形成紧致面团,多与面粉或其他粉类混合搭配使用,以改善其加工品质。如制作主食品种窝头、玉米饼、玉米发糕时,应掺入一定量面粉,可显著改善工艺,提高产品适口性。

玉米淀粉主要用于菜品增稠上浆、挂糊拍粉或制作中式面食。常用于制作菜品如浆汁娃娃菜、糖醋鱼、麻婆豆腐等,中式面食如水晶虾饺、粉点等。

(二) 小米

小米一般用来制作小米干饭、小米糍粑或熬制小米粥,磨成小米粉后可以制作窝头、丝糕等,与面粉按比例掺和后可制成各式发酵食品。

(三) 燕麦

燕麦去掉麸皮后,可以用于做燕麦粥。由于燕麦中缺少麦醇溶蛋白,和面时不易成团,一般与面粉混合后,制作各种面食,如陕北、山西的莜麦卷及燕麦挂面等。燕麦还可以加工成燕麦片,制作燕麦饼干、燕麦面包等。

(四) 荞麦

荞麦去壳后,可制成饭、粥食用。荞麦粉还可以与面粉按不同比例混合,制作各种面食,如荞麦挂面、朝鲜冷面、荞麦饼、荞麦馒头等。

选学模块

其他拓展知识如下。

营养粗粮食用亦有方

粗粮营养丰富。粗粮是相对于稻米、面粉等细粮而言的一种称呼,从加工上来讲,粗粮未经过深加工和细加工,营养成分保存得较为完整。从种类上来讲,它主要包括谷物类(玉米、小米、红米、黑米、紫米、大麦、燕麦、荞麦等)、杂豆类(黄豆、绿豆、红豆、黑豆、蚕豆、豌豆等)、块茎类(红薯、山药、马铃薯等)。

大部分粗粮不但富含人体所必需的氨基酸和优质蛋白质,还含有钙、磷等矿物质及维生素,相对于稻米、面粉而言,粗粮的碳水化合物含量比细粮低,膳食纤维含量高,食用后更容易产生饱腹感,可减少热量摄入。

很多粗粮还具有药用价值:荞麦中的芦丁可以降血脂、软化血管,是高血压、糖尿病等患者的理想食物;薏米被欧洲营养专家称为“生命健康之禾”,不但能美容,还适合消化不良、慢性肠炎者食用;燕麦几乎具备了谷类所有的优点,富含氨基酸、维生素 E。

粗粮虽好,但人们在食用过程中却存在一些误区。

(1) 每顿饭都吃。联合国粮食及农业组织建议,健康人常规饮食中应该含有 30～50 g 纤维素。而粗粮中含有的纤维素和植酸较多,如果每天摄入纤维素超过 50 g,并且长期食用,会降低人体的免疫能力。此外,荞麦、燕麦、玉米中的植酸含量较高,会阻碍人体对钙、铁的吸收。

(2) 纯吃粗粮。不少人吃上粗粮后,又忽略了稻米、面粉。专家建议,成人最好每天吃谷类食物 300～400 g,其中搭配 50～100 g 的粗粮,品种选择多一些更好。

(3) 人人适宜。老年人、儿童,缺钙、缺铁等人群,以及有消化系统疾病的人群,由于肠胃功能较弱,都不适合多吃。

豆类和米面是"最佳拍档"。要想让胃"接受"口感较差的粗粮，还得讲究食用方法。豆类和米面搭配吃比较好。豆类富含促进人体发育、增强免疫功能的赖氨酸，而米面赖氨酸含量较低，因此两者搭配最佳。玉米粉、荞麦粉等较适合和面粉一起制作馒头，口感非常好。平时也可以多吃腊八粥，营养搭配均衡。薏仁米等最好煮粥吃。

需要注意的是，烹饪粗粮之前一定要提前浸泡，原料不同，浸泡时间也不同。浸泡对粗粮的制作非常重要，不但可以缩短烹饪时间，而且浸泡之后的粗粮相对软一些，做熟后口感好，更容易被人体消化和吸收。

此外，吃完粗粮要多喝水。粗粮中的纤维素需要有充足的水分做后盾，才能保障肠道的正常工作。一般多吃一倍纤维素，就要多喝一倍水。

同步测试

1. 简述常见的鉴定玉米粉质量的方法。
2. 小米在储藏过程中有哪些注意事项？
3. 玉米粉和玉米淀粉在烹调过程中有何运用？

任务四 豆类及豆制品

基础模块

一、豆类概况

豆类包括大豆和其他豆类，是我国居民常见食物之一，在居民的膳食中占有重要地位。豆类提供的蛋白质和脂肪要比其他粮食类原料更多。充分利用、开发豆类食品，对改善人民的膳食和营养状况，补充蛋白质来源，增强人民体质都具有非常重要的意义。

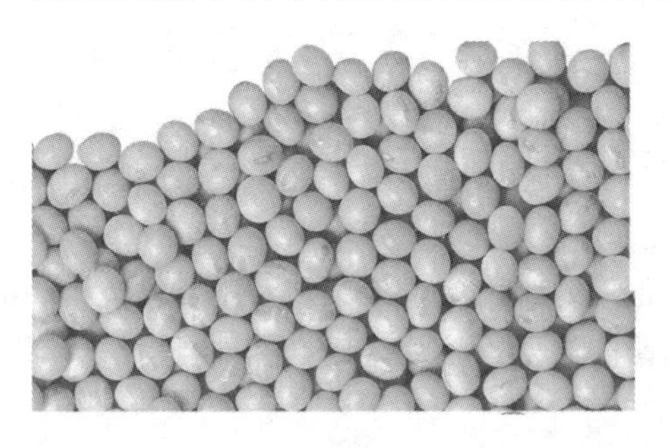

大豆

大豆呈椭圆形、球状，颜色有黄色、淡绿色、黑色等，故又有黄豆、青豆、黑豆之称。用大豆制作的产品种类繁多。大豆可用来制作主食、糕点等，将大豆磨成粉与米粉掺和后可制作团子及糕饼，也可用于改善其他产品的口味。还可作为加工各种豆制品（如豆浆、豆腐皮、腐竹、豆腐、豆干、豆芽等）的原料，既可供食用，又可以用来制油。

二、大豆的品质特点

大豆又称黄豆、毛豆，为豆科大豆属一年生草本植物。中国是大豆的故乡。大豆的生产发展很快，现已成为世界上产量增长最快的粮食作物。目前，世界上已有多个国家和地区种植大豆，且美国、巴西等国家的大豆生产发展尤为迅速。大豆在我国东北、华北、陕西、四川及长江中下游地区均有种植，以长江流域及西南地区种植较多，以东北大豆质量最优。

大豆种植历史悠久，分布范围广泛，品种繁多。研究目的不同，采用的分类标准也不同。

（一）按播种季节分类

❶ **春大豆** 春大豆是指春天播种秋天收获，一年一熟的大豆。春大豆一般适合在温带地区种植，在我国主要分布在华北、西北及东北地区，在美国主要分布于密西西比河流域。

❷ **夏大豆** 夏大豆是指夏天播种的大豆。夏大豆一般适合在暖温带地区种植，在我国主要分布于黄淮流域、长江流域及偏南地区，在国外主要分布于高山气候地区。

❸ **秋大豆** 秋大豆是指秋天播种的大豆。多于7月底8月初播种，一般在暖温带与亚热带交界地区种植，主要分布于我国浙江、江西、湖南三省的南部等地区。

❹ **冬大豆** 冬大豆是指冬天播种的大豆。多于11月播种。一般在暖温带与亚热带交界地区种植，主要分布于我国广东、广西的南半部。

（二）按种子形态分类

可将大豆分为球状、椭圆形、长椭圆形和扁圆形等。

（三）按种皮颜色分类

可分为黄大豆、青大豆、黑大豆、褐大豆、双色豆等。

（四）按大豆的组成分类

蛋白质和脂肪是大豆的主要成分。一般脂肪含量高（在20%以上）的大豆称为脂肪型大豆或高油型大豆；蛋白质含量高的大豆（在45%以上）称为蛋白型大豆或高蛋白型大豆。

三、豆类及大豆制品的营养价值

（一）大豆的营养价值

大豆籽粒各个组成部分由于组织细胞形态不同，其构成物质也有很大差异。大豆除含有丰富的蛋白质和脂肪外，还含有一定量的矿物质、碳水化合物和维生素。

❶ **脂肪** 脂肪是大豆的主要成分之一，一般大豆中脂肪含量在18%左右。其化学组成中除了主要的甘油三酯外，还含有不皂化物甾醇类、类胡萝卜素、生育酚等。

（1）大豆脂肪的脂肪酸组成：大豆脂肪中的不饱和脂肪酸含量很高，达80%以上，而饱和脂肪酸的含量较低。这种特定的脂肪酸组成，决定了大豆脂肪在常温下是液态的。大豆脂肪在人体内的消化率高达97%，是一种优质的植物油。大豆脂肪不但具有较高的营养价值，而且对大豆制品的风味、口感等有很大的影响。

（2）大豆磷脂：大豆脂肪中含有1.1%～3.2%的磷脂。磷脂是生物膜的基本组成成分，大豆磷脂在保护细胞膜、延缓衰老、降血脂、预防脂肪肝等方面有良好的效果。

❷ **蛋白质** 大豆蛋白质的平均含量为30%～50%，是一般谷类粮食原料的3～5倍，甚至高于大部分的动物性食品。大豆蛋白质中氨基酸的组成比较符合人体的需要，除甲硫氨酸含量略低外，其余氨基酸的组成与动物性蛋白质相似，是较好的植物蛋白。大豆蛋白质的消化率因烹调加工方法不同而有明显的差异。整粒大豆的蛋白质消化率为65%，加工成豆浆后蛋白质消化率为85%，豆腐的蛋白质消化率为92%～96%。

❸ **碳水化合物** 大豆中的碳水化合物含量不高，约为25%。大豆中的碳水化合物组成比较复杂，主要成分为蔗糖、棉籽糖、水苏糖、半乳聚糖和少量的淀粉等，除蔗糖和淀粉外，其余碳水化合物不能被人体消化吸收，在肠道细菌的作用下发酵产生二氧化碳和氨气，引起腹部胀气。

❹ **矿物质与维生素** 大豆中的矿物质和维生素含量因大豆品种及种植条件不同而有一定差异。大豆中含有丰富的磷、铁、钙，这些矿物质元素的含量均多于谷类粮食原料。但由于膳食纤维的存在，人体对钙与铁的消化吸收率并不高。大豆中维生素 B_1、维生素 B_2 和烟酸等B族维生素的含量也比谷类粮食原料多数倍，大豆中还含有一定量的胡萝卜素和维生素E。

（二）豆制品的营养价值

虽然大豆营养价值较高，但由于大豆中存在一些干扰营养元素消化吸收的因子，影响了人体对蛋白质及钙、铁等的消化吸收，使大豆蛋白质的生物价值降低。而大豆制品经过脱皮、加热、碾磨等工序，干扰营养元素消化吸收的因子含量降低，使大豆中各种营养元素的生物利用率大大提高。下面介绍几种常见的大豆制品的营养价值。

❶ **豆腐**　豆腐是我国居民非常喜爱的一种豆制品，其具有独特的营养价值。豆腐富含铁、镁、钾、烟酸、铜、钙、锌、磷、叶酸、维生素 B_1、维生素 B_6。每 100 g 结实的豆腐中，水分占 69.8%，蛋白质含量为 15.7 g，脂肪含量为 8.6 g，碳水化合物含量为 4.3 g，纤维素含量为 0.1 g，能提供 611.2 kJ 的热量。豆腐的高蛋白质含量使之成为很好的补充食品。豆腐脂肪中的 78%是不饱和脂肪酸并且不含有胆固醇，素有“植物肉”之美称。豆腐的消化吸收率达 95%以上。两小块豆腐即可满足一个人对钙的一天需要量。

豆腐含有丰富的植物雌激素，对防治骨质疏松症有良好的作用。

❷ **豆浆**　豆浆也是中国人常饮用的一种豆制品，蛋白质含量为 2.5%～5%，主要与原料使用量及加水量有关。其脂肪含量不高，为 0.5%～2.5%；碳水化合物的含量在 1.5%～3.7%。豆浆的营养元素种类与含量比较适合老年人及高血脂的患者饮用，因为豆浆中的脂肪含量低，可以避免高含量的饱和脂肪酸对健康产生不利影响。

❸ **发酵豆制品**　包括豆豉、豆腐乳、豆瓣酱等。大豆经过发酵工艺处理后，其所含蛋白质部分分解，较易被人体消化吸收，某些营养元素的含量增加，尤其是核黄素。

❹ **豆芽**　大豆及绿豆均可用于制作豆芽。豆芽除具有豆类的营养价值以外，其还能在发芽的过程中产生抗坏血酸（维生素 C），在一些特殊环境条件下，可成为一种较好的抗坏血酸来源。

实践模块

一、豆类及豆制品的鉴别与储藏

（一）豆类的鉴别和储藏

（1）色泽鉴别：直接观察大豆皮色或脐色，正常大豆皮色呈固有颜色，洁净而有光泽，脐色呈黄白色或淡褐色。次质大豆皮色灰暗无光泽，脐色呈褐色或深褐色。

（2）组织状态鉴别：正常大豆颗粒饱满，整齐均匀，无未成熟粒和虫蛀粒，无杂质，无霉变；次质大豆颗粒大小不均，有未成熟粒、虫蛀粒，有少量杂质。

（3）含水量判别：正常大豆含水量在 12%以下，次质大豆含水量在 12%以上。大豆含水量的判别主要应用齿碎法，而且要根据不同季节而定。含水量相同而季节不同，齿碎的感觉也不同。在冬季，大豆含水量在 12%以下时，齿碎后可呈 4～5 块；含水量在 12%以上时，大豆虽然能破碎，但不能碎成多块。在夏季，大豆含水量在 12%以下时，豆粒能齿碎并发出响声；含水量在 12%以上时，齿碎时大豆不易破碎而且没有响声。

大豆的储藏期与储藏环境的温度、湿度、虫害有直接关系，温湿度高可加速大豆的腐败变质，虫害也可以使大豆的品相及食用性降低。因此，大豆储藏环境应保持干燥阴凉，远离虫害，最好采用密闭包装或抽真空包装。

（二）豆腐的鉴别和储藏

（1）看色泽：好豆腐呈均匀的乳白色或淡黄色，稍有光泽。劣质豆腐呈深灰色、深黄色或红褐色。

（2）组织状态鉴别：好豆腐块形完整，软硬适度，有一定的弹性。劣质豆腐块形不完整，组织粗

糙,无弹性。

(3)气味鉴别:好豆腐具有豆腐香味。劣质豆腐有豆腥味、馊味和其他不良气味。

(4)滋味鉴别:好豆腐口感鲜嫩,味道醇正清香。劣质豆腐有酸味、苦味、涩味及其他不良滋味。

由于豆腐含水量高,营养物质丰富,尤其是蛋白质含量较多,极易被微生物分解,产生酸败味。因此豆腐储存前最好高温除菌,密闭冷藏,也可适当添加食品防腐剂,以保证产品品质,开封后应及时用完,防止二次污染。

(三)豆腐干的鉴别和储藏

(1)色泽鉴别:正常豆腐干呈乳白色或浅黄色,有光泽。次质豆腐干比正常豆腐干的颜色深。劣质豆腐干色泽呈深黄色,略微发红或发绿,无光泽或光泽不均匀。

(2)组织状态鉴别:正常豆腐干质地细腻,边角整齐,有一定的弹性,切开处挤压不出水,无杂质。次质豆腐干质地粗糙,边角不齐或缺损,弹性差。劣质豆腐干质地粗糙无弹性,表面黏滑,切开时黏刀,切口挤压时有水流出。

(3)气味鉴别:正常豆腐干具有清香气味,无其他异味。次质豆腐干香味平淡或无香味。劣质豆腐干有馊味、腐臭味等不良气味。

(4)滋味鉴别:正常豆腐干滋味醇正,咸淡适口。次质豆腐干滋味平淡,偏咸或偏淡。劣质豆腐干有酸味、苦涩味及其他不良滋味。

豆腐干含水量较豆腐低,理论保质期应比豆腐长,但其蛋白质含量高于豆腐,在无保护的情况下,腐坏的速度依然较快。低温密闭冷藏是很有必要的,配合塑料包装可延长产品保质期。

二、大豆制品的加工方法

大豆制品种类很多,主要包括豆浆和豆浆制品、豆腐和豆腐制品、豆芽制品等。

❶ **豆腐**　豆腐是以大豆为原料,经浸泡磨浆、滤浆、煮浆、点卤等工序,使豆浆中的蛋白质凝固后压制成形的产品。豆腐根据使用的凝固剂不同,可分为北豆腐、南豆腐、内酯豆腐等。豆腐的品质以表面光润、白洁细嫩、成块不碎、气味清香、柔软适口、无苦涩味或酸味、煎炸时易起蜂窝为佳。

豆腐还可进一步加工,制成多种豆腐制品,如冻豆腐、油豆腐、臭豆腐等。

❷ **豆腐干**　豆腐干又称豆干,是将豆腐用布包成小方块,或盛入模具,压去大部分水分制成的半干性豆制品。常见的有白豆腐干、五香豆腐干、茶干等。

❸ **百叶**　百叶又称千张、豆皮等。制法与豆腐干基本相似,是将点卤后的豆腐脑按一定量压制成的片状制品。百叶以薄而均匀、质地细腻、色淡黄、久煮不碎者为佳,如安徽芜湖千张和江苏徐州百叶等。

❹ **腐乳**　腐乳以大豆为主要原料,经过浸泡、磨浆、制坯、培菌、腌坯、配料、装坛发酵精制而成。腐乳根据生产工艺不同可分四种,分别是腌制腐乳、毛霉腐乳、根霉腐乳、细菌腐乳。根据外观颜色不同又可分为红色腐乳、白色腐乳、青色腐乳三种。白色腐乳味偏甜,红色和青色腐乳味偏咸,是烹饪常用的调味品。

三、大豆制品在烹调中的运用

豆腐有软硬老嫩之分,在烹饪中使用广泛,既可单独成菜,又可与其他食材搭配。因其本身味道清淡,故适用于各种味型的菜肴制作。

豆腐干在烹饪中应用较广,可作为多种冷菜或热菜的主、辅料。

百叶韧而不硬、嫩而不糯,是常用的烹饪原料,可通过熏、酱、炝、拌制成凉菜,也可通过炒、烧、煮、炖等制成热菜,还可用于制作素鸡、素火腿、素香肠等。

选学模块

其他粮食制品的拓展知识如下。

细聊粉丝

粉丝是中国常见的食品之一，是采用绿豆、红薯淀粉等做成的丝状食品，直径一般在 0.5 mm 左右，也叫作粉条丝、冬粉等。

粉丝

粉丝品种繁多，按形状可分粗、细、圆、扁、方及片状等多种；按原料又分为绿豆粉丝、豌豆粉丝、蚕豆粉丝、魔芋粉丝、红薯粉丝、土豆粉丝等。其中以绿豆粉丝质量为佳，因绿豆中的直链淀粉较多，煮时不易烂，口感滑腻。

粉丝的营养成分主要是碳水化合物、膳食纤维、蛋白质、烟酸，以及钙、镁、铁、钾、磷、钠等矿物质。粉丝的热量非常低，比一般米饭低很多，饱腹而不发胖，也可起到辅助减肥的作用。粉丝蒸、煮、煎、炸均可，加之其有良好的吸附性，能吸收各种鲜美汤料的味道，再加上粉丝本身柔润嫩滑，因此爽口宜人。

❶ 红薯粉丝的制作

（1）红薯粉丝加工的原料要求：用于粉丝加工的红薯淀粉应色泽鲜白，无泥沙、细渣和其他杂质，无霉变，无异味。

（2）调料与打芡：红薯淀粉可用于打芡也可直接作为调料加工，直接作为调料加工时按干淀粉与水的比例为 5∶4 调制，加入明矾替代品即可。

（3）和面：红薯粉丝加工和面的过程实际上是用制成的芡将淀粉黏结在一起的过程，可采用人工和面或机械和面。

（4）挤压成形：利用粉丝机，让粉团充分熟化，在螺旋轴的推力下，将粉团从粉丝筛板挤出成形。

（5）散热与剪切：在粉丝从粉丝筛板挤出后，用鼓风机使粉丝降温，当达到所需长度时，用剪刀迅速将粉丝剪断。

（6）搓粉散条：将冷却好的粉丝放入水中浸泡 10～20 min，捞出搓粉晾晒。

（7）干燥：有自然干燥和烘干干燥两种干燥方法。粉丝晾至四五成干时，轻轻揉搓松动使其分离散开。粉丝晾至七八成干时，更换方向，直至粉丝含水量为 14%时即可。

❷ 绿豆粉丝的制作

（1）选料浸渍：绿豆经筛选后，洗涤，加水浸渍 24 h 左右。

（2）磨浆：绿豆磨浆，并把生豆浆放在袋滤器中，使淀粉乳从袋滤器洗出。将洗出的淀粉乳倒入缸内，沉淀后，倾去上清液，再加水搅拌，洗涤沉淀。最后用布袋滤取淀粉，晒干至六成为度。

（3）成团：将一部分半干粉加 1.5 倍冷水调成粉水，倾倒于盛有沸水的铜勺内，使铜勺半浸于沸水中，搅拌后呈薄糊，并将此薄糊倒入剩下的半干粉内，充分捏和，使其呈流体态。

（4）出粉：将淀粉糊放入底部有细孔的模具内，敲打模具，挤出的细丝落在沸水内凝固后，捞出干燥即成绿豆粉丝。

传统粉丝在加工制作过程中添加了明矾，明矾即硫酸铝钾。机体摄入过量的硫酸铝钾时，脑细胞的功能会受到影响，从而影响和干扰人的意识和记忆功能，可导致老年痴呆症，还可引起胆汁淤积性肝病等病症。因此，消费者应注意选购。

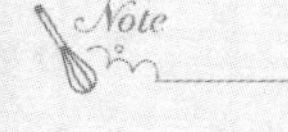

同步测试

1. 豆浆具有哪些营养价值？
2. 介绍豆腐的鉴别方法。
3. 介绍大豆制品在烹调中的运用。

项目三

蔬菜类原料

项目描述

蔬菜类原料知识，主要介绍各类蔬菜类原料概况，常见蔬菜的种类及其品质特点，常见蔬菜的储藏知识，蔬菜类原料的鉴别方法，蔬菜的预处理方法，蔬菜在烹调过程中的运用。

项目目标

1. 了解蔬菜类原料的名称、产地与季节和品种。
2. 熟悉蔬菜类原料的品质特点。
3. 掌握蔬菜类原料的初步加工、烹调运用。
4. 掌握蔬菜类原料的品质鉴定及储藏方法。

内容提要

蔬菜是指可以做菜、烹饪成为食品的植物类或菌类。蔬菜是人们日常饮食中必不可少的食物之一。蔬菜可提供人体所必需的多种维生素和矿物质。据联合国粮食及农业组织统计，人体必需的维生素C的90%、维生素A的60%来自蔬菜，蔬菜中的营养元素可以有效预防慢性、退行性疾病。

现代农产品生产需要由普通农产品生产发展到无公害农产品生产，再发展至绿色食品或有机食品生产。绿色食品跨接在无公害食品和有机食品之间，无公害食品是绿色食品发展的初级阶段，有机食品是质量更高的绿色食品。

有机蔬菜：来自有机农业生产体系，根据国际有机农业的生产技术标准生产出来的，经独立的有机食品认证机构认证允许使用有机食品标志的蔬菜。有机蔬菜在其整个生产过程中都必须按照有机农业的生产方式进行，也就是在整个生产过程中必须严格遵循有机食品的生产技术标准，即生产过程中完全不使用农药、化肥、生长调节剂等化学物质，不使用基因工程技术，同时还必须经过独立的有机食品认证机构对其生产全过程进行质量控制和审查。因此有机蔬菜的生产必须按照有机食品的生产环境、质量要求和生产技术规范来生产，以保证其无污染、低能耗和高质量的特点。

绿色蔬菜：遵循可持续发展的原则，在产地生态环境良好的前提下，按照特定的质量标准体系生产，并经专门机构认定，允许使用绿色食品标志的无污染的安全、优质、营养类蔬菜的总称。

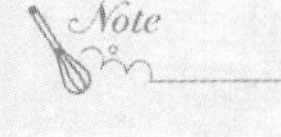

无公害蔬菜：蔬菜中有害物质(如农药残留、重金属、亚硝酸盐等)的含量，控制在国家规定的允许范围内，人们食用后对人体健康不造成危害。

任务一 叶菜类

基础模块

一、叶菜类原料概况

叶菜类蔬菜是指以植物肥嫩的叶片和叶柄作为食用对象的蔬菜。这类蔬菜品种多，用途广，其中既有生长期短的快熟菜，又有高产耐储存的品种，还有起调味作用的品种，因而在蔬菜的全年供应中占有很重要的地位。

叶菜类蔬菜的形态多种多样，但其供食用的部分均是蔬菜的叶或叶的某一部分，所以在外观上都具有叶的基本特征，由叶片、叶柄和托叶组成。叶片是叶的最重要的部分，由表皮、叶肉和叶脉三个部分组成；叶柄的结构和茎的结构大致相似，由表皮、基本组织和维管束三个部分组成；托叶是位于叶柄和茎的相连接处的结构，通常细小，而且早落，食用价值较低。

二、小白菜的品质特点

❶ 产地　小白菜原产于我国，南北各地均有分布，在我国栽培十分广泛。小白菜是芸薹属栽培植物，茎叶可食，1～2 年生草本植物，常做一年生栽培。植株较矮小，浅根系，须根发达。

❷ 种类　根据形态特征、生物学特性及栽培特点，小白菜可分为秋冬白菜、春白菜和夏白菜，各包括不同类型的品种。

小白菜

（1）秋冬白菜：中国南方广泛栽培、品种多。株型直立或束腰，以秋冬季栽培为主，依叶柄色泽不同分为白梗类型和青梗类型。白梗类型的代表品种有南京矮脚黄、常州长白梗、广东矮脚乌叶、合肥小叶菜等。青梗类型的代表品种有上海矮箕青、杭州早油冬、常州青梗菜等。

（2）春白菜：植株多开展，少数直立或微束腰。冬性强、耐寒、丰产。按抽薹早晚和供应期又分为早春菜和晚春菜。早春菜的代表品种有白梗的南京亮白叶、无锡三月白及青梗的杭州晚油冬、上海三月慢等。晚春菜的代表品种有白梗的南京四月白、杭州蚕白菜等及青梗的上海四月慢、五月慢等。

（3）夏白菜：在夏秋高温季节栽培，又称“火白菜”“伏菜”，代表品种有上海火白菜、广州马耳白菜、南京矮杂一号等。

三、小白菜的营养特点

❶ 矿物质　小白菜是含矿物质较丰富的蔬菜之一，有助于增强机体免疫能力。

❷ 膳食纤维　小白菜中含有大量膳食纤维，其进入人体内与脂肪结合，可防止血浆胆固醇形成，促使胆固醇代谢物胆酸排出体外，减少动脉粥样硬化的形成，从而保持血管弹性。

❸ 维生素　小白菜中含有大量胡萝卜素，比豆类、番茄、瓜类都多。还含有丰富的维生素 C。维生素 C 进入人体后，可促进皮肤细胞代谢，防止皮肤粗糙及色素沉着，使皮肤亮洁，延缓衰老。

小白菜中含有的膳食纤维可促进大肠蠕动，增加大肠内毒素的排出。

四、小白菜的鉴别与储藏

❶ 鉴别

（1）新鲜度：小白菜很嫩，最易失水萎缩。一旦失水再去喷水，叶片尖端萎蔫的壮龄叶也不能恢复。所以凡是叶片尖端萎蔫的小白菜不要买，刀口有水珠的表示新鲜度最高。

（2）鲜嫩度：颜色深的较老，颜色淡的较嫩。生长期长的叶柄也长，一般来说选择叶柄短的更好（长度不应超过 15 cm）。

❷ 储藏

（1）小白菜的菜心容易腐烂，整棵购买时，可以将菜心挖除，把沾湿的报纸塞入其中，再用保鲜膜包起来。如果在超市购买半棵或 1/4 棵小白菜，回家后可将保鲜膜拆开风干一下，再用保鲜膜包起，放在冰箱中可保存半个月左右，但仍应尽早食用。

（2）把小白菜倒入沸水中，焯几分钟。焯好后过凉水，挤干水分，放入冰箱中速冻就可以了。

（3）如果小白菜根部腐烂，应先切除根部，洗净后再用牛皮纸包起来放进冰箱冷藏，避免影响小白菜的茎和叶；如果小白菜根部无腐坏，可用牛皮纸直接包起来后放进冰箱冷藏，但建议在 1～2 天内食用完。

实践模块

一、小白菜的加工方法

（1）将所有小白菜洗净，放在筐里晾干。然后切成条或者块，继续晾半天。

（2）将泡菜坛子彻底洗净，晾干后倒入少许高度白酒，晃动泡菜坛子使白酒均匀洗刷一遍泡菜坛子（坛体高 20 cm）内壁，然后倒掉白酒，倒扣泡菜坛子备用。

（3）将 3 L 清水倒入无油的锅中，放入花椒一小撮、八角 2 个、桂皮 1 块、香叶几片、冰糖 1 块、老姜几片（去皮），煮开后继续煮 5 min，彻底放凉后，倒入泡菜坛子中，然后倒入半瓶带汁的野山椒和高粱酒。最后把晾好的小白菜放入。小白菜要全部浸泡在泡菜汁中。

（4）扣上盖后，往水槽内倒入清水把泡菜坛子封口。将泡菜坛子置于阴凉通风处，保持水槽内水不要干。若泡菜做好后泡菜坛子里面的泡菜吃不完，可以全部捞出放入密封盒内冷藏储存。但泡菜不能长时间存放，要随泡随吃。

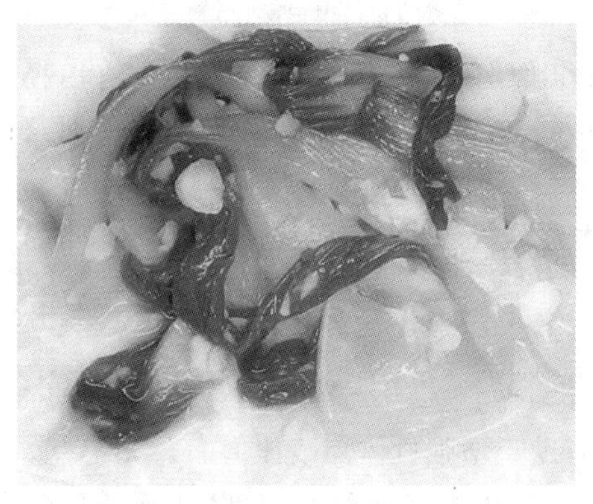

蒜香小白菜

二、小白菜的烹调应用

小白菜适合于炒及制汤等烹调方法，也可用作辅料。可用于制作“蒜香小白菜”“鸡茸小白菜”等。

（1）将小白菜清洗干净，再切成段备用。

（2）葱切葱花，蒜切片。

（3）热锅加入适量油，爆香蒜末，再放入小白菜。

（4）大火快炒至小白菜开始变软时，加入葱花、盐。

（5）翻炒至小白菜开始出水时关火即可。

选学模块

其他叶菜类原料知识如下。

（一）菠菜

菠菜又称赤根菜，原产于伊朗。目前全国各地均有栽种，春、秋、冬季均可上市供应。菠菜的品种可分为尖叶菠菜和圆叶菠菜两大类。菠菜品质以色泽浓绿，叶茎不老，根红色，无抽薹开花，不带黄、烂叶，无虫害者为佳。菠菜入馔，适于炒、氽、拌、烫等加工方法，也可用作配料。可用作垫底、围边，还能用作点心的馅心。菠菜含较多的草酸，烹调前宜用开水略烫，以除去草酸。

菠菜初加工时，首先应摘除老根、黄叶、老叶等不能食用的部分，用小刀将其长根须修至合适长度，并剔去和清除沾在菜上的泥沙和杂物。用水浸泡后清洗，沥水备用。

（二）包菜

包菜为甘蓝的变种，属结球叶菜类蔬菜。又名结球甘蓝、卷心菜、洋白菜、疙瘩白、圆白菜、包心菜等。包菜质厚，层层包裹成球状体，呈扁球状，直径为 10～30 cm 或更大，乳白色或淡绿色，起源于地中海沿岸，在中国各地普遍栽培，是中国东北、西北、华北等地区春、夏、秋季的主要蔬菜之一。包菜质量以新鲜清洁、叶球坚实、形状端正、不带烂叶、无病虫害和损伤者为佳。包菜在烹调中适于炒、炝、熘等加工方法，也可用作馅心和各类原料的配料，亦可凉拌用作冷菜。此外，还可用于制作泡菜。

菠菜

包菜

（三）韭菜

韭菜，为辛香叶菜类蔬菜，性温，具健胃、提神、止汗固涩、补肾助阳、固精等功效。又称懒人菜、草钟乳、起阳草、长生韭。韭菜原产于我国，目前全国各地均有栽培，四季均有上市，尤以春、秋季最盛，冬季的韭黄品质也较好。韭菜的质量以植株粗壮鲜嫩，叶肉肥厚，不带烂叶、黄叶，中心不抽薹者为佳。韭菜在烹调中适于炒等加工方法，也可焯水后凉拌，作为配料时可用于炒、熘、爆等菜式，韭菜也可以用作馅心料，还可用作调料。

韭菜

韭菜初加工时，要先剔除黄叶，将根部韭白部分剥剔干净，浸泡后，清洗沥水，整理齐整，放入沥水的盛器中，排放整齐，以利于切配加工。

同步测试

1. 介绍无公害蔬菜、绿色蔬菜、有机蔬菜三者之间的品质区别。
2. 小白菜中维生素 C 有哪些营养作用？

3. 怎样保鲜储藏小白菜？
4. 介绍小白菜的预处理方法。

任务二 茎菜类

 基础模块

一、茎菜类原料概况

茎菜类蔬菜是指以植物的嫩茎或变态茎作为主要食用部位的蔬菜。

茎菜类蔬菜品种较多，有的生于地下，有的生于地上，形态多种多样，但在外观上都具有植物茎的基本特征，即顶端有顶芽，有节和节间，有叶和叶痕并着生腋芽。从茎的解剖结构看，茎由表皮、皮层和维管柱三个部分组成。表皮在茎的最外层；皮层由许多层薄壁细胞组成，其特点是细胞排列疏松，细胞壁薄。茎菜类蔬菜通常被利用的都是幼嫩时期的茎或变态茎，一旦植物茎长老后，其茎中维管柱木质化，也就失去了食用价值。

茎菜类蔬菜按其生长环境可分为地上茎类和地下茎类蔬菜两大类。

地上茎类蔬菜主要包括嫩茎类蔬菜和肉质茎类蔬菜。

地下茎类蔬菜包括球茎类蔬菜、块茎类蔬菜、根状茎类蔬菜和鳞茎类蔬菜。球茎为短而肥大的地下茎，外表有明显的节与节间，在节上生有起保护作用的鳞片及腋芽，其内部储存养料，球茎通常由地下茎的先端膨大而成，芽多数集中于顶端；块茎是由地下茎逐渐膨大而形成的，块茎外部分布着许多凹陷的芽眼，在顶部有一个顶芽，芽眼在块茎上呈螺旋状排列，每个芽眼下面有叶迹（顶芽除外），块茎的内部构造有周皮、皮层、外韧皮部、木质部、内韧皮部及位于中央的髓；根状茎的外形与根相似，横着伸向土中，但它具有明显的节与节间，节上的腋芽可长出地上枝，节上可生长出不定根，在节上可以看到小型的退化鳞片叶；鳞茎是一种扁平或圆盘状的地下茎，上面生有许多肉质肥厚的鳞片，肉质鳞片包于顶芽的四周，在鳞片的叶腋内还有腋芽，起保护作用。

二、莴苣的品质特点

❶ **产地** 莴苣原产于地中海沿岸。16 世纪在欧洲出现结球莴苣和紫莴苣；16～17 世纪有皱叶莴苣和紫莴苣的记载。莴苣约在 5 世纪传入中国。世界各国普遍栽培叶用莴苣，其主要分布于欧洲、美洲，中国各地则以茎用莴苣——莴笋栽培为主，叶用莴苣多分布在华南地区。20 世纪 80 年代后期，结球莴苣在北京及沿海一些城市也有种植。

莴苣

❷ **种类** 莴苣可分为叶用和茎用两类。

叶用莴苣又称春菜、生菜；生菜的主要食用部位为叶片或叶球，近年来在各大城市尤其是南方沿海各省的大城市有所发展，成为当前增加花式品种的主要蔬菜。茎用莴苣又称莴笋、香笋。莴笋的肉质嫩，茎可生食、凉拌、炒食、干制或腌制。

三、莴苣的营养特点

(1) 莴苣中碳水化合物的含量较低，而无机盐、维生素的含量则较丰富，尤其是含有较多的烟

酸。烟酸是胰岛素的激活剂，糖尿病患者经常吃莴苣，可改善机体的代谢功能。

（2）莴苣中还含有一定量的微量元素如锌、铁，莴苣中的铁元素很容易被人体吸收。

（3）近年来的研究发现，莴苣中含有一种芳烃羟化酶，能够分解食物中的致癌物质亚硝胺，防止癌细胞的形成，对于消化系统的肝癌、胃癌等有一定的预防作用，也可缓解癌症患者对放疗或化疗的反应。

（4）莴苣茎叶中含有莴苣素，味苦，能增强胃液分泌，刺激消化，增进食欲，并具有镇痛和催眠的作用。

实践模块

一、莴苣的鉴别与储藏

❶ 鉴别

（1）良质茎用莴苣（莴笋）：色泽鲜嫩，茎长而不断，粗大均匀，茎皮光滑不开裂，皮薄汁多，纤维少，无苦味及其他不良异味，无老根、无黄叶、无病虫害，不糠心、不空心。

（2）次质莴笋：叶萎蔫松软，有枯黄叶，茎皮厚，纤维多，带老根，有泥土。

（3）劣质莴笋：肉茎细小，有开裂或损伤折断现象，糠心或空心，纤维老化粗硬。

❷ 储藏

（1）冷藏法：将莴笋温度从 20 ℃迅速降至 2 ℃，处理后的莴笋，可延长储藏期 20 天左右。在冷库内用塑料薄膜袋密封储藏莴笋，有一定的保鲜效果。收获后去掉下部叶片，并立即用水冲洗茎部，洗掉叶痕处流出的白色汁液，可减少褐变。然后用塑料薄膜袋密封包装，以 3～5 株为一包较好。温度控制为 0～3 ℃，储藏 25 天后好菜率可达 98%，叶痕处只有轻微的褐变，叶子仍保持鲜绿色。

（2）塑料袋储藏：从市场采购茎粗、无空心、不抽薹的莴苣，小心摘去叶片，用清水洗去泥土，在房内放置 4～6 h，装入食品袋，扎紧袋口，在冬季可放在 0～1 ℃的晾台上，根据气温用草帘或麻袋覆盖或揭盖来调节温度，切勿让太阳晒。有冰箱的居民，可以将食品袋置于冰箱中，用此法可储藏 15 天。

二、莴苣的加工方法

❶ 莴苣的加工

（1）选料：选叶大而肥厚的鲜莴苣，摘去黄叶、枯叶、病虫叶，去老根。

（2）预处理：将莴苣茎叶分离，清洗消毒，削去茎皮。茎切成 1～2 cm 厚的圆片，置于沸水中热烫 60 s；叶切成 2 cm 长条，置于沸水中热烫 40 s 灭酶，去除部分苦味及固定色泽。为增强效果，可在沸水中加入 1%～2%的氯化钠溶液。

（3）护色浸提：将热烫后的莴苣片及叶置于浓度为 40 mg/kg 的亚硫酸钠及浓度为 200 mg/kg 的醋酸镁的混合液中进行护色浸提，浸提时间为 50 min。

（4）绞碎过滤：将莴苣片、叶与浸提液一起放入食品加工机中打浆，再过滤、去渣留汁。

（5）调配杀菌：将 6%蔗糖、0.1%苹果酸、0.4%藻酸丙二醇酯同 2%莴苣浸提液混合后进行杀菌，杀菌温度为 115 ℃，杀菌时间为 3 s。

（6）灌装封口：杀菌后的饮料进行无菌灌装，立即封口，冷却至常温，即为成品。

❷ 莴苣脯的加工

（1）原料选择：选择发育良好、个体较大的莴苣进行充分洗涤，削去茎的外皮，切去根部较老的部分和上部过嫩的部分，切成长 4 cm、宽 2 cm、厚 1 cm 的长条。

（2）硬化处理：一般采用石灰水浸泡。每 100 kg 清水放入石灰 3 kg，搅拌均匀后取其上清液，将

莴苣条浸泡其中，12 h 后捞出，放入清水中充分漂洗 10～12 h，中间换水 2～3 次。最后捞出，沥干水分备用。

(3) 预煮：将莴苣条倒入煮沸的水中，加热沸腾 5～8 min，捞出放入冷水中冷却。冷却后放入含 0.2%亚硫酸钠的护色液中浸泡护色。

(4) 糖制：分糖渍和糖煮两步完成。①糖渍：配制 50%的糖液并煮沸，加入适量的柠檬酸，然后倒入放有莴苣条的浸缸中，浸泡糖渍 2 天。②糖煮：将莴苣条捞出，调整浸渍液浓度为 50%，煮沸后加入糖渍过的莴苣条，沸腾 3～5 min 后加入适量的砂糖，使糖液浓度达到 60%以上，再次加热煮沸 15～25 min，至莴苣条有透明感时出锅。连糖液带莴苣条一起入缸浸泡 24 h。

(5) 烘烤：将糖制好的莴苣条捞出，沥净糖液后均匀地摆在烘盘上，送入烘房烘烤。在 65～70 ℃条件下烘烤 12～16 h，手摸不黏手、含水量在 16%～18%时移出烘房。注意烘烤过程中隔一定时间要进行通风排湿，以利于干制，并进行 1～2 次倒盘，以便莴苣条干燥均匀。

(6) 包装：烘好的产品，放入 25 ℃左右的室内，回潮 24 h，检验修整，用食品袋包装好存于阴凉干燥处。

三、莴苣的烹调应用

茎用莴苣(莴笋)适合于烧、拌、炝、炒等烹调方法，也可用于做汤和配料等。以其为原料的菜肴有"青笋炒肉片""烧笋尖""炝辣青笋"等。焯莴笋时一定要注意时间和温度，焯的时间过长、温度过高会使莴笋绵软，失去清脆口感。

凉拌莴笋的做法如下。

(1) 莴笋切成细丝，撒 1 小勺盐拌匀，腌 2 min 后冲洗干净并控干水分。

(2) 将莴笋丝放入冰箱冷藏 1 h，吃的时候提前半小时调入苹果醋、细砂糖和一点点盐，淋上麻油或辣油拌匀即可。

选学模块

其他茎菜类原料知识如下。

芦笋

(一) 芦笋

芦笋俗称石刁柏，为天门冬科天门冬属多年生宿根草本植物，以抽生的嫩茎为食用部位。原产于亚洲西部、地中海沿岸，因其枝叶如松柏状，故名石刁柏。

芦笋的可食部位是其地下和地上的嫩茎。芦笋的品种很多，按颜色可分为白芦笋、绿芦笋、紫芦笋三种。芦笋自春季从地下抽薹，如不断培土并使其不见阳光，长成后即为白芦笋。如使其见光生长，刚抽薹时顶部为紫色，此时收割的为紫芦笋。待其长大后即为绿芦笋。绿芦笋的蛋白质和维生素 C 的含量都较白芦笋丰富。

白芦笋多用来制罐头，紫芦笋、绿芦笋可鲜食或制成速冻品。芦笋在西餐烹调中可用于制作配菜，或作为菜肴的辅料。

(二) 莲藕

莲藕原产于印度，很早便传入我国，在南北朝时期，莲藕的种植就已相当普遍了。莲藕微甜而脆，可生食也可做菜，而且药用价值相当高，它的根叶、花须果实皆为宝，都可滋补入药。用莲藕制成粉，能消食止泻，开胃清热，滋补养性，预防内出血，是老弱妇孺、体弱多病者上好的流质食品和滋补

佳珍，在清咸丰年间，藕粉就被钦定为御膳贡品。

莲藕

❶ **上市莲藕的储藏方法**　因莲藕为水下生蔬菜，所以储藏时要多加注意。

（1）泥浆涂藕储藏。选用黄土打碎并去除砂石等杂物，加水调制成糊状，然后将整支藕放入此泥浆中浸渍，待藕身均匀裹上泥浆后，取出，装入箱内或草包内，捆好即可。若泥浆干燥脱落后，可再依上法浸渍1次。适于短期储藏和运输销售。

（2）恒温水储藏。将采收的藕带泥运回，放入水温在5～8 ℃的水池内，可保鲜1个月左右。也可将莲藕挖出后，稍洗一下，装入蒲包或编织袋，每70 kg左右1包，放在水深1 m、温度较低的水中，使包袋下不贴泥土，上不露出水面，上面再盖一层厚6～10 cm的水草，可随时出售。

❷ **待加工莲藕的储存方法**

（1）清洗去皮。将刚挖掘出来的带泥莲藕用清水洗干净，分成藕段，再将藕段两头的藕节去掉，并用不锈钢刮子刮去莲藕表皮。

（2）浸泡脱水。为防止莲藕褐变，将去皮后的莲藕先浸泡在0.8%～1.5%的食盐溶液中，待藕体稍发软后，再置于莲藕保鲜剂溶液中浸泡40 min。然后用脱水机脱水，以防在包装中出现水珠。

（3）真空包装。为避免莲藕发生酶促反应，应选用隔氧能力强的尼龙塑料袋进行包装。每袋按1～5 kg分装，并用真空机密封。

同步测试

1. 查找资料学习，地下茎类蔬菜如何分类，各包括哪些品种？
2. 莴苣的储藏方法有哪些？
3. 介绍莴苣的预处理方法。

任务三　根菜类

基础模块

一、根菜类原料概况

根菜类蔬菜是指由直根膨大而形成肉质根的蔬菜植物（块根类除外）。

我国目前栽培的根菜类蔬菜主要包括以下几种。

（1）十字花科中有萝卜、根用芥菜、芜菁（蔓菁）、芜菁甘蓝（洋疙瘩）与辣根。

（2）伞形科中有胡萝卜、美洲防风与根芹菜；菊科中有牛蒡、婆罗门参。

（3）藜科中有甜菜根（紫菜头、火焰菜）等。

（4）其中栽培较广的是萝卜与胡萝卜，其次为大头菜、芜菁甘蓝及芜菁。随着蔬菜出口的发展，牛蒡的栽培也逐年增加。

二、萝卜的品质特点

（一）产地

世界各地都有种植，在气候条件适宜的地区，四季均可种植，多数地区以秋季栽培为主，萝卜成

为秋、冬季的主要蔬菜之一。

（二）种类

萝卜主要分为中国萝卜和四季萝卜。

❶ **中国萝卜** 依照生态型和冬性强弱分为 4 个基本类型。

（1）秋冬萝卜类型：我国普遍栽培类型。夏末秋初播种，秋末冬初收获，生长期为 60～100 天，根据皮色和用途，可分为红皮、绿皮、白皮、绿皮红心等不同的品种，代表品种有薛城长红、济南青圆脆、石家庄白萝卜、北京心里美和澄海白沙火车头等。

（2）冬春萝卜类型：在我国长江以南及四川省等冬季不太寒冷的地区种植。耐寒性强、不易糠心。代表品种有成都春不老萝卜、杭州笕桥大红缨萝卜和澄海南畔洲晚萝卜等。

（3）春夏萝卜类型：我国普遍种植。较耐寒，冬性较强，生长期较短，一般为 45～60 天，播种期或栽培时管理不当易先期抽薹。代表品种有北京炮竹筒、蓬莱春萝卜、南京五月红。

（4）夏秋萝卜类型：我国黄河流域以南栽培较多，常作为夏、秋淡季的蔬菜。较耐湿、耐热，生长期为 50～70 天。代表品种有杭州小钩白、广州蜡烛趸等。

❷ **四季萝卜** 叶小，叶柄细，茸毛多，肉质根较小而极早熟，适于生食和腌制。

四季萝卜主要分布在欧洲，尤以欧洲西部栽培普遍，美国等已引入栽培，中国、日本也有少量种植。中国栽培的四季萝卜品种有南京扬花萝卜、上海小红萝卜、烟台红丁萝卜等。

中国萝卜

四季萝卜

三、萝卜的营养特点

萝卜在中国民间素有“小人参”的美称。一到冬天，便成了家家户户饭桌上的常客，现代营养学研究表明，萝卜营养丰富，含有丰富的碳水化合物和多种维生素，其中维生素 C 的含量比梨高 8～10 倍。

萝卜含有能诱导人体自身产生干扰素的多种微量元素；白萝卜富含维生素 C，而维生素 C 为抗氧化剂，能抑制黑色素合成，阻止脂肪氧化，防止脂褐质沉积。

萝卜中含有大量的植物蛋白、维生素 C 和叶酸，人体食入后可帮助洁净血液和皮肤，同时还能降低胆固醇，有利于血管弹性的维持。

实践模块

一、萝卜的鉴别与储藏

❶ **鉴别**

（1）看外形：萝卜外形为圆柱状，表皮光滑细腻，入土部分小于萝卜长度的五分之一。

（2）品口感：甜辣可口，鲜嫩多汁，水多无渣。

（3）试质地：一拍即裂，被民间形容为“一摔掉八瓣”，形容质地特别酥脆。

❷ 储藏

（1）埋藏：首先挖一个宽 1 m 左右、深 0.6～1.5 m 的土沟，然后将萝卜码在沟底。堆码时萝卜根部朝上，一个一个排紧，摆放一层后用干净、湿润的细土覆盖一薄层，上面再摆一层，最后用细土覆盖，整平，压实。

（2）气调保鲜：首先将萝卜在储藏前晾晒一天，然后装入筐内，在储藏间内码成方形垛，在筐外用聚乙烯塑料帐密封，采用自然降氧法进行储藏。

（3）把萝卜放进塑料袋里，放进冰箱中，可保鲜一周左右。

二、萝卜的加工方法

常见的萝卜加工方法主要有以下几种，加工前均应挑选无伤口、无病变、无虫咬的萝卜，并洗净、晾干。

❶ 萝卜干　将萝卜切成长约 5 cm、宽 1 cm、厚 0.5 cm 长条，按 10∶1 比例洒上食盐拌匀，腌制 6～7 天；腌制过程中要经常搅拌，使萝卜腌匀、腌透。捞出后摊在薄板上晾晒 5～6 天，再重新放入原腌萝卜汁中，浸泡 2～3 天后再晾晒；重复 2～3 遍，直到最初腌制出来的萝卜汁全部浸入萝卜干中，再晾晒 2～3 天；放入适量酱油、少量醋、味精、花椒粉、辣椒粉拌匀，即为风味独特的萝卜干。

❷ 豆萝菜　将萝卜切成长约 1 cm、宽 1 cm、厚 0.5 cm 方形块，按 10∶1 比例加入食盐，腌制 1～2天；黑豆放入冷水中浸泡 24 h 后捞出煮熟，晾去黑豆表面水分，放入盆中，顶部撒一层香椿树叶，再盖一层棉被，发酵，直到黑豆表面长满约 1 cm 长的白毛时，停止发酵，散开；待其表面水分蒸干后，用手搓碎，放入清水中漂洗，捞出；将腌好的萝卜块放入其中，加入适量花椒粉、大料粉、香菜末、味精、少量盐、香油拌匀，腌制 6～7 天；腌制过程中要经常搅拌，使其腌制均匀，充分腌透后，即成味道鲜美的豆萝菜。

❸ 萝卜丸　先将萝卜切成丝，再切成碎末，加入适量姜末、葱末、花椒粉、味精、食盐拌匀，再按 5∶1 比例加入面粉，和成萝卜面，然后用汤匙一勺勺地放入烧热的油锅中炸至金黄色或放入沸水中煮熟，即为萝卜丸。

❹ 萝卜片　将萝卜切成片状，用食盐腌制 2～3 h 取出，撒入适量花椒粉、味精拌匀，再将萝卜片放入面粉中轻蘸，使萝卜表面粘满一层薄薄的面粉，待用；清水中加入 1～2 个鸡蛋，打匀，再加入面粉、少量盐调成面糊；将萝卜片平放入面糊中，使其均匀粘满面糊，入热油锅中炸至金黄色或放入平底锅中煎至金黄色即可。

❺ 萝卜盒　将萝卜切成两片相连的片状，两片中间夹入肉馅或菜馅（同水饺馅），外表面粘一层面粉（同萝卜片），待用；调好面糊（同萝卜片），将萝卜盒平放入面糊中粘满面糊，入热油锅中炸至金黄色或在平底锅中煎至金黄色即可。

三、萝卜的烹调应用

（1）可切成丁、丝、片、块、球等多种形状。

（2）萝卜是食品雕刻中的上乘原料，可刻成花、鸟、虫、草等。

（3）在烹调中可以作为主料制作菜肴，如著名的“洛阳燕菜”。

（4）可同鱼及干货原料搭配制作菜肴，如“干贝萝卜球”“萝卜丝鲫鱼汤”等。

（5）萝卜适合多种口味的调味，如糖醋、酸辣、咸鲜等。

（6）萝卜还可以用作面点馅心。

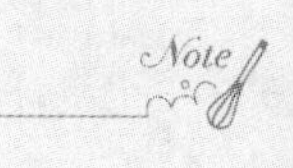

【示范菜品】

萝卜烧肉中肉酥烂，萝卜香，味鲜美，色金黄。萝卜含有能诱导人体自身产生干扰素的多种微量元素，可增强机体免疫力。

选学模块

其他根菜类原料知识如下。

（一）芜菁

芜菁，根如圆萝卜，常盐腌晒干做咸菜。华东一带通称香大头。块根肉质，呈扁圆形或长椭圆形，须根多生于块根下的直根上。茎直立，上部有分枝，基生叶绿色，有羽状深裂，长而狭，长 30～50 cm，其中 1/3 为柔弱的叶柄而具有少数的小裂片或无柄的小叶，顶端的裂片最大而钝，边缘呈波浪形或有浅裂，其他的裂片越往下越小，全叶如琴状，上面有少许散在的白色刺毛，下面较密；下部茎生叶似基生叶，基部抱茎或有叶柄；茎上部的叶通常呈矩圆形或披针形，不分裂，无柄，基部抱茎。

肥大肉质根供食用，每 100 g 鲜重含水分 87～95 g、糖类 3.8～6.4 g、粗蛋白 0.4～2.1 g、纤维素 0.8～2.0 g、维生素 C 19.2～63.3 mg，以及其他矿物质。肉质根柔嫩、致密，供炒食、煮食或腌制。欧洲、亚洲和美洲均有栽培。

芜菁初加工时，首先应摘除老根及根部以上叶等不能食用的部分，用小刀将其长根须修至合适长度，并剔去和清除沾在菜上的泥沙和杂物。用水浸泡后清洗，沥水备用。

（二）甜菜根

甜菜根又称为火焰菜、紫菜头等，是一种二年生草本植物，肉质根呈扁圆形、纺锤形等。因其含甜菜红素，根皮及根肉均呈紫红色，横切面可见数层美丽的紫色环纹。甜菜根喜欢生长在冷凉气温环境中，因此我国东北及内蒙古多有种植，是用来榨制砂糖的主要原料。近代科学研究证明，甜菜根含有丰富的营养成分，还有很高的药用价值，确实不负“宝菜”的盛名。

甜菜根的另一变种为黄菜头，呈金黄色。质地脆嫩，味甘甜，略带土腥味。烹饪中可生食、凉拌，或炒、煮汤，亦是装饰、点缀及雕刻的良好原料。甜菜根主要用于制糖。糖是人民生活不可缺少的营养物质，也是食品工业、饮料工业和医药工业的重要原料。

同步测试

1. 查找资料学习，根菜类蔬菜如何分类，各包括哪些品种？
2. 萝卜的储藏方法有哪些？
3. 介绍萝卜在烹调中的运用。

任务四 果菜类

基础模块

一、果菜类原料概况

果菜类蔬菜是指以植物的果实或幼嫩的种子为食用部分的蔬菜，包括瓠果类、茄果类、荚果类蔬菜。

（1）瓠果类蔬菜：食用部分为瓠果，在植物学分类上属葫芦科的一类蔬菜，如南瓜、冬瓜等。

（2）茄果类蔬菜：以浆果为食用部分的茄科蔬菜，如茄子、番茄等。

（3）荚果类蔬菜：以幼嫩的荚为食用部分的蔬菜，如扁豆、四季豆、荷兰豆、菜豆等。

二、南瓜的品质特点

南瓜

❶ 产地　在我国各地均有栽培。

❷ 分类　按果实的形状可分为圆南瓜和长南瓜。圆南瓜呈扁圆形或圆形，果面多有纵沟或瘤状突起，果实呈深绿色，有黄色斑纹。长南瓜的头部膨大，果皮呈绿色，有黄色斑纹。近年来随着农业的发展，南瓜的新品种很多，既可食用又可观赏，如果皮橘红色、鲜艳夺目的东升南瓜、大吉南瓜等。

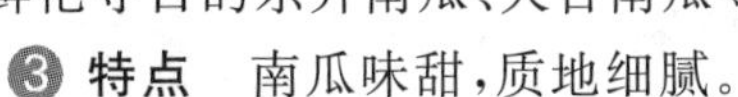

❸ 特点　南瓜味甜，质地细腻。

三、南瓜的营养价值

❶ 多糖类　南瓜多糖是一种非特异性免疫增强剂，能提高机体免疫功能，促进细胞因子生成，通过活化补体等途径对免疫系统发挥多方面的调节作用。

❷ 类胡萝卜素　南瓜中丰富的类胡萝卜素在机体内可转化成具有重要生理功能的维生素 A，在上皮组织的生长分化、正常视觉的维持、骨骼的生长发育方面发挥重要作用。

❸ 果胶　南瓜中的果胶能调节胃内食物的吸收速率，使糖类吸收减慢，推迟胃内食物的排空，控制饭后血糖上升。果胶还能与体内多余的胆固醇结合，使胆固醇吸收减少，血胆固醇浓度下降。

❹ 矿物质元素　南瓜含有丰富的钴，在各类蔬菜中南瓜含钴量居首位。钴能活跃人体的新陈代谢，促进造血功能，并参与人体内维生素 B_{12} 的合成，是人体胰岛细胞所必需的微量元素。南瓜中所含的维生素 C 能防止硝酸盐在消化道中转变成致癌物质亚硝胺。南瓜中含有的甘露醇，可减少肠道中毒素对人体的危害。南瓜能消除致癌物质亚硝胺的致突变作用。南瓜中含有丰富的锌，锌参与人体内核酸、蛋白质合成，是肾上腺皮质激素的固有成分，为人体生长发育的重要物质。

❺ 氨基酸　南瓜中含有人体所需的多种氨基酸，其中赖氨酸、亮氨酸、异亮氨酸、苯丙氨酸、苏氨酸等含量较高。此外，南瓜中的抗坏血酸氧化酶基因型与烟草中相同，但活性明显高于烟草，表明南瓜中免疫活性蛋白质的含量较高。

❻ 南瓜叶　含有多种维生素与矿物质，其中维生素 C 的含量很高，使其具有出色的清热解毒功效，夏季时用南瓜叶煮水喝，可以起到消暑除烦的作用。

实践模块

一、南瓜的鉴别与储藏

❶ 南瓜的鉴别

（1）外形：南瓜有橙色和青色两种，呈扁形或不规则的葫芦形。品种不同，形状也不同，瓜皮上通常有几个纵向凹槽。里面有很多种子，种子颜色是灰色或白色的。

（2）叶子：南瓜叶子呈椭圆形或宽椭圆形，长 12～25 cm，宽 20～30 cm，上面有厚厚的黄色或白色毛，通常有白色斑点，背面颜色较浅，边缘呈齿状。

（3）花：南瓜花雌雄同株，单生。雄花萼筒呈钟形，裂片呈条状，长 1～1.5 cm，上部放大成叶子的形状，花冠颜色为黄色，长约 8 cm，有 5 个中裂，边缘向后卷。雌花有较短的花柱和 3 个柱头。

❷ 南瓜的储藏

（1）地面堆码储藏。选用没有直射光、空气流通，土质或有红砖地面的空屋作为储藏室。地面垫 5 cm 厚稻草或麦秸，将老熟、无损伤南瓜堆上。堆放时，保持南瓜挨着地面的方向向下，瓜蒂朝里瓜顶向外码成圆锥体。每堆 15～20 个，大型瓜不要堆得太多，防止挤压，并有利于通风。储藏初期夜间开窗通风换气，白天关闭遮阳，保持室内空气新鲜、干燥和凉爽；冬季关闭门窗防寒。

（2）架式分层储藏。储藏室内用竹木或角铁搭成分层储藏架，每层高度比南瓜高 8～10 cm。每层储藏架上铺 5 cm 厚稻草或麦秸。南瓜摆放状态与地面堆码储藏相同，架式分层储藏效果优于地面堆码储藏。

（3）地窖低温储藏。地上铺垫 5 cm 厚的细沙或麦秸、稻草，堆放 2～3 层南瓜；也可搭架子将南瓜放在架子上。窖内温度控制在 10 ℃左右，相对湿度保持在 70%～80%。储藏前要注意选好南瓜，适期采收，不能遭受霜打，瓜蒂处保留 5 cm 长的瓜梗，防止机械损伤。储藏中要注意勤检查，发现有病斑的南瓜应立即剔出，以免感染好瓜。

二、南瓜的加工方法

南瓜含有丰富的胡萝卜素和纤维素，还含有胨化酶，能溶解难溶蛋白质，促进人体消化吸收。人们对南瓜价值的认识还在不断加深，近年来发现南瓜不仅营养丰富，而且有很好的药用价值。所以南瓜产品的开发日益受到人们的重视，具有广阔的市场前景。目前市场开发的南瓜产品主要有南瓜粉和南瓜脯。

❶ 制作南瓜粉

（1）原料：选择风味好、表皮平滑、肉质呈橘红色的老熟南瓜。

（2）清洗整理：把南瓜放在清水中，洗去泥土等污物。将洗净的南瓜除去瓜蒂，然后用刀切为两半，削除外皮和内部的瓜瓤、种子等，将其切成条。

（3）脱水：将切好的南瓜装入烘箱中进行脱水。干燥温度先控制在 45～60 ℃，之后可逐渐升高，但不能超过 70 ℃。干燥至含水量在 6%以下为止。

（4）粉碎过筛：将脱水南瓜条用粉碎机粉碎成细粉末状，过 60～80 目筛网，未通过的颗粒可继续粉碎过筛。

（5）包装：采用真空包装机，用复合塑料食品袋进行无菌包装。

❷ 制作南瓜脯

（1）将成熟色红的南瓜清洗干净、去皮、切片后，投入煮沸的糖水中。

（2）糖液的浓度为 70%，糖液与南瓜的比例为 1∶1。

（3）糖液为麦芽糖和白砂糖的混合糖浆，两者比例为 3∶7。

（4）南瓜在糖水中煮至有透明感时出锅。冷却后放在原来调制的糖液中浸泡 1 h 后捞出沥干，再放入瓷盘中，置于 75～80 ℃的烘箱中烘 7 h 即为成品。

三、南瓜的烹调运用

南瓜适于炒、烧、煮、蒸等烹调方法；亦可用作面点馅心。南瓜还可替代粮食作为主食。

选学模块

其他果菜类蔬菜知识如下。

（一）黄瓜

（1）别名：王瓜、胡瓜、青瓜等。

（2）外形：黄瓜为一年生草本植物，呈圆筒状或棒状，绿色，瓜上有刺，刺基常有瘤状突起。南方生产的一般为无刺黄瓜。

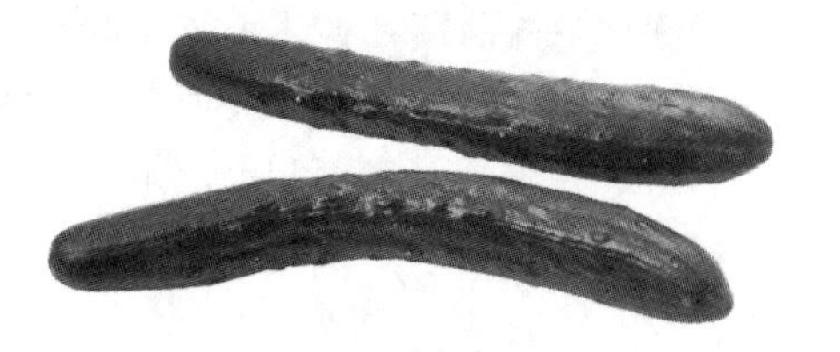

黄瓜

(3) 产地:原产于印度,现我国各地均有栽培。

(4) 产季:盛产在夏秋季、冬春季,可在温室内栽培。

(5) 品种特点:黄瓜品种繁多,按成熟期可分为早黄瓜和晚黄瓜;按栽培方式可分为地黄瓜和架黄瓜;按果实形状可分为刺黄瓜、鞭黄瓜、短黄瓜、小黄瓜四类。

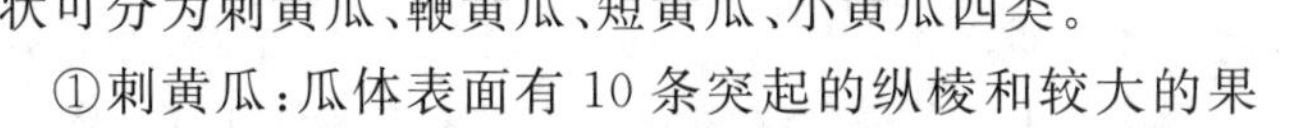

①刺黄瓜:瓜体表面有 10 条突起的纵棱和较大的果瘤,瘤上有白色刺毛,瓜体为绿色、呈棍棒状,瓜把稍细、瓤小、籽少,肉质脆嫩、味清香,品质最好。

②鞭黄瓜:瓜体稍长,呈长鞭状,果面光滑、浅绿色,无果瘤和刺毛,瓜肉较薄,瓤较大,肉质较软,品质仅次于刺黄瓜。

③短黄瓜:瓜体短小,呈棒状、绿色,有果瘤及刺毛。

④小黄瓜:瓜体长 6～17.5 cm,脆嫩、绿色,是制作酱菜或虾油小菜的上好原料。

(6) 烹调应用:黄瓜在烹调中应用极广,可生食直接入馔,多用作冷菜;刀工成形时可切成丝、丁、条、块、片等;用作主料时适于拌、炒、炝等烹调方法,可制成“海米拌黄瓜”“炝黄瓜”“珊瑚黄瓜”等。黄瓜脆嫩清香,易于刀工成形,色绿,因此是理想的菜肴配料和菜肴装饰原料。黄瓜还可作为菜码使用。

(7) 品质鉴定:以条头均匀、瓜体细直、皮薄、肉厚、瓤小、肉质脆嫩、味清香者为好。

(8) 营养:含有多种糖分,还含有较多的维生素、矿物质。中医认为黄瓜性凉、味甘,有清热、利水、解毒的作用。

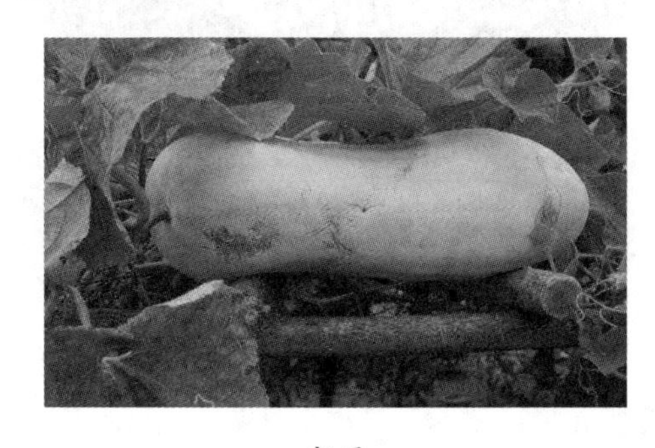

冬瓜

(二) 冬瓜

(1) 别名:白瓜、枕瓜。

(2) 外形、品种特点:冬瓜为一年生草本植物。呈圆形、扁圆形或长圆形,大小因品种而异,小的重数斤(1 斤＝500 g),大的重数十斤。多数品种表面有白粉,果肉厚、呈白色,疏松多汁、味淡。

(3) 分类:冬瓜一般分为小型和大型两个类型品种。

①小型冬瓜:果型小,单果重 2～3.5 kg。果形多为短圆筒形、圆形或扁圆形。

②大型冬瓜:果型大,单果重 3.5～30 kg。果形多为长圆筒形,果皮青绿色。

(4) 产地:原产于我国和印度,现我国各地均有栽培。

(5) 产季:在夏秋季采收。

(6) 烹调应用:在初加工时一般切成片、块;用作主料时适于炖、扒、熬等烹调方法,可制成汤菜。可用于制作“冬瓜盅”“海米烧冬瓜”“干贝冬瓜球”等菜肴,口味以清淡为佳;冬瓜本身味清淡,可配以鲜味较浓的原料;用冬瓜制作菜肴时一般不宜用酱油,否则菜肴的口味发酸。

(7) 品质鉴定:以肉质结实、肉厚、心小、皮色鱼绿、形状周正,无损伤、皮不软、不烂者为好。

(8) 营养:冬瓜在营养上的最大特点是不含脂肪。由于冬瓜含钠量少,因此是心血管疾病患者的佳蔬。中医认为冬瓜性凉、味甘,有利水、清热、解毒的作用。

(三) 西葫芦

(1) 别名:美洲南瓜。

(2) 外形:为一年生草本植物,瓜体呈长圆形,色墨绿或绿白。

(3) 产地:原产于南美洲,现我国西北及北方栽培较普遍。

(4) 产季:西葫芦在初霜前夏季收获。

(5) 品质特点及烹调应用:西葫芦脆嫩清爽,在烹调中多切成片使用;用作主料时适于炒、醋熘等烹调方法,可制成汤菜,可用于制作"炒西葫芦""醋熘西葫芦"等;还可用作面点馅心。

(四) 佛手瓜

(1) 别名:合手瓜。

(2) 外形:佛手瓜颇似两手手指弯拢虚合。瓜体重 50~500 g,一般瓜体重 250 g 左右,外表有不规则的纵沟,较浅,大致有五条,有绿皮与白皮两种,也有介于白绿之间的。没有瓜瓤,只有一颗种子且不易与瓜肉分开,果肉为白色。

(3) 产地:佛手瓜是近年来从国外引进的,我国云南、四川、浙江、贵州、福建、台湾等地均有栽培。

(4) 产季:一般在夏、秋季收获。

(5) 品质特点及烹调应用:佛手瓜脆嫩、多汁、爽口,常切成丝、片、丁、块等;用作主料时适于炒、炝、拌等烹调方法,可用于制作"拌佛手瓜""炝佛手瓜""炒佛手瓜"等;也可用作辅料;用于旺火速成的油爆菜肴中。

(6) 营养:含钾多、含钠少,其他营养成分在蔬菜中居中上位。

西葫芦

佛手瓜

(五) 丝瓜

(1) 别名:天吊瓜。

(2) 外形、品种特点:一年生草本植物。丝瓜分普通丝瓜和有棱丝瓜两种。普通丝瓜果长呈圆筒状,瓜面无棱、光滑或具有细纹,有数条深绿色纵纹,幼瓜肉质较柔嫩。有棱丝瓜又名八棱瓜,瓜体呈纺锤形或棒状,表面具有 8~19 条棱线,肉质致密。

(3) 产地:现我国南北各地均有栽培。

(4) 产季:在夏秋季收获,绿色,嫩果可供食用,老熟果纤维发达,不能食用。

(5) 烹调应用:常切成片使用;用作主料时适于炒或制汤;质地滑嫩,口味以清淡为佳。

(6) 营养:丝瓜的蛋白质含量高于冬瓜、黄瓜。中医认为丝瓜性凉、味甘,可清热解毒。老丝瓜络可入药。

(六) 苦瓜

以未成熟的嫩果作为食用部分,果肉有苦味,成熟的果瓤可生食。

(1) 别名:苦瓜因其果肉有苦味而得名,也称癞葡萄、锦荔枝等。

(2) 外形:为一年生草本植物,瓜体呈纺锤形或长圆筒状,果面有瘤状突起。嫩果青绿色,成熟果为橘黄色。

(3) 产地:我国以广东、广西等地栽培较多,近年来已逐渐向北方拓展。

(4) 产季:苦瓜在夏季收获。

丝瓜

苦瓜

（5）品质特点及烹调应用：苦瓜果肉脆嫩，食用时有特殊风味，稍苦而清爽。在烹调时常用拌、炒、烧等烹调方法，可制成“辣子炒苦瓜”“苦瓜炒肉片”等菜肴；在烹调时可提前多浸泡一会，或者用盐稍腌，苦味即可减轻。

（6）品质鉴定：苦瓜以青边、肉白、皮薄籽少者为佳。

（7）营养：含维生素C较多。中医认为苦瓜性寒、味苦，有实时祛暑清热、明目解毒的功效。

同步测试

1. 查找资料学习，果菜类蔬菜如何分类，各包括哪些品种？
2. 南瓜有哪些营养价值？
3. 南瓜在储藏过程中有哪些注意事项？

任务五　花菜类

基础模块

一、花菜类原料概况

花菜类蔬菜是指以植物的花部为食用部分的蔬菜，如花椰菜、青花菜等。

二、花椰菜的品质特点

1 产地　花椰菜起源于地中海东部的克里特岛，19世纪传入我国。其营养丰富，风味鲜美，是我国闽、浙、台等地主栽蔬菜品种之一。近年来我国花椰菜生产发展迅速，我国已成为世界上花椰菜种植面积最大、总产量最高、发展最快的国家。

花椰菜

2 分类　我国南北气候差异巨大，各地种植品种差别也较明显。花椰菜品种类型按熟性分为极早熟品种、早熟品种、中熟品种和晚熟品种。

（1）极早熟品种：这类花椰菜品种适宜高温栽培，花芽分化早、耐热、耐湿性强，生长期短，从种植到收获需30～40天。植株矮小，产量低，花球小，单球重0.3～0.5 kg，适宜夏播秋收。代表品种有福州30

天、福州 40 天、湖里 40 天、夏花 40 天、夏雪 40 等。极早熟品种冬性弱，易发生早花现象。栽培上必须大水、大肥，以促为主。

(2) 早熟品种：这类花椰菜品种耐热、耐湿性较强。从种植到收获一般需 50～60 天，花球中等大小，单球重为 0.5～1.0 kg，适宜夏播秋收。代表品种有白峰、矮脚 59 天、福州 60 天、丰花 60、津品 60、龙峰 60、夏花 60 天、泉州 60 天、同安 60 天、温州洁丰 60 天等。早熟品种栽培管理上必须水肥充足，培养硕大的营养体是丰产的关键。

(3) 中熟品种：这类品种花芽分化较晚，较不耐热，较耐低温。从种植到收获需 70～90 天，植株生长势较强，花球致密紧实、较大，一般单球重 1.0～2.0 kg，适宜夏秋播，秋冬收获。代表品种有福州 80 天、温州 80 天、云山、田边 80 天、龙峰 80 天、申花 3 号、一代天使 80、津雪 88 等。中熟品种要求播种期避开高温季节，防止花球出现荚叶、紫毛等异常现象。

(4) 晚熟品种：这类品种不耐热，花芽分化较晚，耐低温，喜冷凉气候。从种植到收获需要 90 天以上，生长势强，植株高大，花球致密紧实、花球大，单球重 2.0 kg 以上，适宜秋播，秋冬收获。代表品种有福州 100 天、傲雪、登丰 100 天、巨丰 130 天、荷兰 83、祁连白雪等。大多数晚熟品种类型可在春秋季栽培，夏季高温季节栽培易出现荚叶、紫毛等异常现象。

花椰菜品种类型按花球形状可分为球形、半圆形、扁圆形和拱形；按花球色泽可分为洁白、乳白、乳黄、枯黄和紫色。按分布区域可分为福建花椰菜类型、浙江温州花椰菜类型、上海花椰菜类型和广州花椰菜类型。

❸ **特点**　二年生草本植物，高 60～90 cm，被粉霜。茎直立，粗壮，有分枝。基生叶及下部叶呈长圆形至椭圆形，长 2～3.5 cm，灰绿色，顶端圆形，开展，不卷心，全缘或具细齿，有时叶片下延，有数个小裂片，并成翅状；叶柄长 2～3 cm；茎中上部叶较小且无柄，呈长圆形至披针形，抱茎。茎顶端有 1 个由总花梗、花梗和未发育的花芽密集成的乳白色肉质头状体；总状花序顶生及腋生；花淡黄色，后变成白色。长角果呈圆柱状，长 3～4 cm，有一中脉，下部粗上部细，长 10～12 mm。种子呈宽椭圆形，长近 2 mm，棕色。花期在每年 4 月份，果期在每年 5 月份。

三、花椰菜的营养价值

花椰菜含有异硫氰酸盐化合物和微量元素，具有抗氧化功效。花椰菜含有黄酮类化合物，具有保护心血管系统的功效。黄酮类化合物可以减少感染，是较好的血管清理剂，能够阻止胆固醇氧化，防止血小板凝结成块，减少血栓形成，从而减少心脏病与卒中的发生风险。而花椰菜是含有黄酮类化合物较多的蔬菜之一。

花椰菜含有一般蔬菜所没有的丰富的维生素 K，可减少生理期大量出血，促进血液正常凝固。

花椰菜含有丰富的维生素 C，每 100 g 花椰菜中含维生素 C 85～100 mg，比大白菜高 4 倍。维生素 C 可增强肝脏解毒能力，提高机体免疫力，防止感冒和维生素 C 缺乏病的发生。花椰菜含有丰富的硒和维生素 C，同时还有丰富的胡萝卜素，对阻止癌前细胞病变有一定的抑制作用。

花椰菜内还有多种生物活性物质，该物质能降低雌激素水平，减少乳腺癌的发病率。花椰菜中还含有萝卜籽素。另外，花椰菜中还含有二硫酚硫酮，二硫酚硫酮能美白肌肤，减少皮肤色素斑的形成。经常食用花椰菜可滑润开胃。花椰菜含水量高，其含水量达 90%以上，热量较低，适于减肥人群食用。

实践模块

一、花椰菜的鉴别与储藏

(一) 花椰菜的鉴别

❶ **叶片**　花椰菜的叶片分为基生叶和茎上叶，形状和大小都不同。基生叶片和下部叶片为长

圆形或者椭圆形，长 2～3.5 cm，颜色为灰绿色，顶端形状为圆形，不卷心，有细小牙齿或者全缘。有叶柄，长 2～3 cm。茎上叶片较小，无柄，呈长圆形或者披针形。

❷ 花　在茎的顶端会有一个总的花梗，总状花序腋生或者顶生，花的颜色为淡黄色，后期将变成白色。花期在每年 4 月份。

❸ 果　花椰菜为圆柱形长角果，长 3～4 cm，有 1 个中脉，上部较细，下部较粗，长 10～12 mm。它的种子为宽椭圆形，长 2 mm 左右，颜色为棕色。果期在每年 5 月份。

（二）花椰菜的储藏

❶ 土窖储藏　秋凉时，把花椰菜带根挖起，一个个根朝地码在窖内，地面干燥时可以少洒点水，保持窖内低温和高湿环境，可储藏 2 个月。

❷ 通风储藏　将花椰菜装筐，在通风库内堆码，或放在菜架上摆 2～3 层，上面盖一层薄膜保湿，减少脱水。储藏初期要加强通风散热，尽量使库温迅速降低至储藏合适温度。中期要保温防冻，同时要保持较高的湿度，防止脱水萎蔫，可储藏 1～2 个月。

❸ 假植储藏　将适当晚播，在储藏前尚未充分长成的花球用绳束好外叶，带根挖起，移植至土窖或事先挖好的沟窖，或温室内，紧密地栽到土里。

二、花椰菜的加工方法

（1）质料挑选：要求新鲜洁白，花球紧密结实，无异色、斑点，无病虫害。

（2）去叶：用刀削除菜叶，并削除外表有少数霉点、异色菜叶。

（3）浸盐水：置于 2%～3%盐水溶液中浸泡 10～15 min，以驱净小虫为准则。

（4）漂洗：用清水漂洗盐分，漂净小虫体和别的杂质污物。

（5）切小花球：先从茎部切下大花球，再切小花球，按制品标准仔细进行，勿损害别的小花球，茎部切削适当，小花球直径为 3～5 cm，茎长在 2 cm 以内。

（6）护色：切分后的花椰菜投入 0.2%维生素 C、0.2%柠檬酸、0.2%氯化钙混合溶液浸泡 15～20 min。

（7）包装、预冷：将护色后的质料捞起沥去溶液。随即用 PA/PE 复合袋抽真空包装。接着送预冷设备预冷至 0～1 ℃。

（8）冷藏、运销：预冷装箱后，将商品冷藏运销，运销温度控制在 0～1 ℃。

三、花椰菜的烹调运用

花椰菜肥嫩洁白，其多加工成小块；用作主料时适于拌、炝、炒、烧及制汤等；可制作“海米拌菜花”“海米炝菜花”“烧菜花”“茄汁菜花”“奶汤菜花”“菜花炒肉”等。

选学模块

其他花菜类蔬菜知识如下。

（一）黄花菜

黄花菜又称萱草，已栽种了两千多年，是我国特有的土产。《诗经》记载，古代有位妇人因丈夫远征，遂在家居北堂栽种萱草，借以解愁忘忧，从此世人称之为“忘忧草”。

黄花菜是一种多年生草本植物的花蕾，味鲜质嫩，营养丰富，含有丰富的花粉、糖、蛋白质、维生素 C、钙、脂肪、胡萝卜素、氨基酸等人体所必需的营养成分，其胡萝卜素含量甚至超过西红柿的几倍。黄花菜性味甘凉，有止血、消炎、清热、利湿、消食、明目、安神等功效，对吐血、大便带血、小便不通、失眠、乳汁不下等有疗效，可作为病后或产后的调补品。

加工时把每一朵黄花菜漂亮的外衣剥开，把含有花粉的花蕊全部摘除。这个过程有点烦琐，但可以保证去掉绝大部分秋水仙碱。将所有摘除花蕊的黄花菜用水冲洗，然后浸泡 20 min。

黄花菜

百合

（二）百合

百合为百合科植物百合、卷丹、山丹和川百合等的鳞茎。百合分布于河北、河南、山西、陕西、安徽、浙江、江西、湖北、湖南等地；百合鳞叶呈长椭圆形，顶端较尖，基部较宽，呈微波状向内弯曲，长 1.5～3 cm，宽 0.5～1 cm，厚约 4 mm。表面呈白色或淡黄色，光滑半透明，有脉动纹 3～5 条。质硬而脆，易折断，断面平坦，呈角质样。无臭，味微苦。

食疗上建议选择新鲜百合为佳。四季皆可食用，秋季最宜。百合为药食兼优的滋补佳品，四季皆可应用，但更适于秋季食用。百合虽能补气，亦伤肺气，不宜多服。

 同步测试

1. 花椰菜有哪些营养价值？
2. 如何进行花椰菜的预处理加工？
3. 花椰菜在烹调过程中有何运用？

任务六 菌藻类

基础模块

一、菌藻类原料概况

菌藻类原料包括食用菌和藻类食物。食用菌是指供人类食用的真菌，有 500 多个品种，常见的有蘑菇、香菇、银耳、木耳等品种；藻类是指无胚、自养、以孢子进行繁殖的低等植物，供人类食用的有海带、紫菜、发菜等。菌藻类原料富含蛋白质、膳食纤维、碳水化合物、维生素和微量元素，蛋白质氨基酸组成均衡，比较适合于人类的生理需求；维生素 B_1 和维生素 B_2 含量也比较高；微量元素含量丰富，尤其是铁、锌和硒，其含量是其他食物的数倍甚至十几倍，海产植物（如海带、紫菜等）中还含丰富的碘，每 100 g 海带（干）中碘含量可达 36 mg。

菌藻类原料除了提供丰富的营养元素外，还具有明显的保健作用。研究发现，蘑菇、香菇和银耳中含有多糖物质，具有提高人体免疫功能的作用。香菇中所含的香菇嘌呤，可抑制体内胆固醇形成和吸收，促进胆固醇分解和排泄，有降血脂作用。黑木耳能抗血小板聚集，减少血液凝块，防止血栓

形成，有助于防治动脉粥样硬化。海带因含有大量的碘，临床上常用来治疗缺碘性甲状腺肿。海带中还含有褐藻酸钠盐。

二、蘑菇的品质特点

❶ **产地**　蘑菇在我国上海、浙江、江苏、四川、广东、广西、安徽、湖南等地均有栽培。

❷ **分类**　蘑菇是干菜中一大类品种，生产地区广，名称非常不统一。一般北方叫蘑，南方叫菇。它属于低等植物的食用真菌中的伞菌。蘑菇就是伞菌子实体，一般呈伞状，上有菌盖，也叫蘑菇面，下有菌柄，也叫蘑菇腿，菌盖的盘面叫菌褶，也叫菌里，菌褶中生有孢子。这类靠孢子繁殖的低等植物寄生在木本和草本植物的枯木、枯枝烂叶上，孢子发育成菌丝，再生长成实体，而成为蘑菇。目前，市场上出售的蘑菇除野生采集的以外，多数是人工栽培的，经晾晒或烘烤加工成干品。

蘑菇品种很多，可供食用的不少于 200 种，可分为蘑、菌、菇三大类。

（一）蘑

主要品种有口蘑、松蘑、猴头蘑、榛蘑、肉蘑等。

❶ **口蘑**　内蒙古等地牧区草原所产蘑菇的总称，过去内蒙古和张家口北部所产的蘑菇都以张家口为集散、加工地，故名“口蘑”。口蘑产地较多，规格较复杂，主要分为 4 类。

口蘑

（1）白蘑：色白，短粗，体实硬，肉细，泡出的汤呈茶色，香味浓厚。其中又分为庙中、庙大、镜子面、磁头片、一级片、二级片、白渣子等规格。以庙中品质最佳。

（2）青腿蘑：菌柄较长，菌盖、菌里较粗糙，泡出的汤呈红色。

（3）子蘑（黑蘑）：菌里呈黑色，菌盖呈白色，汤呈黑色，味道比青腿蘑好。

口蘑可做汤菜、炒菜、打卤等，有味精的鲜香味道。每 100 g 口蘑中含蛋白质 35.6 g，脂肪 1.4 g，碳水化合物 23 g，钙 100 mg，磷 162 mg，铁 32 mg，以及维生素 B_1、B_2 等。

❷ **松蘑**　以河北承德等地所产质量较好。松蘑菌盖光而平，菌里无皱褶，子实体呈褐色，有松香味，价格较便宜。质量以片大体轻、黑褐色、身干、整齐、无泥沙、带白丝、油润、不霉、不碎的为好，其口味不如白蘑，但有异香，质脆嫩，可用作配菜。

❸ **猴头蘑**　生长在黑龙江桦木林的树杈上，每生必一对，前后两个，产量不大，河南南阳地区也有。每年 6—9 月为生长季节，采摘后用火烘干。猴头蘑体呈圆形，大小如茶杯口，菌盖有须刺，须刺朝上如猴毛，根底部略圆，尖如嘴，似猴头形状，故名“猴头蘑”。猴头蘑一般以个头均匀、色鲜黄、质嫩、完整不伤须刺、无虫蛀、无杂质的为好。猴头蘑属名贵菜肴，质极嫩，无丝，色、香、味俱佳。

❹ **榛蘑**　产于承德和东北有榛木地区。榛蘑菌盖小，色灰黄、肉嫩，有榛香味。

（二）菌

主要品种有青菌、白菌、羊肚菌、鸡㙡菌等。

❶ **青菌和白菌**　均产于四川的西昌、甘孜地区。青菌菌盖小，菌柄长，黑色，味鲜而浓香，稍次于口蘑；白菌菌盖大，菌柄短，菌盖白色，菌里黄色，味同青菌。两者均以粗壮、肉厚、肥嫩、不霉、不虫蛀、无杂质的为合格。

❷ **羊肚菌**　产于云南丽江地区。其菌盖有麻坑，形似羊肚，色黄，菌柄下部质硬不能吃，以个头均匀无杂质者为合格。

❸ **鸡㙡菌**　产于云南的楚雄、大理、丽江地区。以形似鸡爪而得名。鸡㙡菌以身干、肉厚、肥大

无杂质者为优。

（三）菇

主要品种有香菇、草菇、平菇等，其特点是香味浓，味道好，肉厚而质量高。

香菇

❶ **香菇** 食用菌的一种，我国主要产区是福建、江西等地。香菇一般分为花菇、冬菇、香蕈三种。

(1) 花菇：花菇是菇菌中的一类，是菌中之星。花菇因顶面有花纹而得名。花菇的顶面呈淡黑色，菇纹开暴花，白色，菇底褶通过炭火烘烤呈淡黄色。花菇在冬天生长快，天气越冷，特别是在下雪天，它的产量就越高，质量也越好，肉特别厚。花菇可与鱼、肉同烹，也可用鸡油、上汤清焖。

(2) 冬菇：冬菇的质量仅次于花菇。冬菇顶面呈黑色，菇底褶也呈淡黄色，肉比较厚，像铜锣边，肉质比较细嫩，食之脆口、鲜美，用法与花菇略同。

(3) 香蕈：香蕈是香菇中最低级品种。香蕈是全部散开的，或大半是散开的，不那么细嫩，也不大脆口，质量比花菇、冬菇差得多。香蕈若加工精细，呈淡黄色，又很薄，故有人称其“黄薄”。香蕈很薄，干后较轻，价格比花菇、冬菇便宜。

选购香菇时除看其品种外，还应注意质量上的差别。商品香菇一般分为 4 个等级。一级香菇，要求菇面完整有花纹，底色黄白，肉质厚实不翻边，菇面不小于五分硬币，气味淡香，无烟熏糊黑，无虫蛀霉变，无杂质；二级香菇，菇面无花纹，其他特征与一级相同；三级香菇，菇面无花纹，底色黄白或深棕，身干味香，无虫蛀霉烂糊黑，无杂质，菇面和碎片不小于 5 角硬币大小；再次的为等外级。

❷ **草菇** 在稻草上人工培养，主要产区是广东、广西，其他省也有生产。草菇以色灰白、不断裂、个头整齐、身干、不霉者为合格。草菇极鲜嫩，带甜味，做汤、配菜均可。

❸ **平菇** 平菇是近年在我国生产发展较快的食用菌之一，其鲜嫩可口，营养价值高。市场上在售的鲜平菇，菌伞呈白色，菌柄较长，味道鲜美。在购买鲜平菇时应选择水分少，外形整齐完整，颜色正常，质地脆嫩而肥厚，气味醇正、清香，无杂味、无病虫害，八成成熟的鲜平菇。八成成熟的鲜平菇不是翻开张开的，而是菌伞的边缘向内卷曲。此时的鲜平菇，营养价值高，味道鲜美。区别病虫害的方法：鲜平菇上没有蛛网状的绿色及煤黑色等异色。有时可见鲜平菇上伏着小虫子，吃时可洗掉。

在选购蘑菇时应注意的是，野生蘑菇有的有毒，我国目前已知有毒的蘑菇就有 80 多种。由于有毒蘑菇含有的毒素种类多，成分复杂，人如果误食了毒蘑菇会引起中毒，甚至危及生命，因此，采集野蘑菇时应仔细鉴别。

目前，从感官判别毒蘑菇尚无十分科学的方法，可由以下两点判别，但并不可靠：①有毒蘑菇的伞柄上有菌轮，根部生有囊包，伞柄很难用手撕开，碰破以后，就会流出白色或黄色的乳汁，并带有辛辣味；②有毒蘑菇的颜色比较浓艳，菌伞带有红、紫、黄或其他杂色斑点，基底红色，形状异常，发出辛辣、恶臭和苦味。

三、蘑菇的营养价值

蘑菇中含有非常丰富的蛋白质、纤维素、维生素 A、维生素 D 以及其他的营养元素，而且蘑菇的培养液还能够有效地抑制金黄色葡萄球菌以及其他细菌的生长，能够起到抗菌消炎的作用，从蘑菇当中提取的物质能够用来镇痛，甚至可以代替吗啡。蘑菇多糖是蘑菇中含有的一种蛋白多糖，能够有效地抑制肿瘤细胞的生长，还能够吸收我们身体中的致癌物质。

实践模块

一、蘑菇的鉴别与储藏

（一）蘑菇的鉴别

蘑菇以菇形完整、菌伞不开、肥厚结实、质地干爽、有特殊的清香味者为佳品。

（二）蘑菇的储藏

1 低温储藏　先去除杂质，放在塑料袋中（最好打几个孔）并扎口，然后放于冷库中储藏，可保鲜7～10天。

2 休眠保鲜　采收后于25 ℃以上温度的室内放置3～5 h，使其旺盛呼吸，然后再放到0 ℃左右的冷库中静置处理12 h左右，保鲜期约为4天。

3 气调保鲜　通过人工控制环境的温度、湿度及气体成分等，达到保鲜目的。将鲜菇储藏于含氧量为1%～2%、二氧化碳含量为40%、氮气含量为58%～59%的气调袋内，于20 ℃条件下可储藏8天左右。

4 薄膜袋气调储藏　用0.025 mm厚聚乙烯薄膜做成0.5 kg装储藏袋，袋中氧气的含量能满足菇体呼吸的需要，供氧量在1%左右，袋内二氧化碳含量在24 h内达到平衡，放纸板盒以吸收冷凝水，可保鲜7天。

5 盐水浸泡　将鲜蘑菇根部的杂物除净，放入1%的盐水中浸泡10～15 min，捞出后沥干水分，装入塑料袋中，可保鲜3～5天。

二、蘑菇的加工方法

蘑菇是一种深受人们喜爱的营养保健食品。以往投入市场的蘑菇加工产品仅限于干菇、盐水菇和罐头，随着蘑菇加工产品被大量开发，在加工上又有新法。具体加工方法如下。

1 蘑菇酱菜

（1）腌坯：将蘑菇去杂洗净沥干，按每100 kg水加盐10～15 kg的比例配成盐水，将蘑菇置盐水中以浸没为度，密封腌一周，期间翻动2次，使盐分渗透均匀。

（2）酱渍：起菇沥去盐水，入清水中浸泡一天，捞出晾干表面水分，然后装入酱缸，按每100 kg用甜面酱50～70 kg的配比进行酱渍，温度以20 ℃左右为宜。酱渍期间每天早晨翻搅一次，10天后即可出缸。这样加工的蘑菇味道鲜美，既可用作小菜，又可作为炒菜的配料。

2 蘑菇泡菜

（1）配料：鲜菇20 kg，卷心菜、芹菜、莴苣、胡萝卜、青椒各4 kg，生姜、白酒、花椒各500 g，白糖适量。

（2）原料预处理：将上述原料中蘑菇、蔬菜用清水洗净，沥干水分，芹菜去叶后切成2～3 cm长的小段，其他蔬菜切成5～6 cm长的条。

（3）泡菜水：泡菜水以硬水为好（可保脆），每10 kg水加盐800 g，在锅中煮沸后离火冷却待用。为了加快泡制速度，可在新配制的泡菜水中加入少量的品质良好的陈泡菜水或人工接种酵母菌。

（4）泡制：将蘑菇及切好的蔬菜和花椒、白酒、生姜、白糖等拌匀，投入洗净的泡菜坛内，倒入泡菜水，加盖后在坛顶水槽内加满清水封口，密封后经自然发酵即可取出食用。食用时可以凉拌，也可以加佐料烹炒。

3 糖醋蘑菇

（1）腌制：按100 kg洗净的鲜菇加10 kg盐的比例，一层菇一层盐逐层平铺腌入桶内，上面撒盐

1～2 kg(防腐)，盖竹篦后压紧，24 h后捞出沥去盐汁，再按100 kg的菇8 kg的盐比例复腌，24 h后即为半成品。

(2) 醋渍：将半成品浸泡清水中12 h，捞出沥去水汁(约8 h)，装入缸中，灌入半成品重量一半的食醋，浸渍12 h，捞出沥干醋液(约3 h)。

(3) 糖渍：将醋渍后的蘑菇倒入干净的缸内，撒入相同重量的白糖，拌匀、密封，糖渍3天后可捞出沥去糖液。

(4) 糖煮：沥出的糖液倒入大锅中煮沸，倒入糖渍过的蘑菇，加盖文火慢煮，不时搅动，待煮沸后将锅摊晾，同时把锅内的糖液倒出来使其凉透，将蘑菇再倒入瓷质容器内密封一个月即成。可用作茶点、果脯、冷菜和佐料。

三、蘑菇的烹调运用

蘑菇在烹调中刀工成形以整形、片状较多，适于拌、炝、烧、烩等烹调方法，用作主料时可制作"炝蘑菇""海米烧蘑菇""扒蘑菇"等菜肴，是制作素菜的上好原料。

选学模块

其他菌藻的相关知识如下。

(一) 口蘑

(1) 名称：又名白蘑、白蘑菇等。子实体呈伞状，白色。菌盖宽5～17 cm，半球形至平展，白色，光滑，初期边缘内卷。口蘑为天然食用菌，分香蘑、青腿蘑、鸡爪磨、黑蘑等品种。肉质细嫩醇厚，味道鲜美，有素中之荤的美称。

(2) 主要产地：锡林郭勒盟的东乌旗、西乌旗和阿巴嘎旗，呼伦贝尔市、通辽等草原地区。

(3) 原料加工：口蘑既可炒食，又可焯水凉拌，且形状规整好看。市场上有泡在液体中的袋装口蘑，食用前一定要多漂洗几遍，以去掉某些化学物质。宜配肉菜食用。

(二) 金针菇

(1) 名称：金针菇又称毛柄金钱菌、毛柄小火菇、朴菇、冬菇、冻菌、金菇、智力菇等。因其菌柄细长，似金针菜，故称金针菇，属伞菌目白蘑科金针菇属，是一种地衣类菌藻。金针菇具有很高的药用食疗价值。

(2) 原料加工：将金针菇去杂质后在冷水中冲选两遍，将鲜品水分挤开，放入沸水锅内氽一下捞起，凉拌、炒、炝、熘、烧、炖、煮、蒸、做汤均可，亦可作为荤素菜的配料使用。

同步测试

1. 菌藻类原料有哪些营养价值?
2. 蘑菇有哪些加工方法?
3. 蘑菇在烹调过程中有何运用?

项目四

果品类原料

项目描述

果品类原料知识，主要介绍果品类原料概况，常用鲜果的种类，常见鲜果的储藏知识，果品制品的品质特点，果品在烹饪过程中的运用。

项目目标

1. 了解果品类原料的名称、产地与季节和品种。
2. 熟悉果品类原料品种和果制品的品质特点。
3. 掌握果品类原料的初步加工、烹饪运用。
4. 掌握果品类原料的品质鉴定及保藏方法。

内容提要

我国幅员辽阔，果品资源十分丰富，品种多，产量大。果品是人们生活中的重要食物，其气味芳香，色泽艳丽，尤其是其所含的糖类、有机酸、维生素、矿物质等营养元素，是人体生长发育和维持生命的物质基础。“五果为助”的配膳原则，说明果品不仅能增加营养，滋补健身，而且还有完善膳食结构的功效。果品类原料还是烹饪中的重要原料，其品种多，运用广泛，无论是大型宴会，还是日常小吃，都离不开干鲜果品。传统高档宴席上的“四鲜果”“四干果”“四果脯”“四蜜饯”等，都是宴席中的佳品。果品既可以用拔丝、蜜制等烹调方法制作热菜，同时又可以制成美味可口的汤、粥，在面点和西餐中的应用也比较广泛。

任务一 鲜果类

基础模块

一、鲜果类原料概况

鲜果就是指通常所说的水果。特点是果皮肉质化、多汁、柔软或脆嫩，具有独特的果香和甜味。

鲜果是果品中种类和数量较多的一类，苹果、梨、香蕉、石榴、柑橘、柠檬等为常见的鲜果，而热带的水果如番石榴、榴梿、杧果、火龙果等也是人们喜爱的水果。

世界“四大水果”：苹果、葡萄、柑橘、香蕉。

二、鲜果的品质特点

（一）仁果类（梨果类）

仁果类鲜果是由子房和花托愈合在一起发育形成的果实，属于一种假果。可食用部分是花托发育形成的，中间形成果核的部分是子房发育形成的，外果皮与花托之间没有明显的界线，内果皮由木质化的细胞组成，内含多枚种子。如梨、苹果的果实。

1 梨　又称快果、蜜父等。有“天然矿泉水”之称。

沙梨

鸭梨

库尔勒香梨

中国四大名梨：鸭梨、砀山酥梨、莱阳梨、库尔勒香梨。

（1）产地与季节：梨在我国的栽培面积和产量仅次于苹果。原产于我国，南北各省均有栽培。主产于河北、山东、江苏、辽宁等地，占全国产量的 63%。一般在 7 月中旬到 10 月中旬陆续成熟上市。

（2）产品分类：主要有白梨、沙梨、秋子梨、西洋梨等多个品种。

①白梨：果实为卵圆形或倒卵形，果皮初熟时呈绿色，成熟时皮色转为绿黄色至黄色或黄白色。原产于黄河流域，以华北、西北地区及辽宁西部等地产量较多，是我国分布最广、数量最多、品质最好的栽培种类。主要品种有鸭梨、雪花梨、黄县长把梨、栖霞大香水梨、莱阳茌梨、秋白梨、金川雪梨、苹香梨等。

②沙梨：果实较大，呈圆形或长圆形，果皮褐色，少数品种为绿色。原产于我国华南地区，主要分布于淮河流域以南。从长江流域到珠江流域均有栽培。华北、东北、西北也有栽培。主要品种有安徽砀山梨、四川苍溪雪梨、威宁大黄梨、云南宝珠梨等。

③秋子梨：果实大多近似球体，果色暗绿，后熟后变灰黄色。果柄短，成熟后萼片不脱落。主要分布在东北、华北及西北地区。主要品种有北京的京白梨、辽宁的南果梨等。

④西洋梨：果实多呈坛状或倒卵状，果皮淡黄色或绿色。原产于欧洲，我国于 19 世纪引进，主要在烟台等地栽培。主要品种有巴梨、茄梨、康德梨和贵妃梨等。

（3）品质特点：

①白梨：果点细密、含石细胞少、果肉脆、细嫩无渣、味香甜、水分多、果实大；

②沙梨：含石细胞较多，果肉脆嫩多汁，味甜稍淡；

③秋子梨：果肉石细胞多、肉质硬、味酸涩；

④西洋梨：有后熟作用，最初果肉生硬，经存放后，果肉柔嫩多汁，香气很浓。

❷ 苹果　又称超凡子，有“活水”之称。

（1）产地与季节：全国各地均有栽培，最著名的为烟台苹果。主要产区为山东半岛和辽东半岛。因品种及产地不同，可自夏季至秋末陆续采收。

（2）产品分类：主要品种有辽南寒富、甘肃天水花牛苹果、陕西洛川富士、乾县红富士、山西万荣苹果等。

（3）品质特点：果个大，果形指数高，果皮呈青、黄或红色，色泽鲜艳，表皮薄，果肉脆、嫩，汁液多，酸甜适度，硬度适中，清香可口。

苹果 1

苹果 2

（二）核果类

外果皮薄，中果皮肉质化，内果皮全部由石细胞组成，特别坚硬，将一枚种子包裹其中形成果核。如桃、梅、李、杏、樱桃等的果实，肉质化的中果皮为食用部分。

❶ 桃　又称桃子、桃实等。民间素有“寿桃”“仙桃”“天下第一果”的美称。

（1）产地与季节：原产于我国，全国各地均有栽培，最著名的为肥城桃。主产于华北、华东、西北等地，每年从 6 月到 10 月均有出产。

（2）产品分类：桃较重要的变种有油桃、蟠桃、寿星桃、碧桃。其中油桃和蟠桃都作为果树栽培，寿星桃和碧桃主要供观赏。

（3）品质特点：呈白色、黄色或红黄色，果形端正，形状好、果个大、色泽美观、果面整洁、肉质细腻、风味浓、酸甜适口、耐储运，有的桃果肉与果核粘连，有的不粘连。

❷ 樱桃　又称莺桃、荆桃、樱珠等。

（1）产地与季节：主要产区有山东、江苏、河南、浙江、安徽、辽宁、甘肃等省。初夏成熟、采摘。可温室栽培。

水蜜桃

樱桃

（2）产品分类：分为中国樱桃、甜樱桃、酸樱桃和毛樱桃。品种有红灯、早红、先锋、大紫拉宾斯、黄蜜、美早、龙冠、早大果等。

（3）品质特点：果实呈肾形、心形或圆形，颜色有红色、紫红色、黄色或红黄色，光泽艳丽、美观、核小、果皮薄，果肉肥厚多汁、肉质细嫩、酸甜适口、品质上等。

（三）坚果类

坚果，是闭果的一个分类，果皮坚硬，内含1粒或者多粒种子。如栗子、杏仁等的果实。

❶ **栗子** 又称板栗、栗果、大栗、毛栗子。被誉为“干果之王”“人参果”“铁杆庄稼”“木本粮食”。

（1）产地与季节：主产于河北、山东、河南、湖北、北京、贵州等地。9—10月份成熟。

（2）产品分类：分为北方板栗和南方板栗两种类型，北方板栗大多用于炒食，南方板栗则做菜用。主要品种有良乡板栗、迁西板栗、莱阳红光栗、锥栗。

（3）品质特点：皮易剥离，含糖量高，味甜、肉质细密、品质优、营养丰富，是滋补品及补养药品。

❷ **核桃** 又称胡桃、羌桃、羌果等。与扁桃、腰果、榛子并称为“世界四大坚果”。

（1）产地与季节：核桃原产于亚洲西部的伊朗，汉代张骞出使西域后将其带回中国。主产于山东、山西、河北、陕西、新疆等地，9月中旬成熟。

（2）产品分类：按产地分类，有陈仓核桃、阳平核桃、野生核桃；按成熟期分类，有夏核桃、秋核桃；按果壳光滑程度分类，有光核桃、麻核桃；按果壳厚度分类，有薄壳核桃和厚壳核桃。

（3）品质特点：种皮不易剥落，种仁含油质，味微甜。

栗子

核桃

（四）浆果类

外果皮薄，中果皮和内果皮都肉质化，柔软多汁，内含多粒种子，如葡萄、柿子、猕猴桃等。有的浆果除果皮肉质化外，胎座也非常发达，一起形成食用部分。

❶ **葡萄** 又称草龙珠、山葫芦、菩提子。

葡萄被称为“水果之王”。

（1）产地与季节：葡萄遍布全国，以新疆、山东、辽宁、河北、山西等地为主产区。秋季上市。

（2）产品分类：按用途可分为鲜食、酿酒、制干品种，以及砧木品种。主要优良鲜食品种包括莎巴珍珠、葡萄园皇后、京早晶、无核白、玫瑰香、巨峰、白香蕉、牛奶、龙眼。还有许多酿酒品种，如白谢希、季米亚特、雷司令、意斯林、珊瑚珠、赤霞珠、霞多丽等。

（3）品质特点：呈黑色、红色、紫色、绿色。以穗大、粒大、色艳、肉厚、酸甜适中、皮薄多汁、无病斑、不破不裂者为佳品。

❷ **猕猴桃** 又称毛梨、藤梨等。

（1）产地与季节：主产于湖南、湖北、陕西、甘肃、浙江、福建、云南、贵州、四川等省。9—10月为成熟期。

葡萄

猕猴桃

（2）产品分类：主要有中华猕猴桃和软枣猕猴桃。有贵长猕猴桃、黄金果猕猴桃、和雄1号猕猴桃、米良1号猕猴桃、龙藏红猕猴桃、红心猕猴桃等品种。

（3）品质特点：果实近似球体。表面呈黄棕色或棕红色，密生棕黄色长硬毛，有皱缩，凹凸不平。果肉为绿色或黄绿色，中间有放射状的形似芝麻、极小的淡褐色种子，质硬、味甘、酸。

（五）柑橘类

柑橘类果实由中轴胎座的子房发育而来，外果皮革质且具有油囊，中果皮比较疏松，维管束（橘络）发达，内果皮呈瓣状，并向内生出无数肉质、多汁液的腺毛，是可食用的部分。果实外形呈扁圆形或圆形，果皮黄色、鲜橙色或红色。

❶ 橘　又称橘子、蜜橘、黄橘等。

（1）产地与季节：原产于中国。主产于江西、四川、浙江等地。每年10—11月份采摘。

（2）产品分类：主要品种有蜜橘、红橘、乳橘、叶橘等。

（3）品质特点：橘络较少，味酸甜不一，色彩鲜艳，核较多，果心不充实，种子尖细，仁绿色。

橘

❷ 柑　又称新会柑、柑子。

（1）产地与季节：原产于中国。主产于广东、温州、四川、漳州等地。十月下旬出产。

（2）产品分类：主要品种有茶枝柑、瓯柑、蕉柑、芦柑、椪柑、贡柑、青皮椪柑等。

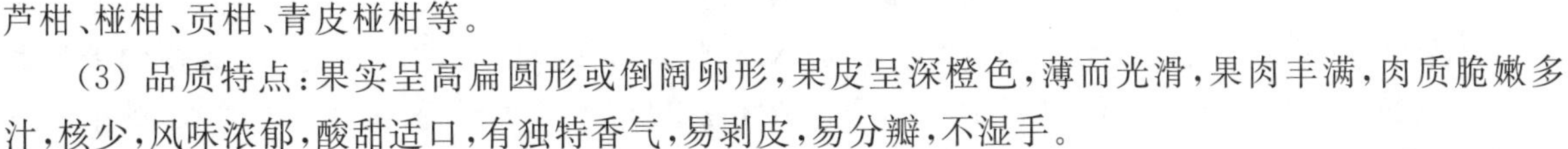

（3）品质特点：果实呈高扁圆形或倒阔卵形，果皮呈深橙色，薄而光滑，果肉丰满，肉质脆嫩多汁，核少，风味浓郁，酸甜适口，有独特香气，易剥皮，易分瓣，不湿手。

（六）瓜果类

瓜果又称瓠果，是葫芦科植物果实的总称。外果皮是由子房和花托一起形成的，属于假果一类。中果皮和内果皮均肉质化，而且胎座也发达。如甜瓜可食部分为中果皮和内果皮；西瓜主要食用部分是多汁的胎座。

❶ 西瓜　又称寒瓜、夏瓜。堪称“瓜中之王”。

（1）产地与季节：全国各地均有栽培，主产于山东、河北、浙江等地。7—8月份成熟。四季均有出产。

（2）产品分类：根据用途可以分为鲜食西瓜和籽用西瓜。

（3）品质特点：果实呈球状、卵形、椭圆形或扁圆形，果皮呈绿色，夹杂斑纹或条纹，瓤呈深红色、浅红色、黄色、白色等，纤维少、浆液多、味甜、营养价值高。

❷ 哈密瓜　又称甘瓜。

西瓜

哈密瓜

(1) 产地与季节:主产于新疆,6—9 月份成熟。

(2) 产品分类:哈密瓜分网纹皮、光皮两种。按成熟期分为早熟瓜、夏瓜(中熟)、冬瓜(晚熟)等品种。常见品种有红心脆、炮台红、铁皮、青麻皮、白皮。

(3) 品质特点:肉质初脆嫩后绵软,多汁味甜,清香爽口,风味独特。

三、鲜果的营养价值

(一) 仁果类

❶ 梨

(1) 营养价值:梨含有丰富的果糖、葡萄糖和苹果酸等,还含有蛋白质、脂肪、维生素、钙、磷、铁以及胡萝卜素、硫胺素。

①梨果:有生津、润燥、清热、化痰等功效,适用于热病伤津烦渴、消渴症、热咳、痰热惊狂、口渴失声、眼赤肿痛、消化不良等病症。

②梨果皮:有清心、润肺、降火、生津、滋肾、补阴功效。根、枝叶、花有润肺、消痰、清热、解毒的功效。

③梨籽:梨籽含有木质素,是一种不可溶纤维,能在肠道中溶解,形成胶质薄膜,在肠道中与胆固醇结合而排出。梨籽含有硼元素。人体内硼元素充足时,记忆力、注意力、心智敏锐度会提高。

(2) 食用功效:①降血压:能保护心脏,减轻疲劳,增强心肌活力,降低血压;②清肺止咳:能祛痰止咳,对咽喉有养护作用;③开胃护肝:增进食欲,对肝脏具有保护作用;④利尿通便:梨中的果胶含量很高,有助于消化、通利大便。尤适合咳嗽痰稠或无痰、咽喉发痒干疼者,慢性支气管炎、肺结核患者,高血压、心脏病、肝炎、肝硬化患者,饮酒后或宿醉未醒者食用。慢性肠炎、糖尿病患者忌食生梨。

❷ 苹果

(1) 营养价值:苹果中的胶质和微量元素能使血糖水平保持稳定。在空气被污染的环境中,多吃苹果可改善肺功能,保护肺部免受烟尘的影响;苹果中含有的多酚及黄酮类天然抗氧化物质,可以减少肺癌的发生风险,预防铅中毒;苹果特有的香味可以缓解压力过大造成的不良情绪,还有提神醒脑的功效;苹果中富含粗纤维,可促进肠胃蠕动,协助人体顺利排出废物,减少有害物质对人体的危害;苹果中含有大量的镁、硫、铁、铜、碘、锰、锌等元素,可使皮肤润滑、红润有光泽。

(2) 食用功效:①补血:铁元素必须在酸性条件下和在维生素 C 存在的情况下才能被吸收,所以吃苹果对缺铁性贫血有较好的防治作用;②保养肌肤:苹果中富含镁,镁可以使皮肤红润光泽、有弹性;③降血脂:苹果的纤维、果胶、抗氧化物含量丰富,有利于降血脂;④苹果生吃治便秘,熟吃治腹泻;⑤宁神安眠:苹果中含有的磷和铁等元素,易被肠壁吸收,有补脑养血、宁神安眠作用,苹果的香气是治疗抑郁的良药;美白养颜:苹果中的粗纤维可促进肠胃蠕动,且富含铁、锌等微量元素,使皮肤

细腻有光泽。肾炎和糖尿病患者不宜多吃。

（二）核果类

❶ 桃

（1）营养价值：桃性味平和，含有多种维生素、果酸，以及钙、磷、铁等矿物质，尤其是铁的含量较高；新鲜的桃含水量较高，约为89%，热量较低；桃的含铁量较高，是缺铁性贫血患者的理想辅助食物；桃含钾多，含钠少，适合水肿患者食用；桃仁提取物有抗凝血作用，并能抑制咳嗽中枢而止咳，同时能使血压下降，适合高血压患者食用。

（2）食用功效：①补益气血：对大病之后、气血亏虚、面黄肌瘦、心悸气短者有辅助食疗效果，桃的含铁量较高，是缺铁性贫血患者的理想辅助食物；②缓解水肿：桃含钾多，含钠少，适合水肿患者食用；③活血润肠：桃仁有活血化瘀、润肠通便作用；④桃仁提取物有抗凝血作用，能使血压下降，可用于高血压患者的辅助治疗。尤其适合老年体虚、肠燥便秘者、身体瘦弱、阳虚肾亏者食用。内热偏盛、易生疮疖者及糖尿病患者、婴儿忌食。

❷ 樱桃

（1）营养价值：含碳水化合物、蛋白质、钙、磷、铁和丰富的维生素，含铁量位于水果之首。

（2）食用功效：①补血：樱桃含铁量高，可促进血红蛋白再生，可增强体质，健脑益智；②祛风除湿：樱桃性温热，兼具补中益气之功，能祛风除湿，对风湿腰腿疼痛有良效；③养颜驻容：樱桃营养丰富，常用樱桃汁涂擦面部及皱纹处，能使面部皮肤红润嫩白，去皱消斑。尤其适合消化不良者，风湿腰腿痛者，体质虚弱、面色无华者食用。热性病及虚热咳嗽者、糖尿病者忌食；有溃疡症状、上火者，肾病患者慎食。

（三）坚果类

❶ 栗子

（1）营养价值：栗子中含有丰富的不饱和脂肪酸和维生素、矿物质，是抗衰老、延年益寿的滋补佳品；栗子含有核黄素，常吃栗子对日久难愈的小儿口舌生疮和成人口腔溃疡有益；栗子是碳水化合物含量较高的干果品种，能供给人体较多的热能，并能帮助脂肪代谢，具有益气健脾、厚补胃肠的作用；栗子含有丰富的维生素C，可以预防骨质疏松、腰腿酸软、筋骨疼痛、乏力等，延缓人体衰老。

（2）食用功效：栗子可帮助脂肪代谢，具有益气健脾、厚补胃肠的作用。适合腰酸腰痛、腿脚无力、小便频多者食用。脾胃虚寒、消化不良者忌食；糖尿病患者忌食。

❷ 核桃

（1）营养价值：核桃仁含有较多的蛋白质及人体必需的不饱和脂肪酸，这些成分皆为大脑组织细胞代谢的重要物质，能滋养脑细胞，增强脑功能；核桃仁有防止动脉硬化、降低胆固醇的作用；此外，核桃仁含有大量的维生素E，经常食用有润肌肤、乌须发的作用，可令皮肤滋润光滑，富有弹性；当机体感到疲劳时，嚼些核桃仁，有缓解疲劳和压力的作用。

（2）食用功效：滋养脑细胞，增强脑功能；防止动脉硬化，降低胆固醇；润肌肤、乌须发，可以令皮肤滋润光滑，富有弹性；有缓解疲劳和压力的作用。适合肾虚、肺虚、神经衰弱、气血不足者食用；尤其适合脑力劳动者和青少年食用。腹泻、阴虚火旺者，痰热咳嗽、便溏腹泻、痰湿重者均不宜食用。

（四）浆果类

❶ 葡萄

（1）营养价值：成熟的葡萄中含糖量高达30%，以葡萄糖为主。葡萄中的多种果酸有助于消化，适当多吃些葡萄，能健脾和胃。葡萄中含有钙、钾、磷、铁等矿物质，以及多种维生素 B_1、维生素 B_2、维生素 B_6、维生素C和维生素P等，还含有多种人体必需的氨基酸，常食葡萄对神经衰弱、疲劳过度者大有裨益。

（2）食用功效：①缓解低血糖：当人体出现低血糖时，若及时饮用葡萄汁，可很快使症状缓解；②预防血栓形成：葡萄能降低人体血清胆固醇水平，抑制血小板聚集；③抗衰老：葡萄籽可帮助清除体内自由基；④健脾和胃：适当多吃些葡萄，能健脾和胃，有助于消化；⑤缓解疲劳：常食葡萄对神经衰弱、疲劳过度者大有裨益。糖尿病患者、便秘者不宜多吃；脾胃虚寒者不宜多食，多食则令人泄泻。

❷ 猕猴桃

（1）营养价值：猕猴桃含有丰富的维生素C、A、E，纤维素，以及钾、镁等微量元素，还含有其他水果比较少见的营养成分——叶酸、胡萝卜素、钙、黄体素、氨基酸、天然肌醇。猕猴桃的营养价值远超过其他水果，它的含钙量是葡萄柚的2.6倍、苹果的17倍、香蕉的4倍，维生素C的含量是柳橙的2倍。

（2）食用功效：①降低胆固醇：果胶可降低血中胆固醇浓度，预防心血管疾病；②促消化：膳食纤维能够帮助消化、防止便秘、清除体内有害代谢物；③降血脂：抑制胆固醇在动脉内壁的沉积，从而防治动脉硬化、防治心脏病等；④增强体质：猕猴桃能促进新陈代谢，协调机体机能，增强体质，延缓衰老。适合便秘者、高血压患者、冠心病患者、心血管疾病患者，食欲不振、消化不良者，以及航空、高原、矿井等工作人员食用。脾虚便溏、风寒感冒、疟疾、寒湿痢、慢性胃炎、痛经、闭经、小儿腹泻者不宜食用。

（五）柑橘类

❶ 橘

（1）营养价值：橘含蛋白质、钙、磷、维生素、苹果酸、柠檬酸、琥珀酸、胡萝卜素、果胶、葡萄糖等。

（2）食用功效：①美容：橘富含维生素C，具有美容抗衰老的作用。②消除疲劳：橘含有丰富的柠檬酸，具有消除疲劳的作用。③预防便秘：橘内侧薄皮含有膳食纤维及果胶，可促进通便，还可以降低胆固醇水平。④减肥：橘内含有酵素，还含有降低体脂肪的食物纤维，食用后容易产生饱足感，所以有减肥功效。⑤预防心血管疾病：橘皮苷可以加强毛细血管的韧性，降血压，扩张心脏的冠状动脉，研究证实，食用橘可以减少沉积在动脉血管中的胆固醇。肠胃功能欠佳者多吃橘易出现胃粪石；风寒咳嗽、痰饮咳嗽者不宜食用。

❷ 柑

（1）营养价值：柑含维生素C、蛋白质、糖、核黄素、烟酸、无机盐、粗纤维等。

（2）食用功效：性凉，味甘、酸，果肉及果汁有解热生津、开胃、利尿、祛痰止咳的功效。多吃易上火，引起口角生疮、诱发痔疮等；胃、肠、肾、肺虚寒的老年人不可多食。

（六）瓜果类

❶ 西瓜

（1）营养价值：每100 g西瓜中含有蛋白质0.6 g、碳水化合物56 g、胡萝卜素650 mg、维生素C 6 g、钙20 mg、铁25 mg等，以及瓜氨酸、丙氨酸、氨基丁酸、精氨酸、谷氨酸、苹果酸、果糖、葡萄糖、蔗糖等有机物，还含有乙醛、丁醛、异戊醛等挥发物。

（2）食用功效：清热解暑，除烦止渴：西瓜中含有大量的水分，在急性热病、口渴汗多、烦躁时吃西瓜症状会马上改善；西瓜所含的糖和盐能利尿并减轻肾脏炎症；西瓜还含有能使血压降低的物质；吃西瓜后尿量会明显增加，可使大便通畅，对治疗黄疸有一定作用；可增加皮肤弹性，减少皱纹，增添光泽。尤其适合高血压患者、急慢性肾炎患者、胆囊炎患者、高热不退者食用。糖尿病患者应慎食；脾胃虚寒、湿盛便溏者忌食。

❷ 哈密瓜

（1）营养价值：哈密瓜的干物质中，含有4.6%～15.8%的糖分，纤维素含量为2.6%～6.7%，还含有苹果酸、果胶，维生素A、B、C，烟酸以及钙、磷、铁等元素。哈密瓜中铁的含量比鸡肉多两三倍，比牛奶高17倍。

（2）食用功效：①除烦热、生津止渴：如果常感到身心疲倦、心神焦躁不安，食用哈密瓜可能改善上述症状。②催吐：现代医学研究发现，哈密瓜等甜瓜类的蒂含苦毒素，具有催吐的作用，能刺激胃壁的黏膜，引起呕吐。③护肤：哈密瓜中含有丰富的抗氧化剂，这种抗氧化剂能够有效增强细胞抗氧化的能力，减少皮肤黑色素的形成。④补充维生素：每天吃半个哈密瓜可以补充维生素 C 和 B 族维生素，能确保机体保持正常的新陈代谢。⑤预防冠心病：哈密瓜中钾的含量较高，能够使机体保持正常的心率和血压，可以有效预防冠心病，同时，钾能够防止肌肉痉挛，让人体尽快从损伤中恢复。患有足癣、黄疸、腹胀、便溏、寒性咳喘以及产后、病后的人不宜多食；糖尿病患者慎食。

实践模块

一、果品类原料的品质鉴定与保藏

（一）果品类原料的品质鉴定

❶ 果形　果形是鉴定果品类原料品质的一个重要特征，每种果品都有其特定形状，凡是具备这种果实形状的，说明生长正常，质量较好，反之，质量较差。

❷ 色泽与花纹　果品类原料的色泽是反映果实的成熟度和新鲜度的具体标准。花纹主要出现在新鲜果品的表皮上，凡是有花纹的果品，其花纹清晰，说明此果品质量较好，反之，质量较差。

❸ 成熟度　衡量果品类原料的重要品质标准。成熟度好的果品，营养价值高，风味较好，且耐储藏，可以作为果品类原料。

❹ 机械损伤　果品在采收、运输、销售过程中，都会有不同程度的损伤，这种损伤不仅影响果品外形的完整性，还会引起微生物的污染，加速果品腐败的速度，降低果品的质量。

❺ 病虫害　这种侵害不仅影响果品外观，降低质量，甚至使果品丧失使用价值。

（二）果品类原料的储藏

❶ 低温保藏法　储藏水果的主要方法，降低水分的蒸发速度，延缓其成熟过程，维持水果的基本生理活动，抑制微生物的生长繁殖。

❷ 窖藏法　冬季一般能维持在 0 ℃左右，春秋也能维持较低温度。

❸ 库储藏法　最理想的保藏水果的方法。

二、果品类原料的加工方法

常用鲜果去皮法，包括机械去皮法、人工去皮法等。

机械去皮法主要在食品工业中使用，烹调加工中的机械去皮是指利用旋转刀片手工旋转去皮，主要适用于较脆、皮薄的果品类原料，如梨、苹果等。

人工去皮法就是用削、刨、剥等方法将果品类原料去皮，主要适用于苹果、桃、香蕉等果品类原料。

选学模块

一、果品类原料在烹调中的运用

（一）可作为主料制作出香甜可口的菜肴

果品类原料作为主料时，主要是用拔丝和蜜焖等烹调方法来制作甜菜。用果品类原料为主料制作咸味的菜肴虽然较少，但也不是没有，如名菜“蟹酿橙”等。

（二）可作为辅料增加其风味特色

果品类原料用作辅料非常普遍，既可以搭配家畜、家禽、水产品等荤食，也可以搭配蔬菜、粮食等素食。与蔬菜搭配，可以增加菜肴的营养价值和独特的风味。如“栗子鸡”“炒鲜桃仁丝瓜”等。

（三）可作为菜肴的装饰物起着美化菜肴的作用

果品类原料用作菜肴的装饰物，在一般冷盘和花色冷盘及热菜造型菜肴中应用的比较多，如樱桃、葡萄、橘子等。制作造型菜肴时也可应用果品类原料，如椰子、菠萝等。果品类原料还可用于雕刻，如西瓜、冬瓜等。

（四）可用作面点馅心改善风味，增进食欲

在果品类原料中，干果常用作面点馅心，如月饼馅心，有五仁馅、枣泥馅、栗子馅等；苏州的糕团馅心也少不了松子、枣泥等；上海的名点松糕中有莲子、核桃仁等。

（五）可作为面点的装饰物美化外观

在面点制品的表面撒上一层果仁或芝麻，或撒上色彩各异的果脯丁做出图案，使点心美观。

果品类原料中含糖量较高，含有多种芳香味物质，口味酸甜，在一些地区橘子汁、柠檬汁等常作为调味品使用，效果甚佳。

二、其他鲜果类的拓展知识

（一）聚合果

植物一朵花中有许多雌蕊，每一雌蕊形成一个小果实聚集在花托上。如莲蓬、草莓等。

草莓又称洋莓果、月季莓、红莓、地莓。被誉为“果中皇后”。

(1) 产地与季节：原产于欧洲，我国大多数地区均有栽培，5—6月上市，四季均有出产。

(2) 品质特点：色深红、肉纯白、柔软多汁、味芳香。呈圆锥状、鸭嘴状、扁圆形、荷包形等。

(3) 初步加工：选个大、色红、无挤破者，去蒂洗净。

(4) 烹调应用：除鲜食外，草莓还可和奶油、甜奶一起制成“奶油草莓”，可拔丝，还可加糖制成草莓酱等。

(5) 营养：极佳的保健食品，含有维生素C、果糖、蔗糖、蛋白质、果胶、胡萝卜素、柠檬酸、苹果酸等。

(6) 食用功效：性凉，味甘，草莓有帮助消化、通畅大便、明目养肝、减肥养颜的功效。女性常吃对皮肤、头发有保健作用。尿路结石者不宜多食。

（二）复果（聚花果）

复果又称花序果。果实由整个花序发育而来。如桑葚、菠萝、无花果。

草莓

菠萝

菠萝又称凤梨、黄梨、草菠萝、番菠萝、地菠萝。

(1) 产地与季节：菠萝原产于巴西，我国主产地为广东、福建、台湾等地。9—10月上市。

(2) 品质特点：果实中心有一层厚的肉质中轴，果肉为淡黄色，松软、多汁、甘甜鲜美、微酸，有特殊的芳香气味。

(3) 初步加工：选色泽鲜艳并转黄、硬度稍强、香味淡者，先削去皮，去皮需用大而锋利的刀，先削菠萝面凸出部分，再按照果眼的排列顺序，逐行挖除内陷部分。

(4) 烹调应用：适用于制作甜菜或甜羹，在西餐中应用较广泛。如"凤梨米布丁"等。还可以与肉同煮。如"凤梨炖鸡"等。亦可去肉做成一些菜品的盛器。

(5) 营养：含有蛋白质、碳水化合物、有机酸、氨基酸、胡萝卜素、维生素等。

(6) 食用功效：性平，味甘微涩，有防止血块形成、健胃消食、利尿解酒、消暑解热、降血压等功效。菠萝中含有菠萝蛋白酶，鲜食后可能发生过敏反应，应用盐水泡30 min，待盐水将菠萝蛋白酶的毒性破坏后再食用。对菠萝过敏者和糖尿病患者忌食。

同步测试

1. 鲜果品种可以分为哪些大类?
2. 苹果具有哪些营养价值?
3. 介绍果品类原料的品质鉴定方法。
4. 鲜果在烹调中有哪些运用?

任务二　果制品

基础模块

一、果制品原料概况

果制品是指将鲜果制成果坯后，干制、取汁或用糖液煮制或腌渍而得的制品。其中加入高浓度的糖液制成的果制品，由于糖多甜味重，有独特的风味，保持着鲜果天然的色泽，又称为"糖制果品"，如果脯、果酱等。

有的果制品在加工中会发生颜色改变甚至褪色等现象。为了补足色泽或满足人们感官上的需要以及在烹调应用中起到良好的配色作用，有的果制品中添加了色素，使其色泽艳丽。

二、果脯的品质特点

果脯是新鲜水果经过去皮、取核、糖液煮制、浸泡、烘干和整理包装等主要工序制成的食品，鲜亮透明，表面干燥，稍有黏性，含水量在20%以下。果脯种类繁多，著名传统产品有苹果脯、酸角脯、杏脯、梨脯、桃脯、太平果脯、青梅、山楂片、果丹皮等。

❶ 按产品形态和风味分类

(1) 果脯：又称干态蜜饯，是基本保持果蔬形状的干态糖制品。如苹果脯、杏脯、桃脯、梨脯、蜜枣，以及糖制姜、藕片等。

(2) 蜜饯：又称糖浆果实，是果实经过煮制以后，保存于浓糖液中的一种制品。如樱桃蜜饯、海棠蜜饯等。

(3) 糖衣果脯:果蔬糖制品经干燥后,在表面再包被一层糖衣,呈不透明状。如冬瓜条、糖橘饼、柚皮糖等。

(4) 凉果:将盐坯作为主要原料的甘草制品。原料经盐腌、脱盐晒干,加配料蜜制,再晒干而成。凉果含糖量不超过35%,属低糖制品,外观保持原果形状,表面干燥、皱缩,有的品种表面有层盐霜,味甘美,酸甜,略咸,有原果风味。如陈皮梅、话梅、橄榄制品等。

❷ 按品质特点分类 果脯选料精、加工细,所以产品色泽好、味道正、柔软爽口。颜色由浅黄色到橘黄色,呈椭圆形,不破不烂,不返糖,不黏手,吃起来柔软、酸甜适口。京郊生产的果脯,块形完整,透明,肉质丰富,质地柔软,酸甜可口,原果味浓,营养价值高。

三、果脯的营养价值

果脯中含糖量最高可达35%以上,而转化糖的含量可占总糖量的10%左右,从营养角度来看,它容易被人体吸收利用。另外,果脯中还含有果酸、矿物质和维生素C,由此可见,果脯是营养价值很高的食品。

果脯具有增进食欲、强身健体、滋阴补虚等功效,老少皆宜。由于果脯过甜,有呼吸道疾病的患者要小心食用。

实践模块

果脯的加工方法如下。

(一) 工艺流程

原料选择→分级整理→(腌渍)硬化→漂洗→预煮→糖制→装罐→湿态蜜饯;
沥干→干燥(包糖衣)→包装→干态蜜饯。

(二) 工艺要点

❶ 原料选择 糖制时要尽量使原料保持原来的形状,因此选择原料时除应考虑基本标准外(新鲜度、成熟度、品种),还要考虑原料是否肉质紧密,不易煮烂。

❷ 预处理

(1) 分级:原料品质应保持一致。根据成熟度、色泽、大小等标准,剔除不良原料。

(2) 去皮切分:对于较大且外皮粗厚的原料应去皮,适当切分。

目的:缩短煮制时间,提高产品质量。

(3) 腌渍:通常先将原料腌成果坯(可同时加硬化剂硬化,盐水浓度为10%~15%),腌好后晾干。

(4) 硬化:对于一些质地软的原料,为了更好地保持原料的形状,可进行硬化处理,硬化过度可引起钙化,影响质量,应予以注意。

(5) 硫处理:易变色的原料如藕,要进行硫处理。将原料置于0.1%~0.2%的SO_2中数小时,然后漂洗脱硫用于糖制。

(6) 预煮:无论新鲜原料还是经过保藏的原料,糖制前,大多需进行预煮。

作用:杀灭微生物,软化原料组织,改善组织渗透性,破坏酶,同时还有进一步脱盐、脱硫等作用。

选学模块

其他果制品原料的拓展知识如下。

(一) 苹果酱

选新鲜苹果,去皮→去核→漂洗→煮沸→加糖→浓缩→冷却→成品。若加罐保藏,应趁热装罐、密封、杀菌、冷却保藏。

（二）糖玫瑰

选择玫瑰花，去蒂→除花心→糖揉搓入缸密封→发酵（2～3个月）即可食用。

（三）糖桂花

选择颜色金黄、香味浓郁的鲜桂花，将其用盐腌成咸桂花，然后将桂花水分榨出，放入盛有浓糖液的容器内浸渍，即为成品。

（四）椰蓉

将椰肉去皮切成丝，压去部分椰油，水泡3 h，用白砂糖进行糖浸和糖煮，冷却后即为成品。

（五）果泥和果冻

❶ **果泥**　筛滤后的果肉浆液，加（或不加）糖、果汁和香料，煮制成质地均匀、呈半固态状的制品。果泥不同于果酱，其稠度较大，质地细腻均匀一致。

❷ **果冻**　果肉汁加糖和辅料浓缩制成，呈透明状，色泽鲜艳，形成胶冻体。优质的果冻呈透明状，具有良好的凝胶状态，能保持鲜果原有的风味和香味。

（六）水果罐头

水果罐头因用料不同而命名不同，一般水果罐头的原料取材于水果，包括黄桃、苹果、荔枝、草莓、山楂等。产品主要有黄桃罐头、草莓罐头、橘子罐头等。

桃

（七）果汁

果汁是以水果为原料经过物理方法（如压榨、离心、萃取等）处理得到的汁液产品，一般是指纯果汁。

果汁按形态分为澄清果汁和混浊果汁。澄清果汁澄清透明，如苹果汁；而混浊果汁均匀混浊，如橙汁。按果汁含量分为原果汁、果汁饮料、果粒果汁饮料、果汁类汽水、果味型饮料。

同步测试

1. 介绍果脯的营养价值。
2. 按产品形态和风味分类，果脯有哪些类型？
3. 简单介绍果脯的加工方法。

项目五

畜类原料

项目描述

畜类原料知识，主要介绍猪肉类原料知识和风味特点，牛、羊肉类原料知识和风味特点，肉制品原料知识和风味特点，乳品原料知识，畜类原料在烹饪过程中的运用。

项目目标

1. 了解畜类原料的名称、产地和品质特点。
2. 熟悉畜类原料的分类、畜类原料的品质特点及其品质鉴定。
3. 掌握畜类原料的概念、初步加工、烹饪运用。

内容提要

家畜一般是指由人类饲养驯化，且可以人为控制其繁殖和生长的哺乳动物，如猪、牛、羊、马、家兔等，一般用于食用、劳役、做宠物、做实验等，一般较常见的家畜饲养方式为圈养、放牧等。人类最早在一万多年前开始饲养家畜。家畜对于提供较稳定的食物来源做出了重大贡献。

任务一 猪肉类

基础模块

一、猪肉的品质特点（产地、分类、特点）

猪肉是我国三大家畜肉之一。

1 品质特点 猪肉的色泽和品质与其育龄、性别、产地、品种、肉的部位等不同而有差异。肌肉组织中含有较多的肌间脂肪，经烹调后滋味较好。质量好的猪肉有光泽，肉色均匀，脂肪洁白，富有弹性，气味正常，肌肉纤维细而柔软，结缔组织较少，脂肪含量较其他肉类高。

2 按育龄期进行分类

（1）老猪：皮厚，毛孔粗，表面粗糙有皱纹，肉色灰暗，肌肉纤维粗糙，风味不佳，宜用小火长时间加热，不适于爆、炒、炸等旺火速成的烹调方法。

（2）成年猪：指 6～10 月龄的猪，毛孔细，表面光滑无皱纹，骨头发白，肌肉色泽鲜红，脂肪均匀，

无异味，肉质细嫩，质量较佳。肉好熟易烂，熟后香味浓郁，味道鲜美。

（3）乳猪：指1～2月龄的猪。乳猪肉中水分较多，肉质松弛细嫩，色泽淡薄，风味尚可。最适合烤制。广西的香猪，皮薄、骨细、肉质细嫩，是烤乳猪的上乘原料。

老猪

成年猪

乳猪

烤乳猪

❸ 按地理区域进行分类

（1）华北类型：黄淮海黑猪、里岔黑猪、八眉猪等；

（2）华南类型：滇南小耳猪、蓝塘猪、陆川猪等；

（3）华中类型：宁乡猪、金华猪、监利猪、大花白猪等；

（4）江海类型：著名的太湖猪（梅山、二花脸等的统称）；

（5）西南类型：内江猪、荣昌猪等；

（6）高原类型：藏猪（阿坝、迪庆藏猪）。

❹ 著名品种

（1）杜洛克：杜洛克原产于美国东部的新泽西州和纽约州等地，主要亲本用纽约州的杜洛克和新泽西州的泽西红杂交育成，原称杜洛克泽西，后统称杜洛克，分为美系和加系杜洛克。产于我国台湾的杜洛克经过培育自成风格，因而称台湾杜洛克或台系杜洛克。

（2）大白猪：又叫“大约克夏”。原产于英国约克郡，由当地猪与中国猪等杂交育成。全身呈白色，耳向前挺立。有大、中、小三种，分别称为“大白猪”“中白猪”和“小白猪”。大白猪属腌肉型，为全世界分布最广的猪种。成年公猪体重为300～500 kg，母猪体重为200～350 kg。繁殖力强，每胎产仔10～12头。小白猪早熟易肥，属脂肪型。中白猪体型介于两者之间，属肉用型。我国饲养大白猪较多。

（3）长白猪：著名腌肉型猪种。原产于丹麦。由当地猪与大白猪杂交育成。全身呈白色。躯体特长，呈流线型。头狭长、耳大前垂，背腰平直，后躯发达，大腿丰满，四肢较高。生长快，饲料利用率高。皮薄、瘦肉多。每胎产仔11～12头。成年公猪体重为400～500 kg，母猪体重为300 kg左右。要求有较好的饲养管理条件。遍布于世界各地。

杜洛克

大白猪

(4) 汉普夏猪:著名肉用型猪种。19世纪初期从英国汉普郡输入美国,在肯塔基州经杂交选育而成。毛色黑,肩颈接合部和前肢呈白色。鼻面稍长而直,正竖立。躯体较长,肌肉发达。成年公猪体重为315～410 kg,母猪体重为250～340 kg。早熟,繁殖力中等,平均每胎产仔8头。母性强。屠体品质高,瘦肉比例大。

长白猪

汉普夏猪

(5) 波中猪:猪的著名品种。原产于美国。由中国猪、俄国猪、英国猪等杂交而成。原属脂肪型,已培育为肉用型。全身黑色。鼻面直,耳半下垂。体型大,成年公猪体重为390～450 kg,母猪体重为300～400 kg。早熟易肥,屠体品质优良;但繁殖力较弱,每胎产仔8头左右。

(6) 马身猪:马身猪原产于我国山西,体型较大,耳大、下垂超过鼻端,嘴筒长直,背腰平直狭窄,臀部倾斜,四肢坚实有力,皮、毛黑色,皮厚,毛粗而密,冬季密生棕红色绒毛,乳头7～10对。可分为"大马身猪"(大型)、"二马身猪"(中型)和"钵盂猪"(小型)三型。虽生长速度较慢,但胴体瘦肉率较高。

波中猪

马身猪

二、猪肉类原料知识

猪肉是餐桌上重要的动物性食品之一,其纤维较为细软,结缔组织较少,肌肉组织中含有较多的肌间脂肪,因此,经过烹调加工后肉味特别鲜美。猪肉的不同部位肉质不同,一般可分为四级。

（1）特级：里脊肉。

（2）一级：通脊肉，后腿肉。

（3）二级：前腿肉，五花肉。

（4）三级：血脖肉，奶脯肉，前肘、后肘。

不同肉质的猪肉，所采用的烹调方法不同。选择猪肉的标准如下：肉色浅红，肉质结实，纹路清晰。猪肉中里脊肉最嫩，后臀尖肉相对更老。前、后臀尖肉适于炒；五花肉适于炖；前臀尖肉适于做饺子、包子的馅。而品质最好的肉，瘦肉与脂肪比例恰好，吃起来不涩不油。白色脂肪越多，猪肉品质等级就越低。全脂肪的猪肉，可制成猪油。

里脊肉

通脊肉

后腿肉

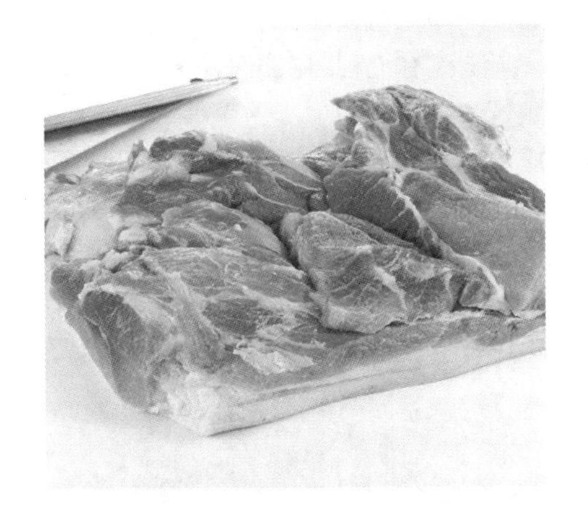

前腿肉

五花肉

血脖肉

后肘

三、猪肉的营养价值

在畜肉中，猪肉的蛋白质含量最低，脂肪含量最高。瘦猪肉蛋白质含量较高，每 100 g 可含高达 29 g 的蛋白质，含脂肪 6 g。经煮炖后，猪肉的脂肪含量还会降低。猪肉还含有丰富的 B 族维生素，能提供人体必需的脂肪酸。猪肉性平，味甘咸，有补中益气、丰肌体、生津液、润肠胃、强身健体等功效，一般可与任何动植物配伍，但猪肉不可与牛肉、驴肉、鳖肉、豆类和香菜配伍。多食易生痰助湿，外感风寒者忌食；多食令人虚肥，多食或冷食易引起胃肠饱胀或腹胀腹泻。对于脂肪肉及猪油，患高血压或偏瘫（中风）者及肠胃虚寒、痰湿盛、血脂高、宿食不化者应慎食或少食。食后不宜大量饮茶；烧焦的肉不要吃。

实践模块

一、猪肉的品质鉴定与储藏

（一）猪肉的品质鉴定

买猪肉时，根据猪肉的颜色、外观、气味等指标可以判断出猪肉的质量好坏。

新鲜猪肉肉质紧密，弹性好，皮薄。膘肥嫩、色雪白，且有光泽。瘦肉部分呈淡红色，有光泽，不发黏。外表微干或微湿润，不黏手。指压后凹陷立即恢复。具有鲜猪肉的正常气味。肉汤透明澄清，脂肪集聚于表面，具有香味。

次鲜猪肉的肌肉颜色稍暗，脂肪缺乏光泽。外表干燥或黏手，新切面湿润。肉质松软，弹性小，指压后的凹陷恢复慢或不能完全恢复。稍有氨味或酸味。肉汤稍有混浊，脂肪呈小粒状浮于表面，无鲜味。猪肉切开后表面潮湿，渗出混浊的肉汁。

不新鲜的猪肉无光泽，肉色暗红，切面呈绿、灰色，肉质松软，无弹性，黏手，指压后凹处不能复原，留有明显痕迹。有难闻的气味。严重腐败的猪肉有臭味，切记不宜购买、食用。

此外，还可以通过烧煮的办法鉴别，不好的猪肉放到锅中煮时水分很多，没有猪肉的清香味道，肉汤里也没有薄薄的脂肪层，再用嘴咬时肉很硬，肌纤维粗。

正常冻肉有坚实感，解冻后肌肉色泽、气味、含水量等均正常无异味。病猪肉有油脂、粪臭、腐败等气味。

劣质猪肉的鉴别要点如下。

❶ **注水肉** 猪肉表面发胀、发亮，非常湿润。结缔组织（网状组织）呈水泡样。新鲜的切口有小水珠往外渗。如果切口有皮肤连着，会渗出血水。正常的猪肉用纸贴试，纸是油的、易燃；而将纸贴在注水肉上时，纸是湿的，不易燃烧。

❷ **变质肉** 外表有干黑的硬膜或黏液，黏手，有时甚至有霉层。切面发暗而湿润，轻度黏手，弹性减弱，肉汁混浊。脂肪发暗无光泽，有时生霉，有哈喇油气味。筋腱略有软化，无光泽，呈白色或淡灰色。轻度变质的肉，必须按规定高温处理才可供食用，重度变质肉应作工业用或销毁。

❸ **米猪肉** 这种猪肉内带有囊虫。米猪肉最明显的特征是瘦肉中有呈椭圆形、乳白色、半透明的水泡，大小不一，从外表看，肉中像夹着米粒。

❹ **公猪肉** 因公猪体内含有睾酮等激素，故公猪肉常发出腥臊的气味。皮肤与皮下脂肪界限不清，皮下脂肪较薄、颗粒粗大，切开下腹部皮下脂肪，可见到明显的网络状毛细血管。毛孔粗而稀，皮肤呈浅白色或发黑。肌肉发达，臀部、肩部和颈部肌肉呈暗红色，无光泽。后臀中线两侧有时可见阉割的睾丸皮。

❺ **母猪肉** 皮肤组织结构松弛，发粗发白，较厚硬，颈部和下腹部皮肤皱缩，若宰杀时间长，皮肤干缩会更显著，失去弹性。皮肤与皮下脂肪结合不紧密，两者之间有一层薄脂肪，呈粉红色，即所

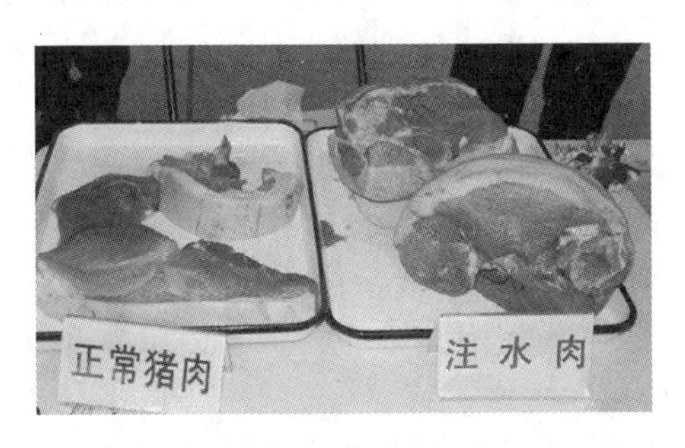

注水肉

变质肉

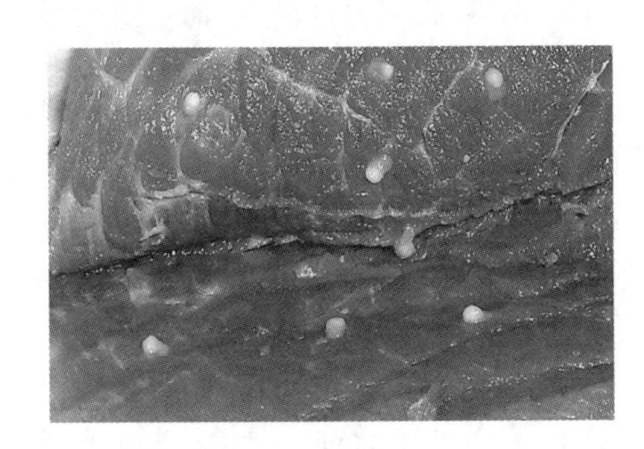

米猪肉

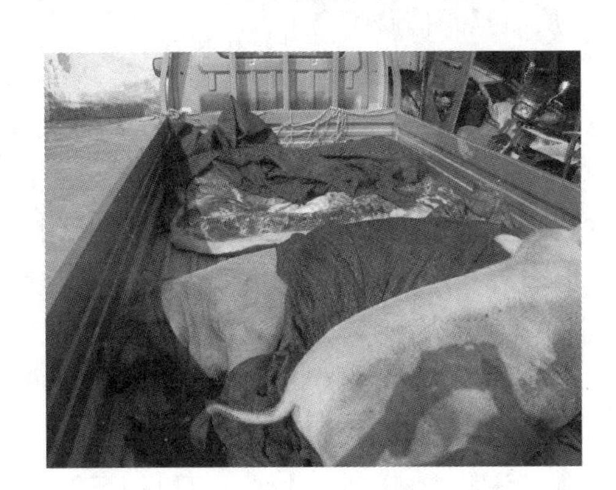

死猪肉

谓“红线”。脂肪外膜呈黄白色。由于皮下脂肪薄，显得肌肉瘦，呈砖红色。乳头大、长而油滑，呈圆锥状，两侧乳房有乳腺，切开后可见灰白色乳腺深入脂肪层，似蜂窝状，乳房周围毛孔粗大而稀少。肋骨一般扁而宽，骨膜呈淡黄色，老的母猪肋骨隆起显著，正常猪的肋骨呈青红色。

⑥ 黄疸　血液中的胆红素浓度增高使动物的皮肤、黏膜、脂肪、肌肉和实质器官呈现黄色，称“黄疸”。此类肉体放置时间越长，黄色越深。检验时应注意与黄脂肉进行区分。黄脂肉是由于动物生前吃了含胡萝卜素等的饲料，宰后脂肪或浅部肌肉呈浅黄色，属非病理性，随着肉体放置时间的延长，黄色可渐渐消退。

⑦ 病猪肉　通常是急宰的猪肉，肉体明显放血不全。肌肉色泽深或呈暗红色。脂肪及结缔组织，胸、腹膜下的血管显露，内有余血，指压有暗红色血滴溢出，脂肪组织染成淡玫瑰红色。病猪肉的宰杀刀口一般不外翻，刀口周围组织有血液浸染的现象，骨髓红染。淋巴结肿大，且有暗红色或其他相应的病理变化。

⑧ 死猪肉　吃病死、毒死或死因不明的猪肉，会引起食物中毒，或引起人畜共患病。鉴别方法是死猪肉通常放血不全，外观呈暗红色，肌肉间毛细血管中有紫色淤血。

一般表现为极度放血不全，切割线平直、光滑、无皱缩。猪肉呈黑红色且带有蓝紫色，切面有黑红色血液浸润并有血滴，血管中充满血液，指压无波动感。腹膜下血管怒张，表面呈紫红色，脂肪红色。死猪肉的宰杀刀口不外翻，切面平整光滑，刀口周围无血液浸染现象。骨髓呈暗红色。肉体一侧的皮下组织、肌肉和浆膜，呈现明显坠积性淤血，侧卧部位皮肤上有淤血斑。淋巴结肿大，切面呈紫红色或有其他病理变化。

（二）肉与肉制品的储藏

传统方法主要有盐腌法、干燥法、熏烟法等。现代储藏方法主要有低温储藏法、罐藏法、照射处理法、化学保藏法等。

❶ 盐腌法　盐腌法的储藏作用，主要是通过利用食盐提高肉品的渗透压，脱去部分水分，并使

肉品中的含氧量减少，造成不利于细菌生长繁殖的环境条件而实现的。但有些细菌的耐盐性较强，单用食盐腌制不能达到长期保存的目的。因此，生产中用食盐腌制多在低温下进行，并常将盐腌法与干燥法结合使用，制作具有各种风味的肉制品。

❷ 干燥法 干燥法也称脱水法，可使肉内的水分减少，阻碍微生物的生长发育，从而达到储藏目的。各种微生物生长繁殖时，都需要适宜的水分，一般来说，至少需要40%的水分。猪肉的含水量一般在70%以上，应采取适当方法，使含水量降低到20%以下或降低水分活度，才能延长储藏期。

(1) 自然风干：根据要求将肉切块，挂在通风处，进行自然干燥，使含水量降低。例如风干肉、香肠等产品都要经过晾晒风干的过程。

(2) 脱水干燥：在加工肉干、肉松等产品时，常利用烘烤方法，除去肉中水分，使含水量降到20%以下，从而延长储藏期。

(3) 添加溶质：在肉品中加入食盐、砂糖等溶质，如在加工火腿、腌肉等产品时，需用食盐、砂糖等对肉进行腌制，其结果可以降低肉中的水分活度，从而抑制微生物生长。

❸ 低温储藏法 低温储藏即冷藏，在冷库或冰箱中进行，是肉和肉制品的储藏中最为实用的一种方法。在低温条件下，尤其是当温度降到－10 ℃以下时，肉中的水分就结成冰，细菌不能生长繁殖。但当肉被解冻复原时，由于温度升高和肉汁渗出，细菌又开始生长繁殖。所以，利用低温储藏肉品时，必须保持一定的低温，直到食用或加工时为止，否则就不能保证肉的质量。肉的冷藏，可分为冷藏肉和冷冻肉两种。

冷藏肉主要用于短时间存放的肉品，通常使肉中心温度降低到0～1 ℃。具体要求是，肉在放入冷库前，先将库温降到零下4 ℃左右，在肉入库后，保持温度在－1～0 ℃之间。猪肉冷却时间为24 h，可保存5～7天。经过冷却的肉，表面形成一层干膜，从而阻止细菌生长，并减缓水分蒸发，延长保存时间。

将肉品进行快速、深度冷冻，使肉中大部分水冻结成冰，这种肉称为冷冻肉。冷冻肉比冷藏肉更耐储藏。肉的冷冻，一般采用－23 ℃以下的温度，并在－18 ℃左右储藏。为提高冷冻肉的质量，使其在解冻后恢复原有的滋味和营养价值，目前多数冷库均采用速冻法，即将肉放入－30 ℃的速冻间，使肉温很快降低到－18 ℃以下，然后移入冷冻库。

肉的冷藏和冷冻是在吊挂条件下进行的，所占库位较大。为了较长时间储存，冷冻肉可移入冷冻库堆垛存放。温度要求低于－18 ℃，肉的中心温度保持在－15 ℃以下。冷冻时，温度越低，储藏时间越长。在－18 ℃条件下，猪肉可保存4个月；在－30 ℃条件下，可保存10个月以上。储藏肉类的冷库，应符合卫生要求，每批产品入库前要进行清理、消毒。存放时，不同肉类产品要隔离存放，防止互相串味而影响质量。

二、猪肉的分档特点

猪肉的具体分类如下。

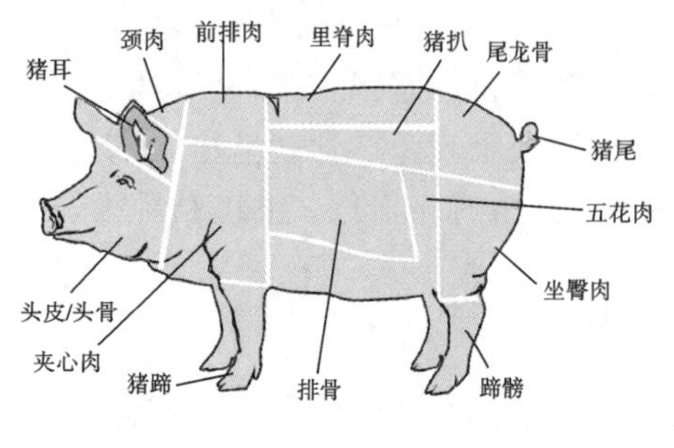

猪肉的分档

(1) 猪头肉皮厚，质老，胶质重，适于酱、烧、煮、凉拌、熏等烹调方法，多用来制作冷盘，如酱猪头肉、红烧猪头肉、红油猪耳等。

(2) 颈肉又称血脖，这块肉肥瘦不分，多有污血，肉色发红，肉质较差，一般多用来做馅。

(3) 前排肉又叫上脑肉，是背部靠近颈部的一块肉，瘦肉中夹着肥肉，肉质较嫩，适于用作米粉肉、炖肉。

(4) 夹心肉，位于颈肉下方前腿上部，质老有筋，

吸收水分能力较强，适于制馅、制肉丸子。在该部位有一排肋骨，称小排骨，适宜做糖醋排骨，或煮汤。

（5）蹄髈俗称肘子，位于前、后腿下部，因后蹄髈结缔组织较前蹄髈多，皮老韧，质量较前蹄髈稍差。宜红烧、清炖、酱卤。

（6）猪蹄有前后之分，因后蹄骨骼粗大，皮老韧，筋多，质量较前蹄略差，适于烧、炖、卤、酱、制冻等。

（7）里脊肉是脊骨下面与大排骨相连的瘦肉。肉中无筋，是猪肉中最嫩的肉，可切片、切丝、切丁，适于炸、熘、炒、爆等。

（8）五花肉为肋条部位肘骨的肉，其中肥肉与瘦肉相间，共5层，其肉皮薄，肉质较嫩，适于红烧、白炖等。

（9）奶脯肉在肋骨下面的腹部。结缔组织多，均呈泡泡状，肉质差，多熬油用。

（10）臀尖肉位于臀部的上面，都是瘦肉，肉质鲜嫩，一般可代替里脊肉，多用于炸、熘、炒。

（11）坐臀肉位于后腿上方、臀尖肉的下方，全为瘦肉，但肉质较老，纤维较长，一般多用作白切肉或回锅肉。

（12）弹子肉位于后腿上，均为瘦肉，肉质较嫩，可切片、切丁，能代替里脊肉。

（13）猪尾又称皮打皮、节节香。由皮质和骨节组成，皮多胶质重，多用于烧、卤、酱、凉拌等烹法，一般不用于宴席当中。

三、猪肉在烹饪中的运用

猪肉是中式烹饪中运用最广泛、最充分的原料，既可用做菜肴的主料，又可用做菜肴的辅料，还是面点中馅心的重要原料之一。猪肉及骨骼是烹饪中制汤的主要原料。总之，猪肉适合所有的烹调方法。猪肉还适合于多种刀法，可加工成丁、丝、条、片、块、段、茸泥及多种花刀形。在口味上猪肉适合各种调味，可制成众多的菜点，既有名菜小吃，又有主食。如北京的“白肉片”“筒子肉”，山东的“扒肘子”“火爆燎肉”“锅烧肘子”“滑炒里脊丝”“菊花肉”，江苏的“樱桃肉”“狮子头”，四川的“鱼香肉丝”“回锅肉”，广东的“烤乳猪”。猪肉作为面点馅心，可制成包子、水饺、馄饨；作为面条辅料，可制成“炸酱面”“肉丝面”等。

选学模块

其他猪肉类原料的拓展知识如下。

❶ 猪蹄　又名猪蹄爪、猪脚、猪手等。

（1）初步加工：刮剥洗涤→清水冲洗。

用小刀刮净硬毛、细毛和污物，剥去爪壳，冲洗干净；也可以将猪蹄放在火上烤，燎去猪蹄上的硬毛和细毛，再刮净污物，剥去爪壳洗净。

（2）烹饪应用：用于炖汤、烧、卤等，也可做成缠蹄，煮熟后切片凉拌。还可用于制作菜肴如“酱猪蹄”等。

（3）食用说明：性平，味甘咸，含有大量胶原蛋白，常食可抗衰老、润肤，补血、通乳。外感发热者慎食。肝病、动脉硬化、高血压患者少食或不食。

❷ 猪舌　又称口条。

猪舌肉质坚实，无骨，无筋膜、韧带，熟后无纤维质感。

（1）初步加工：清水冲洗→热水烫洗→洗涤整理。

先用水洗净猪舌，在猪舌的中间从舌根到舌尖插入一根筷子，以防加热时猪舌弯曲，影响切配加工。将猪舌放入冷水锅中稍煮，待舌苔增厚、发白，捞出，用小刀刮去白苔。最后用刀切去舌根，用清水洗净。

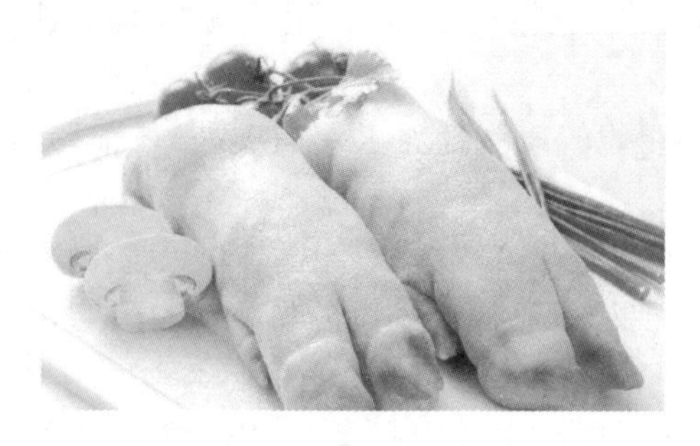

猪蹄

酱猪蹄

(2) 烹饪应用:多用作主料,可加工成为片、条、丝、丁等,适合酱、卤、烧、烩等,如“酱猪舌”“红烧舌片”“酱猪口条”“烧杂烩”等。

(3) 食用说明:性平,味甘、咸,含有丰富的蛋白质、维生素 A 等营养元素,有滋阴润燥的功效。口感非常有嚼劲,一般人均可食用。

❸ **猪血** 又名液体肉、血豆腐、血花。

(1) 初步加工:洗净,勿受污染。

(2) 烹饪应用:可用作主料,也可用作辅料。用水氽后,切块炒、烧或制汤。

(3) 食用说明:性平,味咸,常食猪血可清除体内粉尘、补血等。患病期间、上呼吸道出血者忌食。

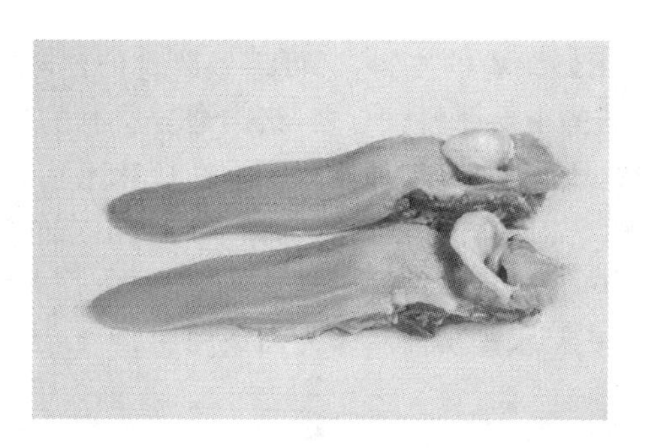

猪舌

猪血

同步测试

1. 介绍不同地域猪的品种情况。
2. 不合格的猪肉有哪些特点?
3. 猪肉的分档取料有哪些部位?
4. 猪肉在烹调中有哪些著名菜品?

任务二 牛、羊肉类

基础模块

一、牛、羊肉的品质特点(产地、分类、特点)

❶ **牛肉** 我国三大家畜肉之一。

牛肉享有“肉中骄子”的美称。

1）品质特点　因品种、性别、育龄、饲养情况不同而有差异。按性别分，可分为犍牛肉、公牛肉、母牛肉；按生长期分，可分为犊牛肉、壮牛肉、老牛肉；按品种分，主要是黄牛肉、牦牛肉、水牛肉。

（1）按性别分类：

①犍牛肉：经过阉割的牛的肉，其肌肉呈红色，脂肪为淡黄色或深黄色，纤维细密，质地较嫩，有少量肌间脂肪，熟后无腥味，肉味香郁，质量最好。

②公牛肉：肌肉纤维粗糙，肉色紫红、质地较老，烹调时熟烂较慢。熟后肉腥气味浓重，不适于爆、炒、烹等烹调方法，质量较差。

③母牛肉：与犍牛肉基本相同。但体质过瘦和年龄过大时，烹煮难熟，肉腥气味较重，质量较差。

（2）按生长期分类：

①犊牛肉：即 1 岁以内的牛犊肉。其肌肉呈淡红色，肌间脂肪少，肌肉细柔松弛，肉质虽然鲜嫩但滋味远不如成牛肉，西餐中使用较多。

②壮牛肉：膘肥体壮，肌肉中有均匀的脂肪，富有弹性。好熟易烂，熟后肉香浓郁，鲜美可口。

③老牛肉：肉色暗红微青，肌肉纤维粗硬而坚韧，肌间脂肪很少，不易熟烂。肉质过瘦时，肉腥气味重，质量较差。

（3）按品种分类：

①黄牛肉：肉色为深紫红色，组织紧密，肌肉纤维较细，肌间脂肪分布较均匀，细嫩芳香，经酱卤冷却后，收缩成较坚硬的团块。质量仅次于牦牛肉，一般说的牛肉多指黄牛肉。

②牦牛肉：肉色紫红，肌肉发达，组织较紧密，肌间脂肪较多，肉质柔嫩风味好，质量较好。

黄牛

牦牛

③水牛肉：肉色暗红，肌肉发达，组织不紧密，纤维粗，肌间脂肪含量少。不易收缩成块，切时易碎。虽有鲜香味，却稍有膻膘，质量较差。

2）肉用牛品种　世界肉用牛主要品种现有 40 余个。较著名的除短角牛和夏洛莱牛等外，还有以下品种。

（1）海福特牛：最古老的早熟中小型肉用牛品种。其原产地在英国的赫里福德郡。早熟易肥，耐粗饲，体格结实，适应性好。全身被毛红色，仅头部、颈垂、腹下、四肢下部和尾帚白色，具典型的肉用体型。

水牛

成年公牛体重为 850～1100 kg，母牛体重为 600～700 kg，一般屠宰率为 60%～65%。分有角和无角两种，后者是在有角品种输入美国后由突变产生的。其他外形均与有角者类似。该品种现广泛分布于世界各地。饲养较多的有美国、加拿大、墨西哥、澳大利亚、新西兰以及南非等。中国自 20 世纪 60 年代开始由英国引进，饲养于新疆、黑龙江、山西、河北等地，并用以改良黄牛，效果较好。

（2）阿伯丁安格斯牛：简称安格斯牛。古老的小型肉用牛品种。原产于英国阿伯丁安格斯地

区。躯体低矮,无角,全身被毛黑而有光泽,部分牛腹下或乳房部有少量白斑。头小额宽,额上方明显向上突起。成年公牛体重为800～900 kg,母牛体重为500～600 kg。早熟易肥,生长快,肉质好,泌乳力较强。但有神经质,较难管理。19世纪自英国输出,现遍布全世界。

海福特牛

安格斯牛

(3) 利木赞牛:大型肉用牛品种。原产于法国中部。本为役牛,1900年以后逐步转向肉用,1924年育成肉用牛品种。生长快,肌肉丰满,且瘦肉多,四肢坚强,躯体结构匀称。全身被毛红黄色,四肢内侧、腹下、眼圈、口鼻周围等处毛色较淡,角呈白色,蹄壳呈红褐色。公牛角向两侧平展,母牛角向前弯曲。成年公牛体重为1000～1100 kg,母牛体重为800～850 kg,屠宰率为63%～71%。除法国外,以美国、加拿大饲养较多。我国1974年开始引进,多饲养于北方地区,其杂交后代产肉和役用能力都有提高。

(4) 圣赫特鲁迪斯牛:肉用牛品种。原产于美国得克萨斯州。育成历史较短,其含有3/8婆罗门牛和5/8短角牛血统。耐热,具有抗焦虫能力。生长快,脂肪少,适应性强。全身被毛红色,短而光亮。耳下垂,皮肤松弛,颈部多皱褶,阴鞘下垂,公牛有明显瘤峰。成年公牛体重为850～1000 kg,母牛体重为500～700 kg,一般屠宰率为65%左右。泌乳力也较高。但繁殖力低,利用年限短。1960年引进我国。

利木赞牛

圣赫特鲁迪斯牛

我国原来没有专用的肉用牛品种。现除利用国外引进品种改良本国黄牛的肉用性能已取得较好效果外,有些地方的良种黄牛如秦川牛、南阳牛、鲁西黄牛、晋南牛等,也具有较好的肉用能力,可作为选育肉用品种的基础。

❷ 羊肉 我国三大家畜肉之一,我国信仰伊斯兰教的少数民族主要食用羊肉。

1) 品质特点　羊分为绵羊、山羊两大类。

(1) 绵羊:肉体丰满,肉质坚实,颜色暗红,肌肉纤维细而软,肌间脂肪较少。特别是臀部肌肉,略呈圆形,肥厚细软,储有大量脂肪,公绵羊肉膻味较少。绵羊肉及脂肪均无膻味,味道醇香。

(2) 山羊:体型比绵羊小,皮质厚,肉呈暗红色,年龄越大肉色越深,皮下脂肪较少,腹部脂肪较多,公山羊肉膻味较重,但瘦肉较多。山羊肉及脂肪均有明显的膻味。

(3) 肉用绵羊的品种:萨福克羊、波德代羊、无角陶赛特羊、边区莱斯特羊、考力代羊、林肯羊、杜泊羊、夏洛莱羊、德克塞尔羊、罗姆尼羊、德国肉用美利奴羊、小尾寒羊、大尾寒羊等。

绵羊

山羊

(4) 肉用山羊的品种：波尔山羊、南江黄羊、成都麻羊、马头山羊、雷州山羊、黄淮山羊、隆林山羊、承德无角山羊、鲁山“牛腿”山羊、贵州白山羊等。

(5) 著名品种：

①波尔山羊：优秀的肉用山羊品种。该品种原产于南非，作为种用，已被非洲许多国家以及新西兰、澳大利亚、德国、美国、加拿大等国引进。自 1995 年我国从德国引进一批波尔山羊以来，许多地区包括江苏、山东、陕西、山西、四川、广西、广东、江西、河南和北京等地先后引进了波尔山羊，并通过纯繁扩群逐步向全国各地扩展，显示出很好的肉用特征、广泛的适应性、较高的经济价值和显著的杂交优势。

波尔山羊毛色为白色，头颈为红褐色，颈部有一条红色毛带。波尔山羊耳朵下垂，被毛短而稀。腿短，四肢强健，后躯丰满，肌肉多。性成熟早，四季发情。繁殖力强，一般两年可产三胎。羔羊生长发育快，有良好的生长率和高产肉能力，采食力强，是目前世界上最受欢迎的肉用山羊品种。总之，波尔山羊体型大，生长快；繁殖力强，产羔多；屠宰率高，产肉多；肉质细嫩，适口性好；耐粗饲，适应性强；抗病力强，遗传性稳定。

波尔山羊

小尾寒羊

②小尾寒羊：小尾寒羊是我国绵羊品种中较优秀的品种。被国内外养羊专家评为“万能型”，被誉为“中国国宝”。其低廉的价格，丰厚的回报，多年以来，一直是中央扶贫工程科技兴农的首选项目。

小尾寒羊属于肉裘兼用型的地方优良品种。性成熟早，四季发情，多胎高产，一年两产或三年五产，每胎 3～5 只，多的可达 8 只；生长快，个体高大，周岁公羊高 1 m 以上，体重达 180 kg 以上，周岁母羊身高 80 cm 以上，适应性强，耐粗饲，好饲养；放养、圈养都能适应；免疫能力特强。饲养一只适产母羊年获利 1000 元以上，产区群众深有体会地说：“养好一只小尾寒羊，胜种一亩粮。”

小尾寒羊是我国乃至世界著名的肉裘兼用型绵羊品种，具有早熟、多胎、多羔、生长快、体格大、

产肉多、裘皮好、遗传性稳定和适应性强等优点。4 月龄即可育肥出栏，年出栏率 400%以上；6 月龄即可配种受胎，年产 2 胎，每胎 3～5 只，有时高达 8 只；平均产羔率每胎达 266%以上，每年达 500%以上；6 月龄时体重可达 40 kg，周岁时可达 88 kg，成年羊可达 100～120 kg。在世界羊业品种中小尾寒羊产量高、个头大、效益佳，它吃的是青草和秸秆，献给人类的是"美味"和"美丽"，送给养殖户的是"金子"和"银子"。它既是农户脱贫致富奔小康的较佳项目之一，又是政府扶贫工作的稳妥工程，也是国家封山退耕、种草养羊、建设生态农业的重要举措。

二、牛、羊肉类原料知识

1 牛肉 牛肉为常见的肉品之一。来源可以是奶牛、公牛、小母牛。牛的肌肉部分可以切成牛排、牛肉块或牛仔骨，也可以与其他的肉混合做成香肠或血肠。其他部位可食用的还有牛尾、牛肝、牛舌、牛百叶、牛胰腺、牛胸腺、牛心、牛脑、牛肾、牛鞭。牛肠也可以吃，不过常用来做香肠衣。牛骨可用作饲料。

犍牛和小母牛肉质相似，但犍牛的脂肪更少。年龄大的母牛和公牛肉质粗硬，常用来做牛肉末。肉牛一般需要经过育肥，饲以谷物、膳食纤维、蛋白质、维生素和矿物质。

牛肉是世界第三大消耗肉品，约占肉制品市场的 25%，落后于猪肉和家禽。美国、巴西和中国是世界上消费牛肉排名前三的国家。较大的牛肉出口国包括印度、巴西、澳大利亚和美国。牛肉制品对于巴拉圭、阿根廷、爱尔兰、墨西哥、新西兰、尼加拉瓜、乌拉圭的经济有重要影响。

2 羊肉 羊肉是指羊身上的肉，古时称为羖肉、羝肉、羯肉，为全世界较普遍的肉品之一。

李时珍在《本草纲目》中说：羊肉能暖中补虚，补中益气，开胃健身，益肾气，养胆明目，治虚劳寒冷、五劳七伤。羊肉既能御风寒，又可补身体，对一般风寒咳嗽、慢性气管炎、虚寒哮喘、肾亏阳痿、腹部冷痛、体虚怕冷、腰膝酸软、面黄肌瘦、气血两亏、病后或产后身体虚亏等均有治疗和补益效果，最适于冬季食用，故被称为冬令补品，深受人们欢迎。

但羊肉的气味较重，对胃肠的消化负担也较重，并不适合胃脾功能不好的人食用。与猪肉、牛肉一样，人们过多食用羊肉时，对心血管系统可能造成压力，因此羊肉虽然好吃，不应贪嘴。暑热天或发热患者应慎食。

三、牛、羊肉的营养价值

1 牛肉 牛肉属于高蛋白食品，含蛋白质、脂肪、碳水化合物、维生素、矿物质和一定量的胆固醇。含水量比猪肉多。牛属反刍动物，硬脂酸含量较多。

牛肉性平，味甘，有补中益气、滋养脾胃、强健筋骨、止渴生津等功效，因牛肉纤维较粗，炖煮时可加山楂、冰糖、茶叶等。牛肉以新鲜为好，冷冻时间不宜过长，解冻不宜过快。牛肉的最佳配伍是芹菜、土豆等。牛肉最好一次吃完，变质后不能食用。不宜常吃，过多摄入时不利于健康。牛肉不易熟烂，烹饪时可放一个山楂、一块橘皮或一点茶叶。牛肉适合于生长发育、术后、病后调养的人，以及中气下隐、气短体虚、筋骨酸软、贫血久病及面黄目眩之人食用；感染性疾病、肝病、肾病患者慎食；黄牛肉为发物，患湿疹、皮肤瘙痒者慎用。老年人、幼儿及消化能力弱的人不宜多吃。

2 羊肉 羊肉中含有蛋白质、脂肪、维生素、钙、磷、铁、钾、碘等，羊肉脂肪中含有一些低级挥发性脂肪酸，与膻味有关。羊肉比猪肉的肉质要细嫩，其脂肪、胆固醇含量比猪肉和牛肉都少。相对猪肉而言，羊肉蛋白质含量较多，脂肪含量较少。维生素 B_1、B_2、B_6 以及铁、锌、硒的含量颇为丰富。此外，羊肉肉质细嫩，容易消化吸收，多吃羊肉有助于提高身体免疫力。羊肉热量比牛肉要高，历来被当作秋冬御寒和进补的重要食品之一。

羊肉性温，味甘，既可食补，又可食疗，为优良的强壮祛疾之食品。中医认为，羊肉具有补精血、益虚劳、温中健脾、补肾壮阳、养肝等功效。对虚劳羸瘦、腰膝酸软、脾胃虚弱、食少反胃、肾阳不足、气血亏虚、阳痿、产后虚冷、缺乳等病症有良效。但烹制羊肉菜品时不应加酱、姜。俗话说:“羊不吃酱”“羊不喜姜”。最佳配伍是大葱、萝卜、胡萝卜、香菜、豆腐。羊肉是冬季滋补佳品,一般人可以食用,尤其适用于体虚胃寒者。但多食则生热,不宜在夏秋食用,发热、牙痛、高血压、肝病、急性肠炎者不宜多食。

实践模块

一、牛、羊肉的品质鉴定与储藏

(一)牛肉的品质鉴定

(1)看:看肉皮,有无红点,无红点者是好肉,有红点者是坏肉;看肌肉,新鲜肉有光泽,红色均匀,较次的肉,肉色稍暗;看脂肪,新鲜肉的脂肪洁白或呈淡黄色,次品肉的脂肪缺乏光泽,变质肉脂肪呈绿色。

(2)闻:新鲜肉具有正常的气味,较次的肉有一股氨味或酸味。

(3)摸:①摸弹性,新鲜肉有弹性,指压后凹陷立即恢复,次品肉弹性差,指压后的凹陷恢复很慢甚至不能恢复,变质肉无弹性;②摸黏度,新鲜肉表面微干或微湿润,不黏手,次新鲜肉外表干燥或黏手,新切面湿润黏手,变质肉严重黏手,外表极干燥,但有些注水严重的肉也完全不黏手,可见牛肉表面呈水湿样,不结实。

(二)羊肉的品质鉴定

日常生活中我们吃的多是绵羊肉,从口感上说,绵羊肉比山羊肉更好吃,这是由于山羊肉脂肪中含有一种叫4-甲基辛酸的脂肪酸,这种脂肪酸挥发后会产生一种特殊的膻味。

从营养成分来说,山羊肉并不低于绵羊肉。相比之下,绵羊肉比山羊肉脂肪含量更高,这就是绵羊肉吃起来更加细腻可口的原因。

山羊肉的一个重要特点就是胆固醇含量比绵羊肉低,因此,山羊肉可以起到防止血管硬化的作用,特别适合高血脂患者和老年人食用。

鉴别绵羊肉和山羊肉有以下几种方法。

(1)看肌肉。绵羊肉黏手,山羊肉发散,不黏手。

(2)看肉上的毛形,绵羊肉毛卷曲,山羊肉硬直。

(3)看肌肉纤维,绵羊肉纤维细短,山羊肉纤维粗长。

(4)看肋骨,绵羊的肋骨窄而短,山羊的肋骨则宽而长。

二、牛、羊肉的分档特点

(一)牛肉的分档及特点

牛肉在我国烹饪中应用较广,它以瘦肉多著称,近几年来,越来越受到人们的欢迎。川菜中有水煮牛肉、火边子牛肉等用牛肉烹制的名菜。牛肉的分档和用途,与猪肉相似,但由于牛肉有些部位的肉质与猪肉不同,因此,分档名称和用途也与猪肉不同。

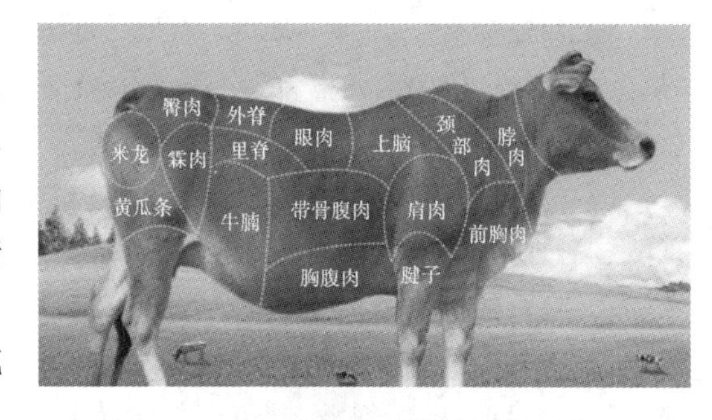

牛肉的分档

(1)牛头:皮、骨、筋多,肉少,一般酱制、卤制,或凉拌。

(2)脖肉:肉丝呈横竖状,适于制作肉馅。

(3)上脑、短脑:上脑和短脑都是背部肌肉,宽而且厚,呈长方形。短脑是上脑前部靠近肩胛骨

的一块较短且稍呈方形的肌肉。有时两块肌肉连在一起统称上脑。上脑肌肉纤维平直细嫩，肉丝里含有微薄而均匀的脂肪，断面呈现出大理石样花纹，肉质疏松而富有弹力。短脑因靠近颈部，耕地拉车时承受的压力较大，因此肌肉中含有一些筋膜，食用时应剔除。烹调时宜熘、炒。

(4) 前夹：又称牛肩肉，包裹肩胛骨，筋多，宜酱、卤、焖、炖。前夹上一块双层方片形肌肉，体厚、纤维细、无筋，习惯称其为梅子头，相邻的一块纹细无筋的肉称梅心，质地较好，适合爆、炒、烫。

(5) 胸口：胸口肉在两腿中间，脂肪多，肉丝粗，宜熘、炖、烧。

(6) 肋条：肋条肉中有许多筋膜和脂肪，烹调时需要用文火久炖，宜炖、烧。

(7) 花腱：牛的四肢小腿肉，筋膜大，烹调时须用文火焖烧，但时间不宜过久。如果与其他部位一起下锅，则要掌握火候提前出锅以免散烂。花腱常用来酱、卤、焖、炖、烧。

(8) 牛腩：牛腩在腹部内，俗称弓口、灶口，筋膜相间，韧性较强，宜制馅、清炖。

(9) 扁肉：扁肉又名扁担肉。扁肉是覆盖腰椎的扁长形肌肉，肌肉纤维细长，质地紧密，弹性良好，没有筋膜和脂肪杂生其间，是一块质地细嫩的纯瘦肉。宜熘、炒。

(10) 牛柳：又称牛里脊，是牛肉中最为细嫩的肉，用手就可以撕碎，宜氽、爆、炒、熘。

(11) 三叉：又称密龙、尾龙扒。肉质细嫩疏松，常用来熘、炒，用文火焖烧，食用时会感到筋、肉滋润绵软、疏松、适口。

(12) 黄瓜条：属后腿肉，肌肉纤维紧密，弹性良好，没有脂肪包裹，也没有筋膜杂生其间，是选取瘦肉的主要部位，由于后腿肌肉很多，销售者常按自然形成的部位顺着间隔的薄膜进行分割。分割后的后腿肉，虽然肉质相同，但叫法却不一样。在内侧紧贴股骨纤维较细的圆形肌肉叫红包肉（和尚头），后腿外侧的一条长圆形的肌肉，叫黄瓜条。紧靠红包肉的一块略呈淡黄色、体厚无筋的肌肉称白包肉。这几块肌肉瘦肉多，脂肪少，质地优良，烹调时宜熘、爆、炒、烫。

(13) 牛尾肉：肥美、最宜炖汤。

此外，牛腿的筋常干制为蹄筋，牛肝常用于卤制。牛肚（毛肚）、牛肚梁、牛腰、牛肝都是川味火锅中常用原料。

羊肉的分档

(二) 羊肉的分档及特点

羊经宰杀后，除头、尾、血、蹄及脏器等另行处理外，胴体部分因部位不同而质量不同，烹调应用也不同，需进行分档取料。各地分档取料大致相同，名称或有差别，分类如下。

❶ 头尾部位

(1) 头：肉少皮多，可用来酱、扒、煮等。

(2) 尾：羊尾以绵羊为佳，绵羊尾脂肪丰富，质嫩味鲜，用于爆、炒等；山羊尾基本是皮，一般不用。

❷ 前腿部位

(1) 前腿：位于颈肉后部，包括前胸和前腱子的上部。羊胸肉嫩，适于烧、扒；其他的肉质性脆，筋较多，适于烧、炖、酱、煮等。

(2) 颈肉：肉质较老，夹有细筋。适于红烧、煮、酱、烧、炖以及制馅等。

(3) 前腱子：肉质老而脆，纤维很短，肉中夹筋，适于酱、烧、炖、卤等。

❸ 腹背部位

(1) 脊背：包括里脊肉、外脊肉，俗称扁担肉。外脊肉位于脊骨外面，呈长条状，外面有一层皮带筋，纤维呈斜形，肉质细嫩，专用于较嫩菜肴的主料，适于涮、烤、爆、炒、煎等；里脊肉位于脊骨两边，肉形似竹笋，纤维细长，是全羊身上较鲜嫩的两条瘦肉，外有少许筋膜包裹，去膜后用途与外脊肉相同。

（2）肋条：俗称方肉，位于肋骨里面，肥瘦互夹而无筋，越肥越嫩，质地松软，适于涮、焖、扒、烧、制馅等。

（3）胸脯：位于前胸，形似海带，肉质肥多瘦少，肉中无筋，性脆，适于烤、爆、炒、烧、焖等。

（4）腰窝：俗称五花，位于肚部肋骨后近腰处，肥瘦互夹，纤维长短纵横不一，肉内夹有三层筋膜，肉质老，质量较差，适于酱、烧、炖等。腰窝中的板油叫腰窝油。

④ 后腿部位

（1）后腿：比前腿肉多而嫩，用途较广。其中位于羊的臀尖的肉，亦称“大三叉”（又名“一头沉”），肉质肥瘦各半，上部有一层筋膜，去筋后都是嫩肉，可代替里脊肉使用。臀尖下面位于两腿裆相磨处，叫“磨裆肉”，形如碗，纤维纵横不一，肉质粗而松，肥多瘦少，边上稍有薄筋，适于烤、炸、爆、炒等。与磨裆肉相连处是“黄瓜肉”，肉色淡红，形如两条相连的黄瓜，肉质细嫩，一头稍有肥肉，其余都是瘦肉。在腿前端与腰窝肉相近处，有一块凹形的肉，纤维细紧，肉外有三层筋膜，肉质瘦而嫩，叫“元宝肉”“后鸡心”。以上部位的肉，均可代替里脊肉使用。

（2）后腱子：肉质和用途与前腱子相同。

⑤ 其他

（1）脊髓：位于脊骨中，有皮膜包住，呈青白色，嫩如豆腐，适于烩、烧等。

（2）羊鞭条：即肾鞭，质地坚韧，适于炖、焖等。

（3）羊肾蛋：即雄羊的睾丸，形如鸭蛋，适于爆、酱等。

（4）奶脯：母羊的奶脯，色白，质软带脆，肉中带“沙粒”，并含有白浆，与肥羊肉的口味相似，适于酱、爆等。

三、牛、羊肉在烹饪中的运用

① 牛肉的烹饪应用　多用作主料，切片或切丝时要顶丝切。适于炸、熘、炒、炖、酱等多种烹调方法。适合多种味型，可制成多种菜点。如“酱牛肉”“烤牛肉”“蚝油牛肉”“咖喱牛肉”“水煮牛肉”“干煸牛肉丝”“五香牛肉”等。还可以用作面点中的馅心，制成包子、水饺等。牛的背腰部、臀部肌肉纤维短，肌间筋膜等结缔组织少，且较柔嫩，可以用旺火速成的烹调方法制作成菜肴，若加热稍过度，便老韧难嚼。

② 羊肉的烹饪应用　羊肉在清真菜肴中应用最多，且多用作主料，适于多种烹调方法和多种调味，可制作成很多著名菜点，如“葱爆羊肉”“扒海羊”“炸脂盖”“羊肉汤”，以及风靡全国的“涮羊肉”“烤羊肉串”“烤全羊”等。羊肉如果膻味大，在调制羊肉汤时可加入香菜、青蒜和适量的白酒、醋等，既消除了羊肉的膻味又增加了清香味；在炖羊肉时加适量的白萝卜或绿豆。

选学模块

其他肉类的拓展知识如下。

（一）肝

（1）初步加工：应先修去胆囊、肝叶上的胆色肝，去除筋膜，用清水洗去血液和黏液。要特别注意去掉右内叶脏面上的胆囊，但不要弄破。

（2）烹饪应用：常作为主料使用，多加工成片状，适于多种口味。用爆、炒、熘等旺火速成的烹调方法较好，为保持其柔嫩性往往要采取上浆的方法使肝外面加上保护层。也可采取酱的方法制作酱肝。制作的菜肴有“炒肝尖”“熘肝尖”“酱猪肝”等。

肝

牛肝的质地、色泽与猪肝相似，但加热成熟后较猪肝硬。

(3) 食用说明：性温，味甘苦，含大量维生素 A，胆固醇含量也不低，含有丰富的铜和铁，是常用的补血食物，具有养血、补肝、明目、解毒的作用。肝是内脏器官，有脏腥气味，制作菜肴调味时，要加点醋；制作酱肝时一定要注意火候，且不可加热过度，否则酱出的肝不嫩。肝最好不与含维生素丰富的番茄、辣椒、山楂等配伍；忌与豆腐、鱼、鹌鹑、野鸡、麻雀等同食。

不宜吃"鲜嫩"的猪肝，食用后可能诱发疾病。另外，急速烹炒难以杀灭猪肝内的某些病原菌或寄生虫卵，从而导致进食后损害人体健康，应予以注意。高血压、冠心病、肥胖及血脂高者忌食。

(二) 肾

又名腰子。

(1) 初步加工：先撕去外膜，然后根据烹饪需要加工，若爆炒，则先从侧面平切成两半，再去除腰臊；若烧、焖，则剞上深至腰臊的刀纹，然后焯水。

(2) 烹饪应用：多用作主料，适于炒、爆、炝、熘等旺火速成的烹调方法，刀工处理常采用麦穗花刀、十字花刀等花刀法。调味时加适量醋以去其腥味。可用于制作"炒腰花""炝蜈蚣腰丝"等。

(3) 食用说明：性平，味咸，补肾，强腰，益气。肾中含硒量较高。制作菜肴时要去掉腰臊；调味时，加适量醋以去其腥味；不要加热过度，否则菜肴质地较老。血脂偏高者忌食，小儿慎食。

(三) 胃

又名肚。

(1) 初步加工：撕去油脂→盐醋搓洗→里外翻洗→热水烫洗→冲洗干净。

用刀割去或用手撕去表面油脂，将猪肚放入盆内，加入食盐和醋，用双手反复搓洗，使猪肚上的黏液脱离，用水洗净；将猪肚翻转过来，再加食盐和醋揉搓，洗去黏液。然后放入冷水锅中加热煮沸，捞出后刮净猪肚内壁白膜，再将其里外冲洗干净。

(2) 烹饪应用：多用作主料，常加工成片、条、丝、块等。适于爆、炒、酱、拌等烹调方法。幽门部分俗称"肚头"，适于旺火速成的爆、汤爆等，如"油爆肚头""汤爆肚仁"。制成的菜肴还有"炒肚丝""红烧肚片""芥末肚丝""酱肚"等。

(3) 食用说明：性温，味甘，补虚损，健脾胃。除可直接用生肚头制作菜肴外，其他部位一般需先煮熟，然后再用白熟肚制作菜肴。感冒期间、胸腹胀满者忌食。

肾

胃

(四) 肠

(1) 初步加工：灌水冲洗→盐醋搓洗→里外翻洗→初步熟处理→冷水冲洗。

先用手摘去或用剪刀剪去猪肠上的油脂、污物，将手伸入肠内，把口大的一头翻转过来，用手指撑开，灌注清水，猪肠在水的压力下会逐渐翻转。等猪肠完全翻转后，再将猪肠放入盆内，加入盐和醋，用手反复搓洗，用清水冲净黏液。再用上述的套肠方法，将猪肠翻回原样，再加入盐和醋搓洗，用清水冲净。如此反复几次，直至除净黏液。将洗干净的猪肠投入冷水锅，边加热边搅动，待水烧沸，取出后用冷水冲洗干净。

(2) 烹饪应用：主要用作主料，一般加工成段状。常用的烹调方法是烧、炒、清炸等。猪肠可用于制作很多菜肴，如“九转大肠”“红烧大肠”“清炸大肠”等。

(3) 食用说明：性微寒，味甘，有润肠通便、治燥祛肠风等功效。其腥臭味最重，要洗涤干净，去尽秽味；除卤、酱外，生猪肠一般不能直接应用，要先煮熟，再制作菜肴。感冒期间、脾虚便溏者忌食。

(五) 肺

又名肺叶。

(1) 初步加工：灌水洗涤→拍打挤压→破膜清洗。

用手抓住肺管套在水龙头上，将水直接通过肺管灌入肺内，待肺叶充水胀大、血污外溢时，将猪肺脱离水龙头，平放在空盆内，用手拍打挤压，再倒提肺叶，使血污从肺管中流出。如此反复几次，洗净血污，再用刀划破肺的外膜，用清水反复冲洗干净。也可以用剪刀将肺气管剪开，再用清水反复冲洗干净。

(2) 烹饪应用：多用作主料，多加工成块、片状。常用酱、煮的烹调方法，也可做汤。可制作“玛瑙海参”“奶汤银肺”“酱猪肺”等。

(3) 食用说明：性平，味甘，补肺虚，止咳嗽，毛细血管较多，在处理时一定要灌洗干净；一般需要先煮熟后再用来制作菜肴。常人不必多食。

肠

肺

(六) 心

(1) 初步加工：先撕去外皮，用刀修理顶端的脂肪和血管，剖开心室，用清水洗去淤血。

(2) 烹饪应用：多用作主料，多切成片、花、丁。可制作菜肴如“酱猪心”“爆心花”等。

(3) 食用说明：性平，味甘咸，补虚、养心、安神。高脂血症者忌食。

心

同步测试

1. 羊肉有哪些营养价值?
2. 介绍牛肉在烹饪中的运用。
3. 介绍羊肉在烹饪中的运用。

任务三 肉制品

基础模块

一、肉制品原料概况

(一) 畜肉制品概念

畜肉制品是指以鲜肉为原料,运用物理或化学方法,配以适当辅料,经干制、腌制、熏制、卤制等方法加工成的成品或半成品。

鲜肉含有较多水分和营养物质,在常温下很容易腐败变质。因此,古人在储藏技术比较落后的情况下,常采取腌制、干制、熏制、熟制等方法延长肉类的保存期。在漫长的历史过程中,一套完整的、具有特色的肉类加工方法逐渐形成。这套加工方法不仅提高了肉类的储藏性能,还使肉类具有特殊风味。我国加工肉制品的历史很长,出现了很多具有传统风味的品种,深受世界人民喜爱。

(二) 畜肉制品种类

❶ **腌腊制品** 腌腊制品是用食盐、糖、香辛料等对肉类进行加工处理而得到的产品。

在腌制后,肉类的性质发生变化,防腐能力变强,保藏期延长,原料组织收缩,质感变硬,嫩度降低,色泽、口味都得到了改善。

❷ **灌肠制品** 将鲜肉腌制、切碎,加入配料和调料混匀后,灌入肠衣或经处理的猪膀胱(俗称小肚)等,经进一步晾晒、烘烤、煮、熏等加工而成的肉制品。

除可直接食用外,也可炒、烧、烩等,还可作为点缀用于花式菜肴的制作。

❸ **脱水制品** 又称干制品,是将鲜肉(猪、牛、羊、鸡、鱼肉等)调味或煮熟调味后,脱去其中的水分而制成的肉制品。

二、火腿的品质特点

火腿是我国极负盛名的腌腊制品。火腿是选取合乎规格要求的猪前、后腿为原料,经腌制、洗晒、整形、陈放发酵等工艺加工成的腌腊制品,可常年生产。

(1) 产地:火腿的品种较多,较著名的有浙江金华火腿,称为“南腿”;江苏如皋生产的火腿,称为“北腿”;云南宣威、腾越等地生产的火腿称为“云腿”。

(2) 品质特点:形如琵琶或竹叶,完整匀称,皮呈棕黄色或棕红色,略显光亮,色泽鲜艳,一般质量要求为皮肉干燥,内外坚实,薄皮细脚、爪弯脚直、爪小骨细,肉质细嫩,肉红似火,红白分明,瘦肉香咸带甜,肥肉香而不腻,美味可口。

三、火腿的营养价值

火腿的营养价值较高,含有多种氨基酸、脂肪、磷、铁、钾、钙等。火腿经过腌制发酵分解,各种营

养成分更易被人体吸收。

火腿性平，味甘、咸，有健脾开胃、生津益血、补虚等功效，是病后、产后者调补的上品。应放在阴凉、干燥、通风、清洁处，避免高温和光照，力求密闭隔氧。老年人，高血压、消化性溃疡患者忌食。

实践模块

一、火腿的品质鉴定与储藏

火腿的品质鉴定主要从外表、肉质、式样、气味几个方面来判断。

（1）外表：皮面呈淡棕色、肉面呈酱黄色的为冬腿；皮面呈金黄色、肉面油腻凝结为粉状物的为春腿。皮面发白，肉面边缘呈灰色，表面附有一层黏滑物或在肉面有结晶盐析出，为太咸的火腿。

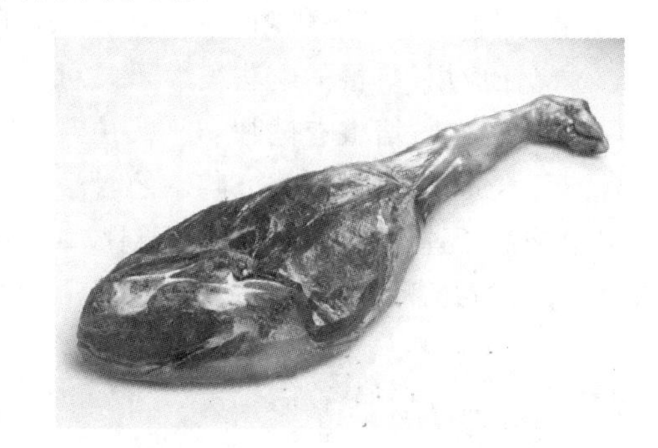

火腿

（2）肉质：检验火腿是否酸败和产生哈喇味，可用三根竹签，插入肉面的上、中、下肉厚部位的关节处，然后拔出，嗅竹签尖端是否有浓郁的火腿香味，根据其香味程度，鉴定火腿的质量。将火腿切开，断面肥肉层薄而色白，瘦肉层厚而色鲜红的是好火腿。

（3）式样：以脚细直、腿形长、骨不露、油头小、刀工光净、状似竹叶或琵琶者为佳品。

（4）气味：以气味清香无异味者为佳品。若火腿有炒芝麻香味，则表示肉质开始轻度酸败；若火腿有酸味，表明肉质重度酸败，不宜食用。

二、火腿在烹饪中的运用

火腿应用广泛，在南方菜中应用较多，可制成多种菜肴，如“火腿炖甲鱼”“火腿烧油菜心”等；还能用作面点馅心，如“萝卜丝火腿酥”“火腿脂油饼”等。北方多将火腿作为辅料使用。多加工成小块、条、片、丝、丁、末、茸等。可用作菜肴的主料，也可用作辅料，还可用于菜肴配色。用火腿制作菜肴时忌少汤或无汤烹制；忌重味，不宜用红烧、酱、卤、干煸、干烧等方法；不宜用八角、桂皮等香料，主要取其本身的鲜香气味；忌用色素；不宜上浆挂糊，勾芡不宜太稀或太稠；忌与牛羊肉原料配合使用。

选学模块

其他肉制品（香肠、培根、腊肉、火腿肠）原料的拓展知识如下。

（一）香肠

香肠是我国的传统风味肉制品。一般以肉类为原料，将肉类加工成丁后加入酱油、料酒、白糖等制成馅料，灌入小口径肠衣中，经烘干或日晒而成。较有名的有广东腊肠、山东招远香肠、武汉香肠等。

（1）品质鉴定：以肠衣干燥、完整且紧贴肉馅，全身饱满，肉馅坚实有弹性，肥瘦肉粒均匀，瘦肉呈玫瑰红色，肥肉呈白色，色泽鲜明光润，无黏液和霉点，香气浓郁而无异味者为佳。

（2）烹饪应用：多用蒸或煮的方法制熟后制作冷盘，适于炒、烩、炖、蒸、煮、炸等多种烹调方法，有时用于菜肴的配色、围边等点缀装饰，也可用作糕点的馅心。

（二）培根

培根又名烟肉，由英语"bacon"音译而来，其原意是烟熏肋条肉或烟熏背脊肉。培根是西式肉制品的三大主要品种（培根、火腿、香肠）之一，其风味除带有适口的咸味之外，还具有浓郁的烟熏香味。培根外皮油润呈金黄色，皮质坚硬；瘦肉呈深棕色，质地干硬，切开后肉色鲜艳。

（1）产地：主要产地在北美洲、英国和爱尔兰。

（2）品质鉴定：优质的培根应纹路清晰、没有孔洞，不含香精、淀粉等，肉质紧实、不松散，香气浓郁、不刺鼻。若培根色泽鲜明，肌肉呈鲜红或暗红色，脂肪透明或呈乳白色，肉身干爽、结实、富有弹性，并且具有培根应有的熏肉风味，就是优质培根。反之，若肉色灰暗无光、脂肪发黄、有霉斑、肉松软、无弹性，带有黏液，有酸败味或其他异味，则是变质的培根或次品。

（3）烹饪应用：培根的吃法很多，可以炒、煎、烤等；还可以做培根焗饭、培根比萨。

（4）主要功效：培根有健脾、开胃、祛寒、消食等主要功效。

（5）营养成分：培根中磷、钾、钠的含量丰富，还含有脂肪、胆固醇、碳水化合物等。

培根选用新鲜的带皮五花肉，分割成块，用盐和黑胡椒、丁香、香叶、茴香等香料腌制，再经风干或熏制而成，具有开胃祛寒、消食等功效。

香肠

培根

（三）腊肉

腊肉是用鲜肉切成条状腌制后，经烘烤或晾晒而成的肉制品。因民间一般在农历十二月（腊月）加工，利用冬天特定的气候条件促进其风味的形成，故名腊肉。

（1）产地：腊肉主产于广东、湖南、四川等地；有腊猪肉、腊牛肉、腊羊肉、腊鸡肉等。

（2）品质鉴定：优质腊肉干燥、清洁、坚实，表面无黏液，皮色金黄，肌肉紧密，切面平直，呈均匀的玫瑰红色，无发霉或虫蛀现象。若为带骨的腊肉，则骨的周围无发臭、无霉点现象，脂肪呈白色，不走油，无肉酸味，气味芳香，无哈喇味，无焦味或酸败的异味者品质较佳。

（3）烹饪应用：适于炒、烧、煮、蒸、炖、煨等烹调方法。可制成冷盘、热炒等菜式，也可用作馅心料。可制作菜肴如"回锅腊肉""腊味合蒸""菜薹炒腊肉"等。可长期储藏，有芳香风味。

（四）火腿肠

一种新型的肉制品。将猪后腿肉腌制后绞成肉馅，加适量肥肉丁拌匀，装入肠衣内，经熏烤而成。表面呈黄褐色，香味浓郁，味道鲜美，烹炒煎炸、烧烤冷食均可，因而深受欢迎。

火腿肠有很多品种，如北京蒜肠、北京香雪肠、上海红肠、哈尔滨红肠等。

（1）品质鉴定：优质火腿肠肠衣干燥无霉点和条状黑痕，不流油，无黏液，坚挺有弹力，不易与肉馅分离，肉馅均匀，无空洞、无气泡、无杂质、无异味，香味浓郁。

（2）烹饪应用：在西餐中可用于制作沙拉、三明治、开胃小吃等，也可用作热菜的辅料。在中餐中可作为冷盘原料和花色菜的点缀料，用作热菜时可炒、烧、烩等。

腊肉

火腿肠

同步测试

1. 肉制品有哪些品种及特点？
2. 介绍火腿的品质鉴定方法。
3. 结合菜品，介绍火腿在烹饪中的运用。

任务四　乳品

基础模块

一、乳品原料概况

乳又称奶，是哺乳动物产仔后由乳腺中分泌出的一种白色或淡黄色的不透明液体。主要包括牛奶和羊奶。牛奶是古老的天然饮料之一，被誉为"白色血液"。在不同国家，牛奶也有不同的等级。牛奶中含有丰富的钙、磷、铁、锌、铜、锰、钼等矿物质元素。最难得的是，牛奶是人体钙的最佳来源，而且钙磷比例非常适当，利于钙的吸收。牛奶主要成分有水、脂肪、磷脂、蛋白质、乳糖、无机盐等。

鲜奶

二、乳品的品质特点

（一）鲜奶

按照不同泌乳期化学成分的变化分为初乳、常乳、末乳。

❶ **初乳**　母畜从产乳开始一周内所产的乳。色黄而浓厚，有特殊气味，初乳中的干物质含量较高，特别是蛋白质的含量是常乳的数倍，其中乳白蛋白和乳球蛋白的含量特别高。乳糖含量较低，酸度高，在加热时易凝固，不宜供人食用，不宜作为烹饪原料。

❷ **常乳**　母畜产仔一周后到断乳前（7～300 天）所产的乳，各种营养成分含量趋于稳定，是饮用

乳及加工乳制品的主要原料。

③ **末乳** 末乳又称“老乳”，是指母畜在断奶期(300～365 天)所产的乳。稍苦味咸，带有油脂氧化气味，易发酵，不宜饮用，在正常情况下，此时期应停止挤奶。

(二) 乳制品

乳制品是指使用牛乳或羊乳及其加工制品为主要原料，加入或不加入适量的维生素、矿物质和其他辅料，按照相应标准规定，经加工制成的各种食品，也叫奶油制品。

① **奶油** 奶油又名“乳酪”“白脱”或“黄油”“牛油”。奶油是牛乳经分离后所得到的稀奶油再加工而制成的一种乳制品，分为酸性奶油、甜性奶油和加盐奶油。营养价值很高。

② **酸奶** 利用全乳或脱脂乳为原料经乳酸菌发酵而制成的乳制品。种类较多，制作简便，风味好，营养价值高，有抑制肠道有害细菌的生长、帮助消化、增进食欲、增进人体健康、加强肠胃蠕动和机体新陈代谢的功效，我国各地均有生产。

奶油

酸奶

奶酪

③ **奶酪** 奶酪(其中的一类也叫干酪)是一种发酵的牛奶制品，就工艺而言，是浓缩的牛奶。其性质与酸牛奶有相似之处，浓度比酸奶高，近似固体食物，营养价值更加丰富，是纯天然的食品。比较耐储藏，吃法很多，或泡在奶茶中食用，或如吃干粮一样细嚼慢咽，越嚼越能品尝出其中的滋味。

三、乳品的营养价值

牛奶的主要化学成分含量：水分 87.5%、脂肪 3.5%～4.2%、蛋白质 2.8%～3.4%、乳糖 4.6%～4.8%、无机盐 0.7%左右。

组成人体蛋白质的氨基酸有 20 种，其中有 8 种是人体本身不能合成的(婴儿为 9 种，比成人多的是组氨酸)，这些氨基酸称为必需氨基酸。我们进食的蛋白质中如果包含了所有的必需氨基酸，这种蛋白质便叫全蛋白。牛奶中的蛋白质便是全蛋白。

牛奶中的无机盐也称矿物质。牛奶中含有钙、镁、钾、钠、铁等；此外还有微量元素铜、锰、锌等。大自然中的钙是以化合态存在的，只有被动植物吸收后形成具有生物活性的钙，才能更好地被人体吸收利用。牛奶中含有丰富的活性钙，是人类较好的钙源之一，1 L 新鲜牛奶所含的活性钙约 1250 mg，居众多食物之首，约为稻米的 101 倍、牛瘦肉的 75 倍、猪瘦肉的 110 倍。牛奶中不但活性钙含量高，而且其所含乳糖能促进人体肠壁对钙的吸收，吸收率高达 98%，从而调节体内钙的代谢，维持血清钙浓度，增进骨骼的钙化。

对于中老年人来说，牛奶还有一大好处是，与许多胆固醇含量较高的动物性蛋白相比，牛奶中胆固醇的含量较低(牛奶：13 mg/100 g；猪瘦肉：77 mg/100 g)。值得一提的是牛奶中某些成分还能抑制肝脏合成胆固醇。

保存乳品时要注意以下几点：

(1) 鲜乳品应该立刻放置在阴凉的地方，最好是放在冰箱里。

(2) 不要让乳品曝晒或照射灯光，日光、灯光均会破坏其中的数种维生素，同时也会使其丧失芳香。

(3) 瓶盖要盖好，以免其他气味串入。

(4) 将乳品倒进杯子、茶壶等容器，如没有喝完，应盖好盖子放回冰箱，切不可倒回原来的瓶子。

(5) 过冷对乳品亦有不良影响。当乳品冷冻成冰时，其品质会受损。因此，乳品不宜冷冻，放入冰箱冷藏即可。

实践模块

一、乳品的品质鉴定与储藏

进食乳品已经成为现代人生活的一部分，在发达国家，早、晚喝牛奶已非常普遍。但由于现代人工添加剂的管理还存在漏洞，出现了一些乳品相关的安全事件，因此，在购买乳品的时候一定要认真鉴别。

❶ **鼻嗅**　新鲜优质乳品应有鲜美的乳香味，不应该有酸味、鱼腥味、酸败臭味等异常气味。

❷ **口味**　正常鲜美的乳品滋味是由微甜味、酸味、咸味和苦味 4 种融合而成的，不应该出现异味。

❸ **眼观**　先观察包装有无胀包，奶液是否是均匀的乳浊液。若发现奶瓶上部出现清液，下部乳品呈豆腐脑状沉淀在瓶底，说明乳品已经变酸、变质。

❹ **搅拌**　用搅拌棒将乳品搅匀，观察乳品是否带有红色、深黄色，有无明显的不溶杂质，有无发黏或者凝块现象，如果有以上现象，说明乳品中掺入淀粉等物质。

二、乳品在烹饪中的运用

乳品在烹饪中多用作辅料。在西点制作中应用较多，可用于制作多种糕点，也可用于制作少数特色菜肴，如大良炒鲜奶。

常乳可代替汤汁成菜，如“奶汤菜心”“奶汤白菜”等，奶香味浓，清淡爽口。乳品可与面粉一起制作面食，还可用作风味小吃和主辅原料，如北京地区的民族乳制品“扣碗酪”，云南少数民族的“乳扇”，以及牧民们常食用的“奶豆腐”等。

奶油食用方法较多，可涂在面包等食物上佐餐，也可与其他原料一起冲调饮用，是中西式糕点的重要原料，在面点中也常作为起酥油使用，可用于制作奶油面包、奶油马蹄酥、奶油炸糕等。亦可用于制作冰激凌等。奶油有良好的可塑性，是大型食品雕刻的良好原料，可制作花、鸟、禽、兽及建筑造型。

选学模块

其他乳品的拓展知识如下。

(一) 奶粉

将鲜乳经喷雾干燥、真空干燥或冷冻干燥等方法脱水处理后制成的淡黄色粉末。奶粉保存了鲜乳的营养成分，且其蛋白质因经过加工而易于消化，便于保存和携带，食用方便。

奶粉的种类很多，可分为全脂奶粉、脱脂奶粉、速溶奶粉、母乳化奶粉、调制奶粉等。

烹饪应用：奶粉可加水后冲调饮用，其成分与鲜牛奶相同。除冲调饮用外，奶粉还可用于制作糖

奶粉

果、冷饮、糕点等，在烹饪中可代替鲜乳制作汤羹、调味汁、蛋奶糊、巧克力布丁等，也可用于烘烤食品中。

（二）炼乳

鲜乳经浓缩除去其中大部分水分而制成的产品称炼乳。一般分为甜炼乳和淡炼乳。

炼乳可用于制作饮料等，还可制成炼乳罐头，以便于保存和运输。

（三）酥油

从牛、羊奶中提炼出的脂肪，似黄油的一种乳制品。制法简便，是蒙古族、藏族的食用油，常与茶、糍粑等合用。色泽鲜黄，味道香甜，口感极佳，冬季呈淡黄色。羊酥油为白色，光泽、营养价值均不及牛酥油，口感也稍逊于牛酥油。酥油滋润肠胃，和脾温中，含多种维生素，营养价值高。在食品结构较简单的藏区，能满足人体多个方面的需要。人们习惯将酥油拍成扁圆形或方形的坨团。

炼乳

酥油

同步测试

1. 常见的乳品有哪些？
2. 介绍常见乳品的保鲜方法。
3. 介绍乳品在烹饪中的运用。

项目六

家禽类原料

项目描述

家禽类原料知识，主要介绍家禽类原料的概况；常见家禽的种类及其品质特点；常见禽肉的储藏知识；家禽类原料的质量鉴别方法；禽肉的分档取料方法；禽肉在烹饪过程中的运用。

项目目标

1. 了解家禽类原料的名称、产地、品种。
2. 熟悉家禽类原料的品质特点。
3. 掌握各类禽肉的预处理、烹饪运用。
4. 掌握各类禽肉的质量鉴别及储藏方法。

内容提要

家禽是中餐烹饪中重要的烹饪原料之一，主要有鸡、鸭、鹅、鹌鹑、鸽等。家禽的生产在近年来取得了长足的发展。根据中华人民共和国国家统计局于2016年2月29日发布的《2015年国民经济和社会发展统计公报》，2015年中国禽肉产量1826万吨，禽蛋产量2999万吨。过去30年，中国禽蛋生产得到了较快的发展，产量年均增长率达6.5%。目前，中国是全球第一大禽蛋生产国，禽蛋产量占世界禽蛋总产量的40%左右。

我国常用的家禽一般是指鸡、鸭、鹅。分类方法有按用途分类、按产地分类等。常采用按用途分类的方法，将家禽分为肉用型、卵用型和兼用型。

1. 肉用型　肉用型家禽以产肉为主，体型较大，肌肉(特别是脊背肉、腿肉)发达。肉用型家禽一般体宽身短，外形方圆，行动迟缓，性成熟晚，性情温驯。肉用型鸡类有九斤黄、狼山鸡、洛岛红鸡、白洛克鸡等品种；肉用型鸭类有北京鸭、狄高鸭等品种；肉用型鹅类有中国鹅、狮头鹅等品种。

2. 卵用型　卵用型家禽以产蛋为主，一般体型较小，活泼好动，性成熟早，产蛋多。卵用型鸡类有白来航鸡、仙居鸡等品种；卵用型鸭类有金定鸭、绍兴鸭等品种；卵用型鹅类有莱阳五龙鹅等品种。

3. 兼用型　兼用型家禽的体型介于肉用型与卵用型之间，同时具有肉用型与卵用型二者的优点。如浦东鸡、寿光鸡，巢湖鸭、高邮鸭、白洋淀鸭、太湖鹅。

Note

任务一 鸡

基础模块

一、鸡的品质特点

❶ 常用鸡的产地 鸡的著名品种很多，经济价值较高的有10多种，现介绍如下。

（1）九斤黄。原产于山东，是著名的肉用型鸡种。因其羽毛多为黄色，且躯体大而得名。该鸡种生长快，易育肥，躯体大，体重达4.5 kg，肉质肥嫩，柔软，肉色微黄，体内脂肪较多。

（2）狼山鸡。原产于江苏南通等地。由于该鸡种从南通狼山出口，故命名为狼山鸡。该鸡种毛色以黑色为主，兼有白色，且带有脆绿色光泽，骨骼细小，胸部肌肉发达，肉质嫩，脂肪积蓄于体内，且在肌肉中分布均匀，肉体洁白美观，为世界食谱中久负盛名的肉用型鸡种。

九斤黄

狼山鸡

（3）寿光鸡。因原产于山东寿光而得名，是优良的兼用型鸡种。成年公鸡体重为3.5～4 kg，母鸡体重为3 kg左右，年产蛋100～130枚，肉质好。

（4）白洛克鸡。原产于美国，是著名的肉用型鸡种。该鸡种体形椭圆，个体硕大，毛色纯白，生长快，易育肥，公鸡体重为4.5～5 kg，母鸡体重为3.5～6 kg，但肉质较差。

寿光鸡

白洛克鸡

(5) 白来航鸡。全身羽毛呈白色，冠大鲜红，母鸡鸡冠较薄且多倒向一侧，年平均产蛋 200 枚以上，在饲养良好的情况下产蛋可超过 300 枚，蛋壳呈白色。

(6) 乌鸡。又称乌骨鸡，因乌皮、乌骨且内脏、脂肪均为黑色而得名。乌鸡原产于江西泰和，故也称为泰和鸡。该鸡种全身羽毛反卷呈丝状，体小，公鸡体重为 1～1.25 kg，母鸡体重为 0.75 kg。乌鸡是著名的食、药兼用型鸡，也是观赏鸡。

白来航鸡

乌鸡

2 鸡的分类与品质特点　鸡是我国三大家禽中最主要的家禽。鸡被驯养距今已有数千年的历史。千百年来，人类根据需要对其进行有针对性的繁育，如今其已在全世界演化出多个品种，其品种有 170 余个，饲养较多的有 70 余个。

品质特点：鸡的品种繁多，从烹饪的取材方面可将其分为普通鸡和肉用鸡两大类。

(1) 普通鸡：大致可分为小雏鸡、雏鸡、成年鸡、老鸡等。

①小雏鸡。别名小算鸡，一般生长期为 2 个月左右，重 250 g 左右。其肉质最嫩，但出肉少，适宜带骨制作菜肴，如"炸八块""油淋仔鸡"。

②雏鸡。别名小笋鸡，一般指生长不足一年，重 500 g 左右，母鸡未生蛋，公鸡未打鸣者。其肉质细嫩，常用于制作旺火速成的菜肴，亦可带骨制作菜肴。

③成年鸡。一般指生长 1～2 年的鸡，肉质较嫩，可加工成丁、丝、片、块等形状，也可以整鸡烹制，适于炒、爆、扒、蒸等多种烹调方法。

④老鸡。一般指生长 2 年以上的鸡，肉质较老，适合用小火长时间加热的烹调方法，如炖、焖、酱。老鸡最宜制汤，特别是老母鸡，是制汤的最佳原料。

(2) 肉用鸡：肉用鸡的饲料中蛋白质所占比例大，在饲养管理上要求有严格的防疫制度和人工气候，适合机械化大量饲养，一般饲养 50～56 天，体重可达 1500 g 以上。肉用鸡饲养时间短，生长快，肉多而嫩，脂肪含量高，但味道不如普通鸡。目前烹饪中应用较多的为肉用鸡。

二、鸡肉的原料知识

鸡肉含有维生素 C、维生素 E 等，蛋白质的含量较高，种类多，而且消化率高，易被人体吸收利用，有增强体力的作用，另外，鸡肉中含有对人体生长发育有重要作用的磷脂类，是人体膳食结构中脂肪和磷脂的重要来源之一。鸡肉对营养不良、畏寒怕冷、乏力疲劳、月经不调、贫血、虚弱者有很好的食疗作用。

三、鸡肉的营养价值

鸡肉的营养成分主要包括蛋白质、脂类、维生素、无机盐、糖类、水和含氮浸出物等。受鸡的种类、饲养状况、营养状况等因素的影响，其营养成分的构成略有差异。

❶ 蛋白质 鸡肉蛋白质的种类与家畜肉相似，含量在 20%左右，大多为优质蛋白。其中肌红蛋白的含量和性质对鸡肉颜色影响较大。鸡肉因品种不同而有淡红色、灰白色或暗红色，雏鸡肉的颜色比老鸡肉稍浅，瘦鸡肉呈暗红色或淡青色。

❷ 脂类 鸡肉脂类的不饱和脂肪酸含量要高于饱和脂肪酸含量。鸡肉脂肪中的亚油酸含量达 20%，因此其脂肪熔点较低(为 30～32 ℃)，消化吸收率较家畜肉高。

❸ 维生素和矿物质 鸡肉中含有较多的 B 族维生素，脂溶性维生素的含量也很高。其含有丰富的维生素 B_{12}、维生素 B_6、维生素 A、维生素 D 和维生素 K 等，维生素 E 是一种抗氧化剂，对鸡肉的保藏有一定的意义。鸡肉中磷、铁、铜和锌元素含量较丰富。

❹ 含氮浸出物 鸡肉含氮浸出物随着鸡的种类、年龄、生态环境的不同，其含量和成分略有差异。雏鸡的含氮浸出物比老鸡少，公鸡的含氮浸出物比母鸡少，所以老母鸡适宜炖汤，而雏鸡适合爆炒。

实践模块

一、鸡肉的质量鉴别与储藏

❶ 鸡肉的质量鉴别

(1) 新鲜鸡的品质检验主要以鸡肉的新鲜度来确定。采用感官检验的方法从其嘴部、眼部、皮肤、肌肉、脂肪、气味、肉汤等方面，检验其是否新鲜，或是否腐败(表 6-1-1)。

表 6-1-1 鸡肉的感官检验标准

项目	新鲜鸡肉	不新鲜鸡肉	腐败鸡肉
嘴部	有光泽，干燥，有弹性，无异味	无光泽，部分失去弹性，稍有异味	暗淡，角质部位软化，口角有黏液，有腐败味
眼部	饱满，充满整个眼窝，角膜有光泽	部分下陷，角膜无光	干缩下陷，有黏液，角膜暗淡
皮肤	呈淡白色，表面干燥，稍湿不黏	淡灰色或淡黄色，表面发潮	灰黄，有的地方呈淡绿色，表面湿润
肌肉	结实而有弹性，鸡肉呈玫瑰色，有光泽，胸肌为白色或淡玫瑰色；雏鸡肌肉呈有光亮的玫瑰色	弹性小，手指按压后不能立即恢复或完全恢复	暗红色、暗绿色或灰色，肉质松弛，手指按压后不能恢复，留有痕迹
脂肪	白色略带淡黄色，有光泽，无异味	色泽稍淡，或有轻度异味	呈淡灰色或淡绿色，有酸臭味
气味	有特有的新鲜气味	轻度酸味及腐败气味	体表及腹腔有霉味或腐败味
肉汤	有特殊的香味，肉汤透明，表面有大的脂肪滴	肉汤不太透明，脂肪滴小，香味差，无鲜味	混浊，有腐败气味，几乎无脂肪滴

(2) 活鸡的质量鉴别：左手提握两翅，看头部、鼻孔、口腔、冠等部位有无异物或变色，眼睛是否

明亮有神，口腔、鼻孔有无分泌物流出。右手触摸嗉囊判断有无积食、气体或积水，倒提时检查口腔有无液体流出，检查腹部皮肤有无伤痕，是否发红、僵硬，同时触摸胸骨两边，判断其肥瘦程度。检查肛门有无绿白稀薄粪便黏液。

（3）烧鸡类熟食的质量鉴别：烧鸡类熟食在检验时，需要查看鸡的眼睛。一般来说，若鸡的眼睛呈半睁半闭的状态，基本可以判断这不是病鸡。另外，肉皮里面的鸡肉如果呈现出白色，基本上也可判断，这是健康鸡做的烧鸡，因为用病瘟鸡做出来的烧鸡，肉色会变红。

❷ 鸡肉的保藏　鸡肉的保藏方法主要为低温保藏法。

（1）鲜鸡肉的保藏：购进的鲜鸡肉一般应先洗涤，然后进行分档取料，再按照不同的用途分别放置于冰箱内进行冷冻保藏，最好不要堆压在一起，以便取用。

（2）冻鸡肉的保藏：购进冻鸡肉后，应迅速放入冷冻冰箱内保藏。最好在每块冻鸡肉之间留有适当的空隙。冻鸡肉与冰箱壁也应留有适当空隙，以增强冷冻效果，同时也便于取用。

（3）家禽肉的保藏：饮食行业中家禽肉一般采用低温保藏法。冰箱内冷冻保藏温度一般在-8 ℃左右，但不宜进货太多、长时间保藏。这是因为原料长期积压影响资金周转和经济效益，存放时间过长会影响禽肉的质量。

二、鸡肉的分档特点

家禽类原料主要是鸡、鸭、鹅等家禽。家禽的身体结构和肌肉部位的分布大体相同，故以鸡为例说明禽类原料的分档。

（1）鸡头：含有鸡脑，骨多、皮多、肉少，适于煮、酱、炖、卤、烧等烹调方法。

（2）鸡颈：皮多、骨多、肉少，适于煮、酱、炖、卤、烧等烹调方法。

（3）鸡爪：又称凤爪，除骨外，皆为皮筋，胶原蛋白含量多，可用酱、卤等烹调方法。

（4）鸡里脊：又称鸡柳，是紧贴鸡胸骨的两条肌肉，外与鸡脯肉紧贴，内有一条筋，它是鸡身上最细嫩的一块肉，可切成丝、条、片、茸等形状，适于炸、炒、爆、熘等烹调方法。

（5）鸡脯肉：紧贴鸡里脊的两块肉，是鸡全身最厚、最大的一块整肉。鸡脯肉肉质细腻，筋膜少，其应用与鸡里脊相同。

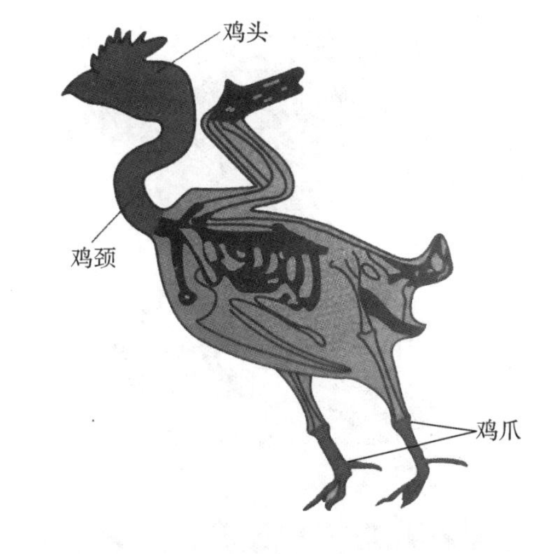

鸡头、鸡颈和鸡爪

（6）栗子肉：位于大腿根部上前方，近似圆形的一小块肉，脊背两侧各一块。因其形状近似栗子，大小也似栗子，但比栗子薄，故名栗子肉。该肉细嫩无筋，适于爆、炒等烹调方法。

（7）鸡翅：又称凤翅。鸡翅皮较多，肉质较嫩，适于烧、煮、卤、酱、炸、焖等烹调方法。

（8）鸡腿：鸡腿较粗硬、肉厚、筋多、质老，适于烧、扒、炖、煮等烹调方法。

三、鸡肉在烹饪中的运用

鸡肉在烹饪中应用广泛，一般作主料使用，还是制汤的重要原料，可切成片、丁、丝、泥等多种形状，适于多种烹调方法，如炖、烧、酱、黄焖、爆、炒、炸，口味多以咸鲜为主。可以制成众多菜肴，如四川的“宫保鸡丁”，广东的“白斩鸡”“盐焗鸡”，山东的“奶汤鸡脯”“德州扒鸡”“油爆鸡丁”，江苏的“清炖狼山鸡”“叫花鸡”，云南的“汽锅鸡”，江西的“三杯鸡”，海南的“白切文昌鸡”。

鸡脯肉

栗子肉

鸡翅

鸡腿

宫保鸡丁

鸡在面点中可制成馅心，亦可用于制作面条，如“鸡丝面”。鸡的内脏可制成多种菜肴。鸡胗与猪肚头称为“双脆”，可制作名菜“汤爆双脆”；鸡翅又称凤翅，鸡爪又称凤爪，可制作“黄焖凤翅”“酱凤爪”等菜肴。鸡血亦可制作菜肴，如“酸辣鸡血”。

注意事项：用鸡肉制作菜肴时要注意鸡肺不能食用，因鸡肺有明显的吞噬功能，宰杀后鸡肺仍残留少量死亡病菌和部分活菌，在加热过程中虽能杀死部分病菌，但有些病菌无法完全杀死或去除。

选学模块

其他鸡肉相关拓展知识如下。

四川名菜“宫保鸡丁”的起源众说纷纭，尤以民间传说为甚，但均无证可考。

“宫保鸡丁”原料选择：嫩公鸡鸡脯肉 250 g，盐炒熟花生仁 50 g，干辣椒（切段）10 g，葱粒 15 g，姜片 5 g，蒜片 5 g，酱油 20 g，醋 2 g，白糖 5 g，精盐 1 g，花椒 12 粒，味精 1 g，黄酒 10 g，湿淀粉 20 g，鲜汤 30 g，精炼油适量。

工艺详解：①鸡肉拍松，剞成 0.3 cm 见方的十字花纹，深度约 0.2 cm，切成 2 cm 见方的丁，放入碗中，加精盐、酱油、湿淀粉拌匀上浆；干辣椒去蒂、籽后切成 2 cm 长的段，花生仁去皮。②用白糖、醋、酱油、味精、鲜汤、湿淀粉调成芡汁。③炒锅置旺火上，舀入精炼油，烧至 160 ℃，放入辣椒段、花椒炒至棕红色，放入鸡丁炒散，烹入黄酒炒一下后，再加入姜片、蒜片、葱粒炒出香味，烹入芡汁，淋油后加入花生仁，颠锅翻炒，装入盘中即成。

制作关键：①鸡肉拍松、剞刀的目的是便于成熟入味。②辣椒先下锅，花椒后下锅，火力不宜过大。③花生仁在起锅时再放入锅中。

同步测试

1. 鸡有哪些品种分类？
2. 介绍鸡肉的保藏方法。
3. 介绍鸡肉在烹饪过程中的运用。

任务二　鸭

基础模块

一、鸭的品质特点

❶ 北京鸭　北京鸭是世界著名品种，也是我国肉用型鸭种的典型代表。原产于北京西郊等地，其外貌特征是躯体长宽，头大，颈粗短，眼大且明亮，呈灰蓝色，胸部丰满，突出，腹部深广，腿粗短，全身羽毛洁白，无杂色，喙、脚、蹼均为橘红色，成年公鸭重 3.5～4 kg，母鸭重 3～3.5 kg，其肌肉纤维细，脂肪在皮下和肌肉均匀分布，著名的北京烤鸭是用该鸭制作而成的，制成的烤鸭皮焦肉嫩，芳香味美。此鸭还可用来生产冻全鸭和肥肝出口。

北京鸭

❷ 高邮鸭　高邮鸭原产于江苏高邮等地，为大型麻鸭，属于兼用型品种。具有体型大，生长快等特点。公鸭的头部及颈上均为深绿色，背腰为褐色花毛，前胸棕色，腹部白色，喙淡青色。母鸭有米黄色、麻色羽毛。在放牧条件下，60 日龄体重可达 1.5～2.0 kg，此时食用该鸭，皮下脂肪相对较少，肉质细嫩鲜美。

❸ 绍兴鸭　绍兴鸭又名绍兴麻鸭，原产于浙江省绍兴等地，是优良的卵用型鸭种，体型小，产蛋多。由于是蛋用型鸭种，所以雄鸭的鸭肉肉质较母鸭要嫩一些，常用白切、烧等方法制作菜肴。绍兴鸭颈细长，躯体似琵琶，根据羽色，可分为“红毛绿翼梢”和“带圈白翼梢”两种。这两种类型的主要区

别在于羽毛的颜色，并不影响原料烹饪的性能。红毛绿翼梢型，体型小巧，母鸭以棕红麻色羽毛为主，主翼羽和副翼羽内侧带有黑色的光泽。带圈白翼梢母鸭以棕黄麻色毛为主，颈上部有一圈 2～4 cm 的白色羽毛，主翼羽和副翼羽均为白色。两种类型的公鸭羽毛颜色均较同类型的母鸭深。头、颈、尾羽都为绿色，并有光泽。公鸭喙黄色带青，母鸭喙呈灰黄色。绍兴鸭现已遍布全国各地。

高邮鸭

绍兴鸭

④ 巢湖鸭 巢湖鸭属于兼用型品种，肉质较好，是制作南京板鸭的主要原料。巢湖鸭体型中等。公鸭的头和颈上部呈绿色，带有光泽，前胸和背腰呈褐色，带黑色条斑纹，腹白色，尾部黑色。喙黄绿色，蹼呈橘红色。母鸭全身羽毛呈浅色，带黑色细花纹。俗称“浅麻细花”，有白眉和浅黄眉。喙黄色、黄绿色或黄褐色。成年公鸭全净膛屠宰率为 72.6%～73.4%。由于此鸭的饲养方式以放牧为主，故肉质味较浓。

⑤ 狄高鸭 狄高鸭是由澳大利亚狄高公司育成的肉用型品种，具有早熟、肉嫩、皮脆、瘦肉多、肉优味美等特点。狄高鸭头大而扁长，胸宽，躯体向前昂起，后躯靠近地面，胫粗短，喙、蹼均为黄色，全身羽毛白色。在我国南方均有饲养。

巢湖鸭

狄高鸭

二、鸭肉的原料知识

鸭体长约 60 cm，雄鸭头和颈呈绿色而带金属光泽，颈下有一白环，尾部中央有 4 枚尾羽向上卷曲如钩，体表密生茸毛，尾脂腺发达。雌鸭尾羽不卷，体黄褐色，并缀有暗褐色斑点。

三、鸭肉的营养价值

鸭肉的营养价值与鸡肉相仿，其营养价值较高，蛋白质含量比畜肉高得多。而鸭肉的脂肪、碳水

化合物含量适中，特别是脂肪，均匀地分布于全身组织中。鸭肉中的脂肪酸主要是不饱和脂肪酸和低碳饱和脂肪酸，饱和脂肪酸含量明显比猪肉、羊肉少。有研究表明，鸭肉中的脂肪不同于黄油或猪油，其饱和脂肪酸、单不饱和脂肪酸、多不饱和脂肪酸的比例接近理想值，其化学成分近似橄榄油，有降低胆固醇的作用，对防治心脑血管疾病有益。所含B族维生素和维生素E较其他肉类多，能有效抵抗神经炎和多种炎症，还能抗衰老。鸭肉中含有较为丰富的烟酸。烟酸是构成人体内两种重要辅酶的成分之一，对心肌梗死等心脏疾病患者有保护作用。

实践模块

一、鸭肉的质量鉴别与储藏

根据鸭肉外观及气味可将其分为新鲜、次鲜和变质三个等级。

❶ **新鲜鸭肉**　眼球饱满，充满整个眼窝，角膜有光泽；嘴部有光泽，干燥，有弹性，无异味；皮肤有光泽，因品种不同而呈淡黄色、淡白色；肌肉切面发光，外表微干或微湿润，不黏手，手指压后凹陷立即恢复，具有新鲜鸭肉的正常气味。

❷ **次鲜鸭肉**　眼球部分下陷，晶体稍混浊，眼膜无光泽；皮肤色泽转暗，呈淡灰色或淡黄色；肌肉切面有光泽，外表干燥黏手，指压后的凹陷恢复慢，且不能完全恢复；无其他异味，腹胸腔内有轻度酸味。

❸ **变质鸭肉**　眼球干缩凹陷，晶体混浊，角膜暗淡；嘴部有黏液；体表无光泽，头颈部常带暗褐色；外表干燥或黏手，新切面发黏；指压后凹陷不能恢复，留有明显痕迹；体表及腹腔均有臭味。

二、鸭肉的分档特点

❶ **鸭头**　指的就是整鸭的头部，其营养价值十分丰富，最重要的是含有烟酸。

❷ **鸭掌**　鸭掌含有丰富的胶原蛋白，和同等重量的熊掌的营养相当。掌为运动之基础器官，筋多，皮厚，无肉。筋多则有嚼劲，皮厚则含汤汁，肉少则易入味。

鸭头

鸭掌

❸ **鸭肫**　即鸭胃、鸭胗，形状扁圆，肉质紧密，紧韧耐嚼，滋味悠长，无油腻感，是老少皆喜爱的佳肴珍品。新鲜的鸭肫外表呈紫红色或红色，表面富有弹性和光泽，质地厚实；不新鲜的鸭肫为黑红色，表面无弹性和光泽，肉质松软。适合于卤、炖、拌、涮、熏、爆等烹调方法。

❹ **鸭肝**　形状呈大小双叶，色紫红，质细嫩，味鲜美。适于炒、炸、卤、熘等多种烹调方法。

❺ **鸭舌**　鸭舌蛋白质含量较高，易消化吸收，有增强体力、强壮身体的功效。适于酱、干锅、涮等烹调方法。

❻ **鸭胸脯肉**　指位于鸭胸部里侧的肉。其蛋白质含量很高，脂肪含量适中，十分美味。

鸭肫

鸭肝

鸭舌

鸭胸脯肉

三、鸭肉在烹调中的运用

鸭肉可制成烤鸭、板鸭、香酥鸭、鸭骨汤、熘鸭片、熘干鸭条、炒鸭心花、香菜鸭肝、扒鸭掌等佳肴。鸭肉适于滋补，是各种美味名菜的主要原料。鸭肉、鸭血、鸭内金全都可药用。公鸭肉性微寒，母鸭肉性微温。入药以老而白、白而骨乌者为佳。用老而肥大之鸭同海参炖食，具有很大的滋补功效，炖出的鸭汁，善补五脏之阴和虚痨之热。鸭肉与海带共炖食，可软化血管，降低血压。因此，民间认为鸭是"补虚劳的圣药"。

选学模块

其他鸭肉相关拓展知识如下。

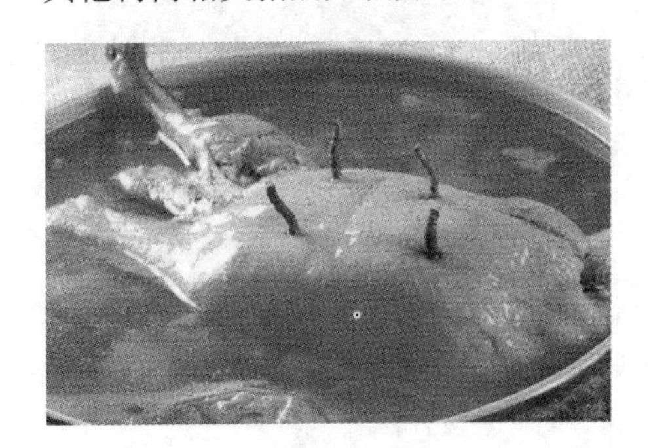

虫草鸭子

虫草鸭子：四川传统保健菜肴，又称冬虫夏草鸭。用老公鸭配虫草蒸制而成，具有补肺肾、益精髓、镇咳喘的功效。清乾隆时期的李心衡《金川琐记》记载：虫草味甘平，同鸭煮，去滓食，益人。以虫草蒸鸭，已有200多年的历史，亦药亦膳，其性味甘平，常用于高级筵席，是滋补食疗佳肴。

原料选择：老公鸭1只（约1.3 kg），虫草12枚，葱段10 g，姜片10 g，黄酒50 g，盐4 g，味精2 g，鸭汤1.25 kg。

工艺详解：①老公鸭从背尾部开膛，去内脏、爪，冲洗干净，焯水冲洗；虫草用温水泡洗（传统做法应去根，现因价高而不去根）；②鸭头顺颈劈破，放入2枚虫草，用竹签在鸭脯上戳几个孔，分别插入虫草，放入锅中，加虫草、黄酒、姜、葱、盐、鸭汤，盖严，再用湿绵纸密封，上笼蒸2.5 h至烂，拣去葱姜，加入味精，原器皿上桌。

制作关键：①鸭焯水时应除净血污。②虫草不易久浸，温度以 30 ℃为佳，防止功效降低。③器皿应盖严。

同步测试

1. 鸭类有哪些品种？
2. 鸭肉的分档部位，各有哪些品质特点？
3. 介绍鸭肉在烹饪过程中的运用。

任务三　其他禽类

一、鹅

鹅属鸟纲雁形目鸭科家禽，是由鸿雁经人类驯化而来。

❶ 鹅的品质特点

鹅

1）形态特征　鹅头大，喙扁阔，前额有肉瘤。颈长，躯体宽壮，龙骨长，胸部丰满，尾短，脚大有蹼。羽毛呈白色或灰色，喙、脚及肉瘤呈黄色或黑褐色。

2）品种和产地　鹅有三种不同类型，分别是肉用型鹅、卵用型鹅、兼用型鹅。

（1）肉用型鹅：主要品种有中国鹅和狮头鹅。中国鹅头上有肉瘤，躯体宽而长，尾短向上，发育迅速，肉质鲜美。狮头鹅是我国最大的鹅种，头大，头顶上部和两侧均有显著突出的肉瘤，成年公鹅体重 10～17 kg，成年母鹅体重 9～13 kg。

（2）卵用型鹅：主要品种有莱阳五龙鹅，其头前端有圆而光滑的肉瘤，背扁平，躯体似长方形，两腿粗短，母鹅腹部有 1～2 个褶皱，年产蛋量为 120 枚左右。此鹅主要产于山东烟台。

（3）兼用型鹅：主要品种有太湖鹅。太湖鹅全身羽毛雪白，肉瘤圆而光滑无褶皱。成年公鹅体重约 4.5 kg，成年母鹅体重约 4 kg，年产蛋量 60～70 枚。此鹅主要产于江浙两省。

❷ 鹅肉原料知识　鹅肉为鸭科动物鹅的肉。鹅翅、鹅蹼、鹅舌、鹅肠、鹅肫是餐桌上的美味佳肴；鹅油、鹅胆、鹅血是食品工业、医药工业的主要原料；鹅肝营养丰富，鲜嫩味美，可促进食欲，被称为“人体软黄金”。

❸ 鹅肉的营养价值

（1）蛋白质：鹅肉蛋白质的含量很高，富含人体必需的多种氨基酸、维生素、微量元素，鹅肉蛋白质含量比鸭肉、鸡肉、牛肉、猪肉都高，赖氨酸含量比雏鸡肉高。

（2）脂肪：鹅肉不仅脂肪含量低，而且品质好，不饱和脂肪酸的含量高，特别是亚麻酸含量均超过其他肉类，对人体健康有利。鹅肉中的脂肪含量较低，仅比鸡肉高一点，比其他肉类要低得多。鹅肉脂肪质地柔软，容易被人体消化吸收。

（3）维生素：鹅肉富含维生素 A、B 族维生素等。

中医认为，鹅肉味甘、性平，具有益气补虚、和胃止渴的作用，适宜身体虚弱、气血不足、营养不良之人食用。

④ 鹅肉的质量鉴别与储藏

(1) 质量鉴别：一般健康鲜活的大鹅羽毛干净有光泽，活泼凶悍，眼睛有神。宰杀后放干净血，血色暗红，拔毛修整后，有微腥味，但没有臭味。肉丝洁白，肉质有弹性，没有硬节等。劣质的鹅肉，可能为病鹅或瘟鹅肉，为死后宰杀，放血不彻底，从肉色来看，颜色比正常的鹅肉颜色深，摸起来肉质差，手感发硬。

(2) 储藏：鹅肉较容易变质，购买后要马上放进冰箱。如果一时吃不完，最好将剩下的鹅肉煮熟保存，而不要保存生鹅肉。

⑤ 鹅肉的分档　与鸡肉的分档取料基本相同。

⑥ 鹅肉的烹调运用　鹅肉鲜嫩松软，清香不腻，在烹调中多以整只烹制，以煨汤居多；嫩鹅还可以加工成块、条、丁、丝、末等多种形态，也适于熏、蒸、烤、烧、酱、糟等多种烹调方法。其中鹅肉炖萝卜、鹅肉炖冬瓜等，都是"秋冬养阴"的良菜佳肴。

⑦ 鹅的其他相关拓展知识　"陈皮扣鹅掌"为广东名菜。鹅掌含较多胶原蛋白，但鹅掌的皮稍厚，骨也较大，因此，必烹至软烂方可食用。此菜先炸，后焖，再放入盘中，皮爽肉滑，味厚香浓。

原料选择：鹅掌 24 只，陈皮 5 g，猪骨 200 g，姜片 10 g，葱段 10 g，酱油 10 g，冰糖 5 g，黄酒 50 g，味精 2 g，盐 4 g，芝麻油 5 g，鲜汤 800 g，精炼油适量。

工艺详解：①将鹅掌洗涤干净，用酱油涂抹均匀，放在风口吹干上色。②炒锅置火上，倒入精炼油，烧至 180 ℃，放入鹅掌炸至呈棕红色，倒入漏勺中控干，随即放入冷水中漂去油腻，并使它的皮层迅速收缩，猪骨放沸水中焯一下，洗去血污；③炒锅复置火上，倒入少许精炼油，放入猪骨、姜片、葱段爆出香味，烹黄酒、鲜汤、鹅掌、盐、冰糖、酱油、陈皮，烧沸后倒入砂锅中，用微火焖 2 h 左右，拣去猪骨，去掉鹅掌中大骨，并排放在碗里，将芝麻油、味精加入砂锅的原汁中，拌匀淋在鹅掌上即成。

制作关键：①鹅掌炸前所涂的酱油，不能过多，以防炸至表皮变黑。②注意控制火候，应焖至酥烂。

二、鹌鹑

鹌鹑，古称鹑鸟、宛鹑、奔鹑，又称赤鹑、红面鹌鹑等，属鸟纲鸡形目雉科动物。

鹌鹑

① 形态特征　鹌鹑的体形似鸡，头小尾秃。头顶黑色，具有细斑。头顶中间有棕白色冠纹。头两侧有同色纵纹，自嘴基越眼而达颈侧。上背栗黄色，两肩、下背尾均为黑色，羽缘呈蓝灰色。背面两侧各有一纵列的棕白色大型羽干纹。额、头侧等均为淡红色，胸部呈黄色，眼栗褐色，嘴黑褐色，脚淡黄褐色。

② 品种和产地　鹌鹑按主要用途可分为卵用型和肉用型两类，我国各地均有饲养。

(1) 卵用型品种：主要有日本鹌鹑、朝鲜鹌鹑、中国白羽鹌鹑和隐性黄羽鹌鹑等。

(2) 肉用型品种：主要有法国巨型鹌鹑和美国法拉安鹌鹑，此外还有美国加利福尼亚鹑、英国白鹑、大不列颠鹌鹑等品种。

③ 营养价值　鹌鹑肉富有营养，有"动物人参"之称。每 100 g 鹌鹑肉中约含蛋白质 24.3 g，比鸡肉高 4.6%，并且含有维生素 A、B 族维生素、维生素 C、维生素 D、维生素 E、维生素 K 等，比鸡肉中各种相应的维生素的含量高 1～3 倍。胆固醇含量比鸡肉低 15%～25%，易被人体吸收。中医认为，鹌鹑肉味甘性平，能补脾益气健骨，利水除湿，对虚食少、腹泻、水肿、肝肾不足的腰膝酸软有一定治疗保健作用。

④ **鹌鹑肉的烹饪应用** 鹌鹑是禽类原料中的上品。在烹饪中，多以整只烹制，最宜烧、炸，也可炖、焖、烤、蒸等，若加工成小件，适于炒、熘、烩、煎等烹调方法。

⑤ **鹌鹑肉的分档** 与鸡肉的分档取料基本相同。

⑥ **鹌鹑肉的其他相关拓展知识** 清炸鹌鹑腿做法：用一只手揪住鹌鹑翅膀，另一只手从胸脯处撕下皮和羽毛，剪去头和爪子，从腹部开膛，掏出内脏，撕下鹌鹑腿。用清水洗去鹌鹑腿的血污和杂物，放碗中，加入料酒、精盐、酱油、葱姜段，搅拌均匀，腌制 10 min，然后放入玉米淀粉拌匀。炒锅置火上，注入花生油，烧至六成热，将鹌鹑腿逐个放入，略炸，捞出。将油锅上旺火，烧至七成热，下入鹌鹑腿重炸两次，呈金黄色时捞出，放入盘中即成。

三、肉鸽

肉鸽又称菜鸽、地鸽，属鸟纲鸽科家禽。

① **形态特征** 肉鸽喙短，翼长大，善飞，足短，体呈纺锤形，毛色有青灰、纯白、茶褐黑白相杂等。

② **品种和产地** 肉鸽的品种主要有石岐鸽、王鸽、卡奴鸽、法国地鸽等。我国肉鸽饲养在 20 世纪 80 年代后期有了较快发展，广东、广西、江苏、浙江、上海、北京等地都建立了养鸽场，肉鸽产量逐年增加。

③ **鸽肉的营养价值** 鸽肉营养丰富，每 100 g 鸽肉约含蛋白质 2.14 g、脂肪 1 g，所含微量元素和维生素也比较均衡。鸽肉还具有较高的药用价值，中医认为其性平味甘，具有滋肾补气、清热解毒的功效，适合产妇、老年人食用，尤其适合脑力劳动者和神经衰弱者食用。

④ **烹饪运用** 肉鸽体态丰满，肉质细嫩，纤维短，滋味鲜浓，芳香可口。肉鸽的最佳食用期，是在出壳后 25 天左右，此时又称乳鸽。乳鸽肥嫩骨软，肉滑味鲜美，属于高档原料。乳鸽常以整只烹制，最宜炸、烧、烤，风味独特，也宜蒸、炖、扒、熏、卤、酱等。其胸大而细嫩，可加工成丝、片或剞上花纹，采用炒、熘、烹、贴等方法烹制。鸽腿的筋多而小，常切成条、块制作菜肴。

⑤ **肉鸽的其他相关拓展知识——脆皮乳鸽** 将乳鸽净毛去内脏，洗净待用。将桂皮、甘草、八角、丁香放入鸡汁汤内，上锅用文火烧约 1 h，制成白卤水。把乳鸽放入白卤水锅内，浸 1 h 后取出。将鸽略晾干，用饴糖和白醋调成糊汁，涂遍鸽身，挂在通风处晾吹 3 h。待鸽皮干，即放入油锅炸至金黄色，捞出切块装盘，盘边附加椒盐，以备调味之用。

同步测试

1. 鹅肉具有哪些营养价值？
2. 介绍鹅肉的质量鉴别方法。
3. 鹅肉在烹饪过程中有何运用？
4. 通过网络途径，观看脆皮乳鸽的预处理及菜品制作过程。

任务四 蛋类及蛋制品

基础模块

一、蛋类原料概况

蛋是雌禽所排的卵。它富含人体所必需的动物性蛋白质、脂肪、卵磷脂、矿物质和多种维生素，

营养成分比较全面，吸收率高，是人们日常生活中的重要食品和较理想的滋补食品。蛋除直接食用外，还可加工制成多种蛋制品，如松花蛋、咸蛋、糟蛋，不仅营养价值高，还具有独特的风味，深受人们的喜爱。用鲜蛋制成的干蛋粉和冰蛋，便于储存和运输，应用很广。因此，蛋类及蛋制品是烹调中的重要原料。

二、蛋的品质特点

蛋由蛋壳、蛋白和蛋黄三个部分组成，蛋壳约占蛋的重量的 11%，蛋白约占 58%，蛋黄约占 31%。

❶ 蛋壳 蛋壳主要由外蛋壳膜、石灰质蛋壳、内蛋壳膜和蛋白膜构成。外蛋壳膜覆盖在蛋的最外层，是一种透明的水溶性黏蛋白，能防止微生物的侵入和蛋内水分的蒸发。遇水、摩擦、环境潮湿均会使其脱落，失去保护作用。因此，常以外蛋壳膜的有无判断蛋的新鲜程度。石灰质蛋壳由碳酸钙构成，质地坚硬，是蛋壳的主体，具有保护蛋白、蛋黄的作用。

蛋壳内部有两层薄膜，紧靠蛋壳的一层叫内蛋壳膜，组织结构较疏松，里面还有一层蛋白膜，组织结构致密。这两层薄膜都是白色、具有弹性的网状膜，能阻止微生物通过。在刚产下的蛋中，这两层薄膜是紧贴在一起的，随着时间延长，蛋白、蛋黄逐渐收缩，蛋白膜从蛋头开始与内蛋壳膜分离，在两层膜间形成气室。时间越长，气室越大，所以蛋的新鲜程度也可以由气室的大小来鉴别。

❷ 蛋白 蛋白也叫蛋清，位于蛋壳与蛋黄之间，是一种无色、透明、黏稠的半流动体。在蛋白的两端分别有一条粗浓的带状物称为系带，起牵拉固定蛋黄的作用。

蛋白以不同的浓稠度分层分布于蛋内。最外层为稀薄层，中间为浓厚层，最内层又是稀薄层。蛋白中浓稠蛋白的含量对蛋的质量和耐储性有很大影响，含量高的质量好，耐储性强。新鲜蛋中浓稠蛋白含量较多，陈蛋中稀薄蛋白含量较多，被细菌感染的蛋白也会变稀。因此，蛋白的浓稠度也是衡量鲜蛋质量的重要标准之一。

❸ 蛋黄 蛋黄通常位于蛋的中心，呈球状。其外有一层结构致密的蛋黄膜包裹，以保护蛋黄液不散黄。因此，蛋黄膜的弹性也与蛋的质量密切相关。

在蛋黄上侧表面的中心有一个直径为 2～3 mm 的白点，称为胚胎或胚球（受精蛋）。在适宜温度下，胚胎会迅速发育，使蛋的储存性能降低。

蛋黄内容物是一种黄色的不透明的乳状液，由淡黄色和深黄色的蛋黄层构成。内蛋黄层和外蛋黄层颜色都比较浅，只有两层之间的蛋黄层颜色比较深。

不同种类的禽蛋，其蛋壳、蛋白、蛋黄所占的比例不同，营养价值也有一定的差异。

三、蛋的营养价值

蛋的营养成分主要是水、蛋白质和脂肪，此外还含有多种矿物质、维生素和少量糖类。这些成分因禽的种类、品种、饲料、产蛋期、饲养条件等因素不同，在禽蛋中的含量有一定的差异。

蛋白的主要成分是水和蛋白质，还有少量的脂肪、糖类和矿物质（表 6-4-1）。

表 6-4-1　蛋白的营养成分

种类	水	蛋白质	糖类	脂肪	矿物质
鸭蛋白	85.0%～88.0%	10.8%～1.6%	0.7%	0.1%～0.3%	0.3%～0.8%
鸡蛋白	87.0%	11.5%	0.8%	0.3%	0.8%

蛋黄中含有 50%左右的干物质，是蛋白中干物质的 4 倍，其主要成分是脂肪和蛋白质，另有少量糖类、色素和矿物质（表 6-4-2）。

表 6-4-2　蛋黄的营养成分

种类	水	蛋白质	糖类	脂肪	矿物质
鸭蛋黄	47.2%～51.8%	15.6%～15.8%	31.3%～32.8%	0.6%	0.4%～1.3%
鸡蛋黄	45.8%	16.8%	32.6%		1.2%

蛋白和蛋黄在营养成分上显著不同，蛋黄内营养成分的含量和种类比蛋白多，所以蛋黄的营养价值较高。

❶ **蛋白质**　禽蛋中蛋白质含量最多，占蛋的重量的12%～13%（蛋壳部分除外），其主要包括蛋白中的卵白蛋白和蛋黄中的卵黄磷蛋白。蛋类蛋白质中含有人体必需的多种氨基酸，是完全蛋白，人体消化吸收率高达98%。

❷ **脂肪**　蛋中脂肪的含量占10%左右（蛋壳部分除外），绝大部分集中在蛋黄内。脂肪中含有较多的磷脂，其中约有一半是卵磷脂，这些成分对人体大脑及神经组织的发育有重要作用。蛋中的脂肪主要由不饱和脂肪酸构成，故在常温下为液态，易于被人体消化吸收，吸收率约为95%。

❸ **矿物质**　蛋白、蛋黄内均含有一定的矿物质，其含量占1%左右。蛋中的矿物质主要是铁、磷、钙，容易被人体所吸收。

❹ **维生素**　蛋中有丰富的维生素A、维生素D、维生素E、核黄素、硫胺素等，绝大部分在蛋黄内。蛋白中的维生素以核黄素和烟酸为主。

❺ **糖类**　蛋中的糖类主要是葡萄糖，含量较少且主要集中在蛋黄内。

❻ **水**　蛋中水的含量较高，为60%～70%，其中，蛋白中水的含量在80%以上。

实践模块

一、鸡蛋的质量鉴别与储藏

（一）鸡蛋的质量鉴别

鸡蛋的品质检验对烹饪和蛋品加工的质量起着决定性作用。检验鸡蛋的品质常采用感官检验法和灯光透视检验法，必要时可进一步进行理化检验和微生物检验。

❶ **感官检验法**　感官检验法主要凭人的感觉（视、听、触、嗅等）来鉴别鸡蛋的质量。

鲜蛋的蛋壳洁净、无裂纹、有鲜亮光泽，蛋壳表面有一层胶质薄膜，且附有白色或粉红色霜状石灰质粉粒，用手触摸有粗糙感。将几个鸡蛋放在手中轻磕时，有如石子相碰的清脆“咔”声，摇晃无响水声，用手掂时有沉甸感。打开后蛋黄呈隆起状，无异味，反之，则可能是陈次蛋或劣质蛋。

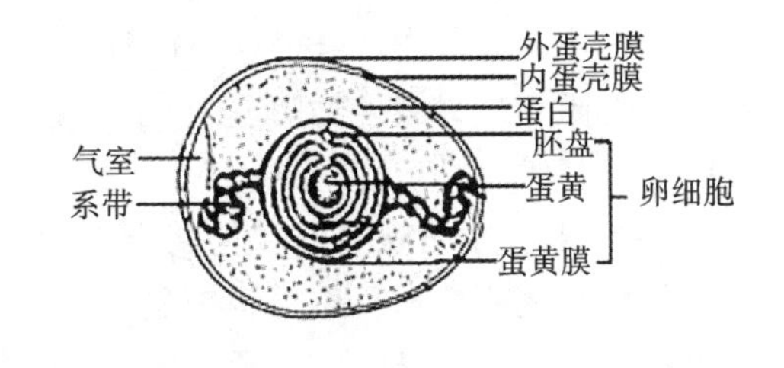

鸡蛋的结构

❷ **灯光透视检验法**　灯光透视检验法是一种既准确又行之有效的简便方法。由于鸡蛋本身有透光性，其质量发生变化后，鸡蛋内容物的结构状态会发生相应的变化，因此在灯光透视下有各自的特征。灯光透视检验时主要观察蛋白、蛋黄、系带、蛋壳、气室和胚胎等的状况，以综合评定鸡蛋的质量。

（1）鲜蛋：蛋壳无斑点或斑块；气室固定，不移动；蛋白浓厚透明，蛋黄位居中心或略偏，系带粗浓；无胚胎发育迹象。

（2）破损蛋：灯光透视下见到蛋壳上有很细的裂纹，将鸡蛋放于手中磕碰时有破碎声或哑声的

是裂纹蛋；鲜蛋受挤压时蛋壳表面有明显的局部破裂凹陷，但蛋白膜仍很完整，且不见蛋液流出的为硌窝蛋；蛋壳破裂严重，有蛋液流出的叫流清蛋。破损蛋容易受污染，宜尽快食用。

（3）陈次蛋：陈次蛋包括陈蛋、靠黄蛋、搭壳蛋。①陈蛋透视时气室较大，蛋黄阴影明显，不在鸡蛋的中央；②靠黄蛋气室大，蛋白稀，系带变稀变细，能明显看到蛋黄暗红色的影子，将鸡蛋转动，蛋黄暗影始终浮在鸡蛋的上侧；③搭壳蛋气室比靠黄蛋进一步增大，蛋黄有少部分位于蛋壳内表面，蛋黄阴影明显，其中，轻度搭壳蛋贴壳部位只有豆粒大小，用力转动，蛋黄会因惯性而离开蛋壳，重度搭壳蛋贴壳部位较大，黏着牢固。陈次蛋尚可食用，但应尽早食用，且应长时间加温，以杀死致病微生物。

（4）劣质蛋：劣质蛋分类如下。①黑贴壳蛋，在透视时可见到蛋黄大部分贴在蛋壳某部，呈现较明显的黑色影子，气室很大，鸡蛋内透光度大大降低，往往有霉斑或小斑块；②散黄蛋，其气室状况、蛋白状况以及透光度均不定，鸡蛋内呈云雾状或暗红色；③霉蛋，透视时可见到霉点或斑；④黑腐蛋，透视时鸡蛋内全部不透光，呈灰黑色。在劣质蛋中，轻度变质的黑贴壳蛋、散黄蛋经高温处理尚可食用，重度变质者及霉蛋、黑腐蛋均不可食用。

另外，还有一些经过孵化的鸡蛋，如白蛋（未受精蛋），内有血丝、血块，去除后仍可食用。退蛋（又称喜蛋、毛蛋、死胎蛋、鸡仔蛋，是受精蛋，雏未形成，已死）、旺蛋（又称凤凰蛋，雏已成）均不可食用。

（二）鸡蛋的储藏

鲜蛋的储存保鲜方法很多，常用的有冷藏法、石灰水浸泡法、水玻璃浸泡法以及涂布法等。

❶ 冷藏法 冷藏法广泛应用于大规模储存鲜蛋，是国内外普遍采用的先进方法。当温度控制在 0～1.5 ℃，相对湿度为 80%～85%时，冷藏期为 4～6 个月；温度在－1.5～2.0 ℃，相对湿度为 85%～90%时，冷藏期为 6～8 个月。

❷ 石灰水浸泡法 石灰水浸泡法，是利用石灰水澄清液保存鲜蛋的方法。鲜蛋浸泡在石灰水中，其呼出的二氧化碳同石灰水中的氢氧化钙发生反应形成碳酸钙微粒沉积在蛋壳表面，从而闭塞鲜蛋气孔，达到保鲜目的。

❸ 水玻璃浸泡法 水玻璃浸泡法是采用水玻璃（又称泡花碱，化学名称硅酸钠）溶液浸泡鲜蛋的一种方法。水玻璃在水中生成偏硅酸或多聚硅酸的胶体溶液，附在蛋壳表面，闭塞气孔，起着与石灰水同样的保鲜作用。

❹ 涂布法 涂布法是采用各种被覆剂涂布在蛋壳表面，堵塞气孔，以防鲜蛋内二氧化碳逸散和水分蒸发，并阻止外界微生物的侵入，从而达到保鲜的目的。常用的被覆剂有液状石蜡、聚乙烯醇、矿物油、凡士林等。

民间储存鲜蛋的方法还有豆类储蛋法、植物灰储蛋法等。这些方法一般是用干燥的小缸作为容器，以干燥的豆类或草木灰作为填充物。在缸内每铺一层填充物，就摆放一层鲜蛋，再铺一层填充物，再摆放一层鲜蛋，直至装满，最后还要再覆盖一层填充物，放在室温下储存。采用这种方法时，鸡蛋的保鲜期一般为 1～3 个月。

二、鸡蛋在烹饪中的运用

蛋类在烹饪中应用较广，其中应用最多的是鸡蛋，其次是鸭蛋、鹌鹑蛋。

鸡蛋的烹法较多，适于煎、炸、蒸、烧、烩、炒、卤、酱等，既可用作主料，又可用作配料。

此外，鸡蛋在烹饪中还有一些特殊作用。例如，蛋白经搅打后，能吸收大量的空气，形成大量气泡，使其体积迅速增大，故可用于调制蛋糊，用于“芙蓉鱼片”等菜肴的制作；蛋白具有较高的黏性，是很好的黏合剂，可用于上浆、挂糊及肉圆等泥蓉菜的黏结成形；蛋黄中具有亲水和亲脂肪的物质，具有乳化作用，能使菜肴中油和水充分混合，使菜肴细腻鲜香；此外，蛋白的白色、蛋黄的黄色还可用来

为菜点配色、调色。

选学模块

其他禽蛋及蛋制品原料的拓展知识如下。

一、其他禽蛋原料

（一）鸭蛋

❶ **特点**　鸭蛋亦呈椭圆形，个体较鸡蛋大，一般重 70～80 g，表面颜色呈白色或青灰色，腥气较重。

❷ **烹饪应用**　鸭蛋在烹饪中可代替鸡蛋，一般常加工成松花蛋、咸蛋等制品。

❸ **营养价值**　鸭蛋中蛋白质、脂肪、维生素 A、B 族维生素、钙、磷、铁及糖类的含量较高。

（二）鹅蛋

❶ **特点**　鹅蛋呈椭圆形，个体很大，一般重 80～100 g，表面较光滑，呈白色。

❷ **烹饪应用**　鹅蛋在烹饪中的用途与鸭蛋相似。

❸ **营养价值**　鹅蛋蛋白质、脂肪和糖类的含量较高，维生素含量较低。

鸭蛋

鹅蛋

（三）鹌鹑蛋

❶ **特点**　鹌鹑蛋是人工驯养的雌鹌鹑排出的卵。鹌鹑蛋接近圆形，个体很小，一般只有 5 g 左右，表面有棕褐色斑点，壳薄易碎，味鲜。

❷ **烹饪应用**　鹌鹑蛋在烹饪中逐渐取代了鸽蛋的地位，常整个应用，如“虎皮鹌鹑蛋”。因其小巧玲珑、色白浑圆的特点，常在花色菜肴中用作配菜。

❸ **营养**　鹌鹑蛋含水量为 73%左右，蛋白质、脂肪含量比鸡蛋高，营养价值高。

（四）鸽蛋

❶ **特点**　鸽蛋是雌鸽排出的卵，呈椭圆形，个体小，一般为 15 g 左右，通常为白色，壳薄易碎，肉质细嫩，营养丰富，是烹调中珍贵的原料。

❷ **烹饪应用**　鸽蛋用途与鹌鹑蛋相同。

❸ **营养**　鸽蛋含水量在 80%以上。

二、常用蛋制品

鲜蛋经过特殊加工处理制成的产品统称为蛋制品。烹调中常用的蛋制品有松花蛋、咸蛋、糟蛋，

鹌鹑蛋

鸽蛋

以及冰蛋类制品、干蛋类制品等。

（一）松花蛋

松花蛋多是鲜鸭蛋在纯碱、石灰、茶叶、食盐等辅料的综合作用下，经复杂的化学变化而制成的，其营养丰富、风味独特、久吃不腻。松花蛋吃法简便多样，且能久储，是我国的传统特产之一。

❶ 别名 皮蛋、彩蛋或五彩松花蛋。

鲜蛋经过加工后，蛋白凝固，具有弹性，呈现茶色或青黑色胶冻状皮层，故亦称皮蛋。品质优良的皮蛋，在蛋白表面有美丽的结晶状花纹，状似松花，因此称松花蛋。松花是氨基酸和一些盐类混合形成的结晶颗粒，故松花多的蛋，蛋白质含量相对减少，氨基酸含量增多，腥味低，鲜味浓。人们常说"蛋好松花开，花开皮蛋好"，这表明松花是优质皮蛋的特征。松花蛋的蛋黄具有界限明显的鲜艳色层，使蛋的剖面绚丽多彩，所以也称为彩蛋或五彩松花蛋。蛋黄中心有形似软糖的浆状软心，称为溏心松花蛋（溏心较大的称为汤心松花蛋），蛋黄全部凝结的称为硬心松花蛋。

松花蛋的加工制作方法有浸泡法、包泥法、浸泡-包泥法等。传统的制作用料中要加入一氧化铅，现我国已开始生产无铅松花蛋，且能够保持传统风味。为顺应现代食品的发展方向（向营养型、疗效型、功能型等方向发展），我国市场上已出现了富锌皮蛋、补血皮蛋、富硒皮蛋等。

❷ 产地 松花蛋的主要产地为湖南、四川、北京、江苏、浙江、山东、安徽等地。较著名的有湖南松花蛋、江苏高邮松花蛋、山东微山湖松花蛋、北京松花蛋等。

❸ 品质特点 松花蛋蛋壳清洁完整，蛋体完整，有光泽，弹性好，有松花，蛋呈硬心或溏心，蛋白呈半透明的青褐色或棕色，蛋黄呈墨绿色并有明显的多种色层，滋味不苦、不涩、不辣，余味绵长。

❹ 烹饪应用 松花蛋在烹饪中一般多用作冷菜，也可用炸、熘的方法制成热菜，如"炸熘松花""糖醋松花"，广东一带还常用它来制作皮蛋粥。

松花蛋

咸蛋

（二）咸蛋

咸蛋主要是鸡蛋、鸭蛋、鹅蛋等鲜蛋经食盐腌制而成。咸蛋的加工方法很多，常用的有盐泥涂布

法和盐水浸泡法。经腌制的咸蛋不仅储存期延长，而且滋味芳香可口，其食用价值提高。我国生产咸蛋的历史悠久。

❶ **产地**　咸蛋在全国各地均有生产，其中以江苏高邮咸鸭蛋最为著名，闻名全国，远销国外。

❷ **品质特点**　江苏高邮咸鸭蛋，具有鲜、细、嫩、松、沙、油六大特点。

❸ **烹饪应用**　咸蛋在烹饪中主要是蒸熟后制成冷菜，作小菜食用。

（三）糟蛋

用优质鲜鸡蛋经优良的糯米酒糟糟制而成。

❶ **别名**　糟蛋的蛋壳全部或部分脱落，由蛋白膜包裹着蛋的内容物，似软壳蛋，故又称软壳糟蛋。

❷ **产地**　我国生产糟蛋也有悠久的历史，比较著名的有四川宜宾糟蛋和浙江平湖糟蛋。

❸ **品质特点**　糟蛋质地细嫩，蛋白呈乳白色或黄红色胶冻状，蛋黄呈橘红色半凝固状，气味芳香，滋味鲜美，食后余味绵长，是我国南方特有的冷食佳品。

❹ **烹饪应用**　糟蛋是生食佳品，不必烹调，食法简单，也可蒸食或作冷拼使用。

糟蛋

（四）冰蛋类制品

冰蛋类制品是鲜蛋经消毒杀菌后，再经冻结而制成的蛋制品。冰蛋类制品分为冰全蛋、冰蛋白和冰蛋黄 3 种。鲜蛋经冰冻后，增加了耐储性，又基本保持了原有的风味。由于冰蛋的水分多，且有微生物存在，须储存于－18～－10 ℃的冷库、冰箱（柜）中。冰蛋类制品的用途不如鲜蛋广，在烹调中必须用高温彻底加热。

（五）干蛋类制品

干蛋类制品是将质量良好的蛋打破去壳，取其内容物利用高温脱去蛋液中的水分，从而制得含水量为 4.5%左右的粉状蛋制品。干蛋类制品可分为干全蛋、干蛋白和干蛋黄 3 种。质量正常的蛋粉，吸收水分后就能基本恢复蛋的原来性质。使用干蛋粉做菜时，加热处理前粉和水的混合物放置时间不能过长，以免残余的微生物生长繁殖；烹调时要彻底加热；不宜用于制作过厚的不易熟透的蛋饼。

同步测试

1. 鸡蛋的营养价值有何特点？
2. 鸡蛋有哪些质量鉴别方法？
3. 鸡蛋在烹饪过程中有哪些应用？
4. 松花蛋有哪些品种特点？

项目七

水产品原料

项目描述

本项目主要介绍淡水鱼类原料知识，海洋鱼类原料知识，虾蟹类原料知识，软体类原料知识，水产品原料的品质鉴定和储藏方法，以及水产品原料在烹饪过程中的运用。

项目目标

1. 了解水产品原料的名称、产地与季节特点。
2. 熟悉水产品原料及制品的品质特点。
3. 掌握水产品原料的初步加工、烹饪运用。
4. 掌握水产品原料的品质鉴定及保藏方法。

内容提要

水产品是指海洋、江河、湖泊里出产的具有经济价值的动植物原料的统称，如鱼、虾、蟹、贝类、海藻等。在我国，水产品充当食材有数千年的历史，均有文字记载，晋张华《博物志》：东南之人食水产，西北之人食陆畜。按生物学分类法，水产品可分为藻类植物（如海带、紫菜等）、腔肠动物（如海蜇等）、软体动物（如扇贝、鲍鱼、鱿鱼等）、甲壳动物（如对虾、河蟹等）、棘皮动物（如海参、海胆等）、鱼类（如带鱼、鲅鱼、鲤鱼、鲫鱼等）、爬行类（如中华鳖等）；按商业分类可分为活水产品、鲜水产品（含冷冻品和冰鲜品）、水产加工品（按加工方法分为水产腌制品和水产干制品，包括淡干品、盐干品、熟干品）。本项目从水产品原料淡水鱼类、海洋鱼类、虾蟹类、软体类分别进行介绍。

任务一 淡水鱼类

基础模块

我国江河湖泊纵横交错、水库池塘遍布各地，淡水资源非常丰富，为淡水鱼类提供了良好的生长条件，所以我国有着丰富的淡水鱼类资源。淡水鱼类品种很多，如鲥鱼、鲢鱼、鳙鱼、草鱼、鲇鱼、鲫鱼、鲤鱼等。

一、鲥鱼

❶ 别名　鲥鱼又称时鱼、三来、三黎等。平时生活在大海中，每年4—6月溯江而上，进行生殖洄游，在江中产卵繁殖，然后返回大海，因其定期入江，如期返海，来往有时而得名。

❷ 外形　鲥鱼体侧扁，口大无牙，头及背部灰黑色，下侧及腹部银白色，腹有一棱形鳞，体被覆有大而薄的鳞片，上有细纹。鲥鱼一般3、4龄成熟，体重一般在1 kg左右，大的可达3 kg。

❸ 产地　鲥鱼在我国长江、珠江、钱塘江均有出产，以长江下游所产最多最肥，特别是江苏镇江的焦山一带所产久负盛名。近年来由于环境污染、泛捕等原因，野生鲥鱼已几近绝迹。

❹ 产季　鲥鱼上市季节较短，以端午节前后20天左右所产最佳，过此季节，肉质较老。

❺ 品质特点　鲥鱼为名贵食用鱼类，该鱼初入江时体内脂肪肥厚，肉厚，蒜瓣状，质白嫩，细腻鲜美，肉中刺多而软，产卵后肉质变老，质量大为逊色，为使鱼鳞完整，该鱼应以网捕。鲥鱼性情暴躁，离水即死，肉质娇嫩，变化十分迅速，因此以鲜为贵。

❻ 营养　中医认为鲥鱼性平、味甘，有温中补虚、滋补强身、清热解毒的功效。鲥鱼含蛋白质(16.9%)、脂肪(17%)，以及矿物质、B族维生素、烟酸等，亦含少量糖类。我国食用鲥鱼历史悠久，已有数千年，几乎历代都有记载，其中不乏文人雅士的赞誉之词。鲥鱼为我国名贵食用鱼，有“鱼中之王”称号。一则该鱼时令性强。二则产量较少。三则其味道鲜美，营养丰富，特别是脂肪含量可高达17%，其鳞片中也含有较多的脂肪。

❼ 品质检验　新鲜的鲥鱼，鱼目光亮，鱼鳃发亮、鲜红，鱼体下侧及腹部银白，鱼鳞完整，肉质坚实，嗅之无不良气味。

❽ 烹饪应用　鲥鱼在烹调中为高档菜肴原料，多用来制作宴席中的大菜。在初加工时不能去鳞，以保存脂肪。此鱼最宜清蒸，以保持其本身鲜美滋味，配料以春笋片为好，故清代郑板桥有“江南鲜笋趁鲥鱼，烂煮春风三月初”之名句。名菜有“清蒸鲥鱼”等。

鲥鱼一

鲥鱼二

二、鲢鱼

❶ 别名　鲢鱼又称白鲢、鲢子等。

❷ 外形　鲢鱼体侧扁，较高，一般体长10～40 cm，大的可长达1 m，重达30 kg。该鱼鱼头大，约占体长的1/4，口较大，眼下侧位，体银灰色，鳞片细小，腹面的腹鳍前后均具肉棱，胸鳍末端伸达腹鳍基部。

鲢鱼

青鱼

❸ **产地** 鲢鱼栖息于河的中上层，食某些浮游生物，性活泼，善跳跃，生长快，个大，是我国主要的淡水养殖鱼类之一。我国各大水系均产鲢鱼，以长江中下游较多。

❹ **产季** 鲢鱼四季均产，与鳙鱼、草鱼、青鱼合称“四大家鱼”。

❺ **品质特点** 鲢鱼头大，肉软嫩细腻。刺细小且多。

❻ **营养** 鲢鱼含蛋白质(14.8%～18.6%)，还含有钙、磷、铁等矿物质。中医认为鲢鱼性温、味甘，有暖胃、补气、泽肤、利水的功效。

❼ **烹饪应用** 鲢鱼常用烧、炖、清蒸等烹调方法，可整条使用，也可加工成块状，可制作“红烧鲢鱼”等菜品，由于其鱼头大，故常用来制作鱼头类菜肴。

三、鳙鱼

❶ **别名** 鳙鱼又称花鲢、胖头鱼。

❷ **外形** 鳙鱼体侧扁，较高，一般体长为10～40 cm，大的可长达1 m，重达40 kg，该鱼头大，约占体长的1/3，口较大，眼下侧位，鳞细小，体背暗黑色，体侧具有不规则的小黑点，腹面从腹鳍至肛门有肉棱，胸鳍末端伸越腹鳍基部。

❸ **产地、产季与品质特点** 该鱼栖息于河的中上层，食浮游生物，性温顺，生长快，个大。鳙鱼产季与鲢鱼相同。

❹ **营养** 鳙鱼含蛋白质(14.9%～18.5%)，还含有钙、磷、铁等矿物质。中医认为其性温、味甘，有暖胃补虚之功效。

❺ **烹饪应用** 鳙鱼在烹饪中的用途基本与鲢鱼相同，但鳙鱼头较鲢鱼头大，并且富含胶质，肉质肥润，配以豆腐或粉皮、粉丝制作菜肴时风味独特，如名菜“砂锅鱼头豆腐”“清蒸鳙鱼头”“拆烩鳙鱼头”。

鳙鱼

草鱼

四、草鱼

❶ **别名** 草鱼又称鲩鱼、草鲩、白鲩等。该鱼因生活在水的中层，以水草为食，故名草鱼。草鱼生长快、易存活，性活泼，活动迅速。

❷ **外形** 草鱼体长，呈圆筒状，尾部稍侧扁，一般重1～2 kg，大者重40 kg，青黄色，头宽平，口端位，无须，背鳍与腹鳍相对，各鳍均无硬刺。

❸ **产地** 草鱼是我国主要的淡水养殖鱼类之一，分布于我国各大水系，长江、珠江水系为主要产区。

❹ **产季** 草鱼四季均产，以每年5—7月为生产旺季，人工养殖的草鱼一般在9—11月上市。

❺ **品质特点** 草鱼是四大家鱼之一，肉质细嫩而洁白，肥厚多脂，紧实，富有弹性，是优良的淡水鱼类。

❻ **烹饪应用** 草鱼在烹饪中有着广泛的应用。小的可整条应用，大的可切块，亦可剔肉加工成片、条、丁、丝、茸泥等，还可用花刀加工，适于炸、熘、烧、炖、蒸等多种烹调方法和多种味型，如著名的

“西湖醋鱼”即以草鱼为原料，还可制成“炒鱼片”“爆鱼丁”“炒鱼丝”“汆鱼丸”“红烧瓦块鱼”“糖醋瓦块鱼”等菜肴。

7 营养　草鱼含蛋白质(17.9%)、脂肪(4.3%)，还含有钙、磷、铁及B族维生素、烟酸等。中医认为其性温、味甘，有暖胃和中、平肝祛风的功效。

五、鲇鱼

1 别名　鲇鱼又称鲶鱼、黏鱼、土鲇等。

2 外形　鲇鱼体细长，体表无鳞，有黏液，非常滑腻，故称“黏鱼”。其头平扁，眼小，口宽大，体色灰黑，有斑块，臀鳍与尾鳍相连，胸鳍有一硬刺。

3 产地　鲇鱼遍布我国东部及各主要水系。

4 产季　鲇鱼四季均产，以9、10月的鲇鱼较为肥美。

5 品质特点　鲇鱼肉质细嫩、爽滑刺少、味鲜美。

6 烹饪应用　鲇鱼除整条使用外还可以加工成块、条、片、丁、茸泥等，适合炖、烧、焖、蒸，亦可加工后用炸、炒、熘等烹调方法，且适合多种味型，如咸鲜、茄汁、糖醋皆可，如著名菜肴“大蒜烧鲇鱼”“鲇鱼炖豆腐”“茄汁鲇鱼片”。

7 营养　鲇鱼体表黏且腥，烹调前须先焯水去腥；鲇鱼卵有毒，加工时应去掉。中医认为鲇鱼味甘、性温，有补中、益阳等功效。

六、泥鳅

1 别名　泥鳅又名鳅等。

2 外形　泥鳅体圆滑细长，黄褐色，有不规则的黑色斑点，鳞细小。

3 产地　泥鳅主要栖息于湖泊、池塘、水田中的泥底，水干时常钻入泥中。我国除西部高原外，各地均产，是常见的小型食用鱼类。

4 品质特点　泥鳅肉质细嫩少刺，味道清新腴美，但土腥味重，烹制前可放入清水盆中，滴几滴植物油活养，让其排尽体内污物后再加工。

5 烹饪应用　泥鳅可整条应用，亦可加工成段、片、丁等，最宜烧、煮、做汤，用炸、熘、炖等方法亦可，味型多以咸鲜为主，可制作“泥鳅钻豆腐”“干炸泥鳅”“腊肉炖泥鳅”“糟熘泥鳅”等菜肴。

6 营养　中医认为泥鳅肉味甘、性平，可补中益气、祛湿邪。

鲇鱼

泥鳅

七、虹鳟鱼

1 别名　虹鳟鱼又称鳟鱼等。

2 外形　虹鳟鱼体长，侧扁，色鲜艳，背面和鳍呈暗绿色或褐色，有小黑斑，中央有一红色纵带。

③ **产地**　虹鳟鱼原产于美国加利福尼亚的山溪中，属凶猛性鲑科鱼类。现我国不少地方均有人工养殖。它的生长条件极其特殊，性喜冷水，十分娇气，饲料要求营养丰富，水质要求清澈透明。因其生活在无任何污染的激流中，所以肉鲜味美。

④ **品质特点**　虹鳟鱼肉质厚实，营养丰富，刺少肉多，是优良的淡水鱼类。

⑤ **烹饪应用**　虹鳟鱼不论冷食还是热食皆不具腥味，烹调后味似鸡肉，有“水中之鸡”的美誉，为世界优良鱼种。该鱼适宜清蒸、炖等烹调方法，以清蒸为最佳。

⑥ **营养**　虹鳟鱼含有蛋白质(18.6%)、脂肪(2.6%)及多种矿物质等。

虹鳟鱼

非洲鲫鱼

八、非洲鲫鱼

① **别名**　非洲鲫鱼又称罗非鱼、越南鱼等。

② **外形**　非洲鲫鱼体形似鲫鱼，长达 20 cm，呈灰褐色或暗褐色，背鳍棘部发达，臀鳍具 3 棘，尾鳍呈截形，侧线中断。

③ **产地**　非洲鲫鱼原产于非洲东部，后由越南引入我国，现我国各地均有养殖，以南方养殖较多。此鱼要求水温较高，所以一般利用发电厂循环的热水养殖。

④ **产季**　非洲鲫鱼一年能繁殖几代，生长较快，当年即可成熟，以秋冬季所产的质量最好。

⑤ **品质特点**　非洲鲫鱼肉质较嫩，有土腥味，刺少但粗硬。

⑥ **烹饪应用**　非洲鲫鱼在烹调时可红烧、干烧、酥制等，可制成“红烧罗非鱼”“干烧罗非鱼”“酥罗非鱼”等菜肴。

⑦ **营养**　罗非鱼含蛋白质(18.4%)、脂肪(2.7%)和多种维生素等。

九、黑鱼

① **别名**　黑鱼又称鳢、乌鳢，广东称生鱼等。

② **外形**　黑鱼鱼体呈圆筒状，一般体长在 25～40 cm，大的可长达 50 cm，青褐色，具有 3 块纵行的黑色斑块，眼后至鳃孔有 2 条黑色横带，头大，头部扁平，口裂大，牙尖，吻部圆形，背鳍、臀鳍特长，腹部灰白色。

③ **产地**　黑鱼在水底栖息，适应性强，性凶猛，以小鱼、小虾、昆虫为食，体长为 8 cm 以上的黑鱼则可捕食其他鱼类。除西北地区外，我国各地均有分布。

④ **产季**　黑鱼四季均产，以冬季最肥。

⑤ **品质特点**　黑鱼肉多刺少，肉厚而致密，味鲜美，熟后发白而较嫩，是上等食用鱼。

⑥ **烹饪应用**　黑鱼在烹调中一般都要经刀工处理，出肉后切片、丝、丁、条、茸泥均可，特别适合花刀造型处理，亦可切段用，制“红烧黑鱼”或做汤。该鱼在味型上多以咸鲜为主，以突出原料本身的鲜美滋味，如江苏名菜“将军过桥”，为一鱼两吃，鱼肉做菜，鱼骨架等做汤。黑鱼肉质特别结实，不容

易散碎，较易成形，是制作“炒鱼片”“炒鱼丝”“爆鱼丁”等菜肴的上等原料。

❼ **营养**　黑鱼含蛋白质(18.8%～19.8%)、脂肪(0.8%～1.4%)。中医认为其性寒、味甘，具有健脾利水、益气补血、通乳等功效。

黑鱼

鲫鱼

十、鲫鱼

❶ **别名**　鲫鱼又称鲫瓜子等。

❷ **外形**　鲫鱼体侧扁，稍高，长 7～20 cm，背部青褐色，腹部银灰色，口端位，无须，背鳍和臀鳍有硬刺，尾鳍呈叉形。

❸ **产地**　鲫鱼是小型、杂食性鱼类，适应性较强，分布广，可生活于各种水体中，喜栖在水草丛生的浅水河湾湖泊中，我国各地淡水中均产。

❹ **产季**　鲫鱼四季均产，以春、冬两季的鲫鱼肉质较好。

❺ **品质特点**　鲫鱼体型较小，肉味鲜美，营养价值较高，但刺细小且多。

❻ **烹饪应用**　鲫鱼一般是整条使用，最适合用来制汤，以体现其鲜美滋味，如“奶汤鲫鱼”“萝卜丝鲫鱼汤”，汤鲜味美；亦可用烧、酥等烹调方法制作“干烧鲫鱼”“酥鲫鱼”等菜肴。

❼ **营养**　鲫鱼含蛋白质(13%～19.5%)、脂肪(1.1%～3.4%)，以及磷、钙等矿物质和维生素。中医认为鲫鱼性平、味甘，有健脾利湿的作用。

十一、鲤鱼

❶ **别名**　鲤鱼又称鲤拐子等。

❷ **外形**　鲤鱼体长，稍侧扁，腹部较圆，头及后背部稍有隆起，鳞大而圆，较紧实，口下位，有吻须及颌须各一对，颌须长为吻须的两倍，背鳍和臀鳍均有硬刺，尾鳍呈叉形，体背呈灰黑色或黄褐色，体侧黄色，腹部灰白色，但其体色常随栖息水域颜色的不同而异。

鲤鱼

❸ **产地**　我国除西部高原外，各地淡水区都有鲤鱼出产。鲤鱼适应性强，具有抗污染能力强、繁殖快和生长快的特点，其适应环境和抗污染的能力在常见鱼类中最为突出。鲤鱼无论是在南方还是北方，在江、河、湖泊甚至稻田里，均能随遇而安，是我国主要的淡水养殖鱼类之一。

❹ **产季**　鲤鱼一年四季均产。

❺ **品种及特点**　鲤鱼的种类很多，按其生长水域可分为江鲤鱼、池鲤鱼、河鲤鱼。

(1) 江鲤鱼：鳞和肉皆为白色，体肥，肉质发绵。

(2) 池鲤鱼：鳞为青黑色，刺硬，有较浓的泥土味，肉质细嫩。

(3) 河鲤鱼:以黄河鲤鱼为最佳,其口与鳍为淡红色,鱼鳞具有金黄色的光泽,腹部淡黄,尾鳍鲜红,鲜嫩肥美,肉味醇正。

❻ **烹饪应用** 鲤鱼是我国主要的淡水鱼类,在烹饪中应用极广泛。鲤鱼适于多种烹调方法,如烧、炖、蒸、炸,一般以整条制作菜肴,往往在宴席中用作大菜,也可切成块、条、片等,并适合多种味型。著名的有山东菜"糖醋黄河鲤鱼""红烧鲤鱼""醋椒鱼",河南菜"软熘鲤鱼焙面",陕西菜"奶汤锅子鱼",河北菜"金毛狮子鱼",四川菜"干烧岩鲤"等。

❼ **营养** 鲤鱼含蛋白质(20%)、脂肪(1.3%~2.7%),并含多种维生素及矿物质。中医认为鲤鱼味甘、性平,有利尿、消肿、通乳的功效。

十二、大马哈鱼

❶ **别名** 大马哈鱼又称大麻哈鱼等,红大马哈鱼又称三文鱼。

❷ **外形** 大马哈鱼体长,稍侧扁,长约 0.6 m,重 3~6 kg,银灰色,常见红色宽斑,口大牙尖锐,体被覆小圆鳞,背鳍和腹鳍各一个,尾鳍凹入。

❸ **产地** 大马哈鱼性凶猛,捕食小鱼,是名贵的冷水性经济鱼类。该鱼 4 龄成熟,生殖季节为了产卵,千里迢迢从海洋进入乌苏里江、黑龙江、松花江等河口,然后继续溯江而上,此时雄鱼体色变为暗红或暗黑色,两颌相对弯曲如钩。雌鱼要在砂砾质江底掘穴后产卵,产卵后亲代鱼死亡。大马哈鱼通常是出生在哪条江河,就在哪条江河产卵。我国大马哈鱼主要产于黑龙江流域,是东北著名的特产之一。

❹ **产季** 每年 9—10 月。

❺ **品质特点** 名贵的大型经济鱼类,鱼体大,大的可达 10 kg,脂肪含量高,肉呈红色,肥美细嫩,肉质较结实,刺少肉多,腥味小,是鱼中珍品。

❻ **烹饪应用** 大马哈鱼的鱼子颗粒较大,是名贵的鱼子酱原料。

❼ **营养** 中医认为大马哈鱼性平、味甘,有健脾胃、补虚和中的功效。

大马哈鱼

鳝鱼

十三、鳝鱼

❶ **别名** 鳝鱼又称黄鳝、长鱼。

❷ **外形** 鳝鱼体细长,长约 25 cm,黄褐色,具有暗色斑点,头较大,口较大,唇厚,眼小,头部至腹部为圆筒状,尾部尖细侧扁。无胸鳍和腹鳍,背鳍低平,与尾鳍相连。通体黏滑,无鳞,无须。

❸ **产地** 鳝鱼栖息于河、稻田等处,常潜伏于泥洞或石缝中。夏出冬蛰,白天穴居,夜间觅食。我国除西部高原外,各地均产。

❹ **产季** 鳝鱼以 6—8 月所产较为肥美,民间素有"小暑黄鳝赛人参"之说。

❺ **品质特点** 鳝鱼全身只有一根三棱刺,肉质鲜嫩,味鲜美。

❻ **烹饪应用** 鳝鱼加工成段,适合烧、焖、炖等烹调方法;剔骨取肉后,可加工成丝、条等,适宜

爆、炒、炸、熘等烹调方法；体型小的可整条油炸入菜。名菜有“大烧马鞍桥”“梁溪脆鳝”“炖生敲”“炸太极图”“黄焖鳝鱼段”“炒五彩鳝丝”等。

⑦ **营养**　中医认为鳝鱼性温、味甘，有补虚损、除风湿、强筋骨的功效。

十四、银鱼

银鱼

① **别名**　银鱼又称面杖鱼、面条鱼。

② **外形**　银鱼体细长，透明、平扁，口大，两颌和口盖常具锐牙。背鳍和腹鳍各一个，体光滑无鳞，仅雄鱼臀鳍上方有一纵行大鳞片。

③ **产地**　银鱼为洄游性鱼类，分布于中国、朝鲜、日本、越南等国沿海，我国产15种，常见品种有大银鱼、间银鱼、太湖新银鱼。大银鱼主要分布于渤海、黄海、东海沿岸，栖息于近海、河口或淡水处；间银鱼主要分布于鸭绿江口及浙江的沿海、河口地带；太湖新银鱼主要分布于长江及淮河中下游、长江口，为太湖、淀山湖等地春季的重要鱼类。

④ **产季**　每年春季。

⑤ **品质特点**　银鱼肉质软嫩，味鲜美。

⑥ **烹饪应用**　银鱼适宜炸、炒、涮、汆汤等多种烹调方法。因体型较小，一般以整条入菜。可制成名菜“雪丽银鱼”“干炸银鱼”“银鱼蛋汤”等，也可制成鱼干。

⑦ **营养**　银鱼含蛋白质(8.2%)、脂肪(0.3%)，还含有钙等营养成分。中医认为银鱼味甘，性平，善补脾胃，有益肺利水之效。

实践模块

鱼类的品质检验标准如下。

鲜鱼的品质检验主要从鱼鳃、鱼眼、鱼嘴、鱼皮表面、鱼肉的状态等几个方面进行。

① 新鲜鱼

(1) 鱼鳃。新鲜鱼的鱼鳃色泽呈鲜红色或粉红色(海鱼鳃呈紫色或紫红色)，鳃盖紧闭，黏液较少，呈透明状，无异味，鱼嘴紧闭，色泽正常。

(2) 鱼眼。新鲜鱼的鱼眼澄清而透明，向外稍凸出，黑白分明，没有充血发红的现象。

(3) 鱼皮表面。新鲜鱼的鱼皮表面黏液较少，且透亮清洁，鳞片完整且有光泽，紧贴鱼体。

(4) 腹部。新鲜鱼的腹部肌肉坚实无破裂，腹部不膨胀，腹色正常。

(5) 鱼肉的状态。新鲜鱼的鱼肉组织紧密有弹性，肋骨与脊骨处的鱼肉结实，不脱刺。

② 不新鲜的鱼

(1) 鱼鳃。不新鲜的鱼的鱼鳃呈灰色或暗红色，鳃盖松弛，鱼嘴张开，苍白无光。

(2) 鱼眼。不新鲜的鱼鱼眼色泽灰暗，稍有塌陷，发红。

(3) 鱼皮表面。不新鲜的鱼鱼皮表面有黏液，透明度降低，鱼鳞松弛，有脱鳞现象。

(4) 腹部。不新鲜的鱼腹部发软，膨胀。

(5) 鱼肉的状态。不新鲜的鱼鱼肉组织松软，无弹性，肋骨与脊骨极易脱离，易脱刺。

③ 腐败的鱼

(1) 鱼鳃。腐败的鱼鱼鳃呈灰白色，有黏液污物，有异味。

(2) 鱼眼。腐败的鱼眼球破裂，位置移动。

(3) 鱼皮表面。腐败的鱼鱼皮表面色泽灰暗，鱼鳞特别松弛，极易脱落。

(4) 腹部。腐败的鱼腹部膨胀较大，有腐臭味。

（5）鱼肉的状态。腐败的鱼鱼肉极松弛，用手触压便能压破鱼肉，骨肉分离。

同步测试

1．举例说明，草鱼能够制作哪些菜品，各运用了哪些烹调方法？
2．通过网络查找资料，了解山东名菜“黄河鲤鱼”的制作工艺。
3．对比新鲜鱼、不新鲜的鱼、腐败的鱼，它们的品质有何不同？

任务二 海洋鱼类

我国海洋鱼类种类较多，有3000多种，在经济价值和分类方面具有代表性的有230多种。海洋鱼类有洄游的习性，一般可分为生长洄游和生殖洄游。由于鱼的洄游而形成了鱼的捕捞汛期，所以海洋鱼类的捕捞一般具有较强的季节性。目前，由于捕捞强度大大超过了鱼类资源的再生能力，导致许多鱼类资源相继衰竭。因此，必须加强资源保护，特别是对产卵期成鱼和幼鱼资源的保护。

基础模块

一、大黄鱼

❶ **别名**　大黄鱼又称大黄花、大王鱼、大鲜。

❷ **外形**　大黄鱼体侧扁，一般长11～50 cm，重400～800 g，大者可达4 kg。尾柄细长，头大，嘴钝圆，无须，鳞较小。体背黄褐色，腹侧金黄色，各鳍黄色，唇橘红色。

❸ **产地**　大黄鱼主要分布于黄海南部、东海和南海；以舟山群岛产量最多，是我国四大海洋经济鱼类（大黄鱼、小黄鱼、带鱼、乌贼）之一。

❹ **产季**　大黄鱼为暖温性结群洄游鱼类，其汛期旺季，各地不同。福建沿海为12月至来年3月，浙江沿海为5月。

❺ **品质特点**　大黄鱼肉质细腻，味道鲜美，呈蒜瓣状，肉多刺少。

❻ **烹饪应用**　大黄鱼适宜于蒸、烧、焖、炸等烹调方法。可整条入菜，也可切块、条或花刀处理后成菜，还可以出肉作羹。如山东菜“家常熬黄花鱼”“锅塌黄鱼”；上海菜“蛙式黄鱼”以及各种工艺菜，如“松鼠黄鱼”“糖醋棒子鱼”。

❼ **营养**　大黄鱼含蛋白质、脂肪、钙、磷，以及多种维生素。中医认为大黄鱼性平，味甘，有补气开胃、填精安神、明目、止痢之功效。

二、小黄鱼

❶ **别名**　小黄鱼又称小黄花、小黄瓜、小鲜。

❷ **外形**　小黄鱼体长11～20 cm，尾柄较短，头大而尖，无须，鳞较大。体背黄褐色，腹侧金黄色。

❸ **产地**　小黄鱼为温水性洄游鱼类，主要分布在我国的黄海、渤海、东海。

❹ **产季**　小黄鱼的产季为每年的4—6月和9—10月。

❺ **品质特点**　小黄鱼肉质细腻，味道鲜美，呈蒜瓣状，肉多刺少。

❻ **烹饪应用**　小黄鱼由于体型小，一般以干炸、熬汤等方法来制作菜肴。

❼ **营养**　小黄鱼含蛋白质、脂肪、钙、磷，以及多种维生素。

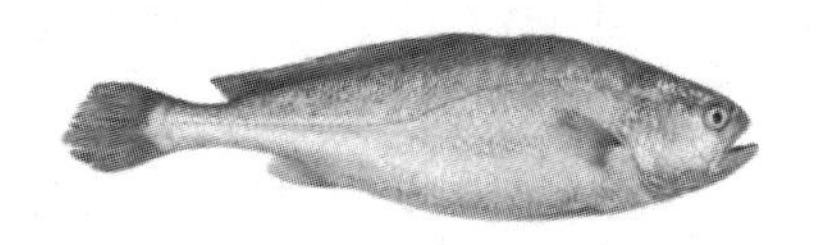

大黄鱼

小黄鱼

三、带鱼

❶ **别名**　带鱼又称刀鱼、裙带鱼。

❷ **外形**　带鱼体形侧扁呈带形，尾渐细，长可达 1 m。口大，牙锋利，下颌长于上颌。背鳍长，胸鳍小，无腹鳍，尾鳍退化呈鞭状，鳞退化呈无鳞状。体表有一层银白色的粉。

❸ **产地**　带鱼在我国沿海均有出产，以东海产量最高，浙江、山东沿海较多。

❹ **产季**　带鱼的产季为每年的 9 月至来年的 3 月。

❺ **品质特点**　带鱼肉多刺少，肉质细嫩肥软，味鲜美。

❻ **烹饪应用**　带鱼宜鲜食，多用炸、炖、煎、蒸、烧等烹调方法，一般切块使用。常见的菜肴有"红烧带鱼""清蒸带鱼""炸带鱼""煎带鱼"等。

❼ **营养**　带鱼含蛋白质、脂肪、钙、磷，以及多种维生素。带鱼的脂肪含量是海洋鱼类中较高的。

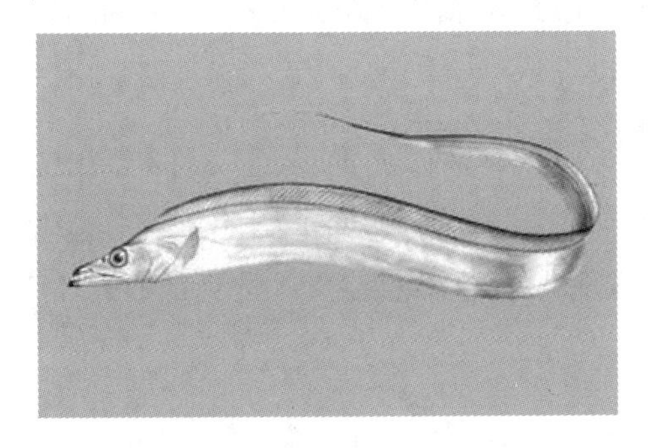

带鱼

牙鲆

四、牙鲆

❶ **别名**　牙鲆属比目鱼类，俗称左口、牙片等。

比目鱼是鱼纲鲽形目鱼类的总称，因其眼睛长在一侧，故名比目鱼。它包括鳒、鲆、鲽、鳎、舌鳎各科鱼类。烹饪中常用的有鲆科、鲽科、鳎科、舌鳎科。各科都有很多品种，共同特点是体侧扁，呈扁片状，不对称，两眼在一侧，有眼一侧的鱼体呈灰褐色或有斑点，鳞为栉鳞，无眼一侧的鱼体呈白色，有细小的圆鳞，背鳍、腹臀鳍均长，尾鳍截形，全身仅一根大刺。比目鱼在广东、香港等地被称为龙利鱼。

❷ **外形**　牙鲆两眼都在左侧，身上有斑点。

❸ **产地**　牙鲆是黄海、渤海的名贵鱼类，黄海中、北部产量大，东海和南海产量较少。

❹ **产季**　牙鲆在黄海的主要产季为 5—6 月及 10—11 月，在渤海的主要产季为 12 月。

❺ **品质特点**　牙鲆肉质细腻白嫩，口感鲜爽丰腴，肉质纤维极细，是高档食用鱼类，其品质为比目鱼类中最好的。

❻ 烹饪应用 新鲜牙鲆鱼的组织结构紧实，加工成条、片、丁皆可，适合多种烹调方法，如清蒸、炒、爆、炸、炸熘，可制成“清蒸牙鲆鱼”，剔出的鱼肉可制成“爆鱼丁”“炸熘鱼条”等。

❼ 营养 牙鲆含蛋白质(20.8%)、脂肪(3.2%)，还含有多种维生素、矿物质等。

五、鲽

❶ 外形 鲽属于比目鱼类，两眼都在右侧，鱼鳍有斑点。

❷ 产地 常见的鲽有星鲽(又称花片、花鲆等)、高眼鲽。其中以星鲽较多，主要产于温带及寒带沿海地区，故我国北方沿海较多见，主要分布在渤海、黄海、东海，以黄海产量最高，是我国鲽类中产量较多的一种。

❸ 品质特点 星鲽鱼肉细嫩，味鲜美，品质较好。

❹ 烹饪应用 星鲽在烹饪上的应用大体与牙鲆相同。

❺ 牙鲆与星鲽的区别 牙鲆与星鲽的外形比较相似，区别处是牙鲆的眼睛长在鱼体左侧，而星鲽的眼睛长在鱼体的右侧。牙鲆有眼的一侧体表有灰色或深褐色斑点，胸鳍上方的侧线为弓形，星鲽有眼的一侧体表无斑点，侧线发达且平直，仅在胸鳍上方略有弯曲。牙鲆背鳍起始于上眼前上方，星鲽背鳍起始于上眼后缘。

六、鳎

❶ 别名 鳎属于比目鱼类。常见的有条鳎，又称花条鳎、花板等。

❷ 外形及产地 鳎两眼均在右侧，主要分布于热带、亚热带，我国沿海均有出产，但产量不大。

❸ 品质特点及烹饪应用 条鳎肉质坚实，细嫩、肥美，适于多种烹调方法，但其皮易脱，含胶质多、易粘锅，故在烹饪前先去皮，然后用鸡蛋清挂皮。

❹ 营养 条鳎含蛋白质(18.3%)，脂肪(0.7%)。

七、舌鳎

❶ 别名 舌鳎属于比目鱼类。舌鳎两眼均在左侧，又称牛舌鱼、鳎目鱼等，常见的有半滑舌鳎和宽体舌鳎。

❷ 产地 舌鳎在我国沿海均有出产。

❸ 烹饪应用 舌鳎在烹饪中的应用与条鳎基本相同。

❹ 营养 舌鳎含蛋白质(17.7%)、脂肪(1.4%)，还含有多种矿物质等。

❺ 条鳎与半滑舌鳎的区别 条鳎与半滑舌鳎的外形比较相似，其区别是条鳎的双眼长在鱼体右侧，半滑舌鳎双眼长在左侧。条鳎体高头小，半滑舌鳎体长头大，条鳎有一条侧线且平直，半滑舌鳎有三条侧线均在有眼的一侧。条鳎背鳍起始于上眼前缘，臀鳍起始于胸鳍的下方，半滑舌鳎背鳍起始于头顶端，无胸鳍。

❻ 烹调比目鱼的注意事项 比目鱼表面有较多的黏性蛋白液，极易被细菌污染引起变质，所以不易储存。新鲜鱼经冷冻后其肉质也会因脱水而松散无力，因此最好趁新鲜时烹制食用。比目鱼在烹制菜肴时忌大火长时间烧煮，否则鱼肉会烂成糊状。

八、鲳鱼

我国的鲳鱼种类有银鲳、燕尾鲳、中国鲳等，其中银鲳最多。

❶ 别名 鲳鱼又称平鱼等。

❷ 外形 鲳鱼体侧扁，短而高，卵圆形，口小牙细。成鱼腹鳍消失，胸鳍较长，臀鳍和背鳍较长，尾鳍呈深叉形，下叶长于上叶。

❸ **产地**　鲳鱼在我国沿海均有出产，以东海、南海出产较多，以秦皇岛产的鲳鱼较好。

❹ **产季**　鲳鱼以甲壳类动物为食。4—5 月的鲳鱼品质最佳，数量最多，9—10 月也有出产，但产量较少。

❺ **品质特点**　鲳鱼是名贵食用鱼类，肉质超嫩洁白，味鲜美，刺少，骨软，内脏少，肉多，头部也几乎全是肉，可食部分多。

❻ **烹饪应用**　鲳鱼在烹调中的刀工处理方式较少，多为整条使用，适于清蒸、炖、干烧、焖、煎等烹调方法。以突出本身鲜味为主的咸鲜味型居多，也有酱味、咸鲜、辣味等，如“清蒸鲳鱼”“干烧鲳鱼”“酱焖鲳鱼”等。

❼ **营养**　鲳鱼含蛋白质(14.5%)、脂肪(4.1%)，并含糖类、钙、镁、磷、铁及胆固醇等，其含糖量居诸鱼之首。中医认为鲳鱼性味甘、平、温、苦，有健脾养血、补胃充精、柔筋利骨的功效。

鲳鱼

鲅鱼

九、鲅鱼

鲅鱼的种类较多，有中华马鲛、康氏马鲛和蓝点马鲛等，最常见的是蓝点马鲛。

❶ **别名**　蓝点马鲛，又称蓝点鲅等。

❷ **外形**　蓝点马鲛体形呈纺锤形，侧扁，尾柄细，头长，吻尖凸口大斜裂，鳞极细小或退化，体背部呈青褐色，有黑蓝色斑点，腹部灰白色，背鳍两个，第二背鳍及臀鳍后部各有 7～9 个小鳍，常结群远程洄游，性凶猛，体长 20～80 cm。

❸ **产地**　鲅鱼为中型海产经济鱼类，我国沿海均有出产。

❹ **产季**　渤海、黄海的鲅鱼产季在 4—5 月，东海在 7—8 月。

❺ **品质特点**　鲅鱼肉多刺少，无小刺，肉厚坚实，肉质细嫩富有弹性，味鲜美，其尾部味道尤佳，山东沿海民间有“加吉鱼头，鲅鱼尾”之说。

❻ **烹饪应用**　鲅鱼在烹饪中可整条使用，亦可切成块、条等，可制成“红烧鲅鱼”“干炸鲅鱼”“糖醋鱼条”“五香鲅鱼块”“炸熘鲅鱼条”等菜；鲅鱼肉制成茸泥可作为面点的馅心，细腻鲜美，山东胶东沿海著名的小吃“鲅鱼水饺”饶有风味。鲅鱼茸泥也是制作鱼丸的上好原料如“氽鱼丸”。鲅鱼还可腌制，是著名的咸鱼原料。

❼ **营养**　鲅鱼含蛋白质(20%)、脂肪(0.1%)。鲅鱼的肝不可食用，因其含有鱼油毒和麻痹毒素。

十、鲐鱼

❶ **别名**　鲐鱼又称鲭鱼、青花鱼等。

❷ **外形**　鲐鱼呈纺锤形，体长 20～60 cm，尾柄细，背青色，腹白色，体侧上部有波状条纹，头大

近圆锥状，吻尖口大，体被覆有细小圆鳞，尾鳍深分叉，在第二背鳍和臀鳍后方各有五个小鳍。

❸ **产地**　鲐鱼主要产区在黄海东海、南海沿岸，以东海和黄海产量较多。

❹ **产季**　山东沿海的鲐鱼产季为 5—6 月，浙江沿海为 3—5 月。

❺ **品质特点**　鲐鱼肉多刺少，无小刺，肉较粗糙，质地柔软，呈蒜瓣状。

❻ **烹饪应用**　鲐鱼在民间应用较多，可用红烧、炖等烹调方法制作菜肴。

十一、鲈鱼

❶ **别名**　鲈鱼又称花鲈、板鲈、寨花等。

❷ **外形**　鲈鱼体长，侧扁，口大，下颧凸出，背厚，鳞小，肚小，背部和背鳍有小黑斑点，第一背鳍由鳍棘组成。该鱼栖息于近海，也进入淡水，早春在咸淡水交界处的河口产卵。该鱼凶猛，以鱼虾为食，生长快，个体大。

❸ **产地**　鲈鱼在我国沿海均有出产，主要产于黄海、渤海，以辽宁大东沟、山东羊角沟、天津北塘等处产量较多。

❹ **产季**　鲈鱼的产季在 3—8 月，立秋前后为旺季，肉质肥美，故有“春鳖秋鲈”之说。

❺ **品质特点**　鲈鱼肉多刺少，肉质白嫩，味道鲜美，肉为蒜瓣状。鱼肉韧性强，不易破碎。

❻ **烹饪应用**　鲈鱼适宜清蒸、红烧、炸、炒等多种烹调方法，除整条使用外，鱼肉还可加工成丁、片、丝、茸泥等，也适合多种味型，著名菜肴有山东菜“两吃鱼”“松仁鱼米”，上海菜“软熘鲈鱼片”，广东菜“清蒸鲈鱼”“香滑鲈鱼球”，江苏菜“锅塌鱼片”，福建菜“菊花鲈鱼”。

❼ **营养**　鲈鱼含蛋白质(17.5%)、脂肪(3.1%)，还含有钙、磷、铁及多种维生素等。中医认为鲈鱼性温、味甘，有滋补、益筋骨、和肠胃、治水气之功效。

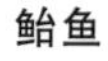

鲐鱼

鲈鱼

十二、海鳗

❶ **别名**　海鳗也称狼牙鳝、牙鱼等。

❷ **外形**　海鳗体长，可达 1 m 以上，呈圆筒状，后端侧扁，银灰色，无鳞光滑，口大，牙大而尖锐，背鳍和臀鳍与尾鳍相连，无腹鳍。海鳗喜在海底栖息，性凶猛，是肉食性鱼。

❸ **产地**　海鳗在我国沿海均有分布，为重要经济鱼类，以浙江沿海和黄海南部沿岸产量较多。该鱼纯属海洋鱼类，终生不进入淡水。

❹ **产季**　海鳗以冬至前后捕捞最盛。

❺ **品质特点**　海鳗肉多刺少，肉质细嫩洁白，味鲜美。

❻ **烹饪应用**　海鳗多以焖、炖、蒸等烹调方法制作菜肴，可加工成鱼段、鱼块。亦可剔下鱼肉制成鱼片或茸泥，用作馅心时尤其鲜美，在味型上以突出本身鲜味为主，著名的菜肴及面点有“清蒸鳗鱼”“清炖鳗鱼”“油浸鳗鱼”“鳗鱼水饺”等。

❼ **营养**　中医认为海鳗性平、味甘。海鳗约含蛋白质16.5%、脂肪3.5%。

海鳗

石斑鱼

十三、石斑鱼

❶ **外形**　石斑鱼是暖水性的大中型海产鱼类，体中长侧扁，色彩变异很多，常呈褐色或红色。有条纹和斑点，口大，牙细尖，有的扩大为犬牙，第一背鳍和臀鳍有硬棘。

❷ **品种**　石斑鱼在我国南方种类颇多，常见的有红点石斑鱼和青石斑鱼，都可食用。

❸ **产地**　石斑鱼主要产于东海和南海，以北部海湾及广东沿海产量较多。

❹ **产季**　石斑鱼产季为每年4—7月。

❺ **品质特点**　石斑鱼肉质细嫩，厚实，无肌间刺，味道鲜美，是上等食用鱼类。

❻ **烹饪应用**　石斑鱼适合多种烹调方法，可清蒸、红烧，其肉剔下后可制成鱼丸或馅心。石斑鱼是福建、广东菜中的常用原料，在国际上也是经济价值较高的鱼类，著名菜点如广东菜"麒麟石斑鱼"，福建菜"莲蓬过鱼""包心鱼圆"。

❼ **营养**　石斑鱼营养价值很高，含蛋白质、维生素A、维生素D，以及钙、磷、钾等营养成分，是一种低脂肪、高蛋白的上等食用鱼，具有健脾、益气的功效。

十四、鲱鱼

❶ **别名**　鲱鱼又称青鱼。

❷ **外形**　鲱鱼体长，侧扁，长约20 cm，背呈青黑色，腹银白色，腹部具有细弱棱鳞。

❸ **产地**　鲱鱼为冷水性海洋上层鱼类，食浮游生物，是世界重要经济鱼类之一。鲱鱼分布于北太平洋沿岸，故又称为太平洋鲱鱼，在我国主要产于山东半岛及黄海沿岸，以山东荣成和威海沿海一带产量较大。

❹ **产季**　鲱鱼盛产期在每年的12月到翌年3、4月。

❺ **品质特点**　鲱鱼腹部含脂肪较多，腹易破，不耐储存，肉质细嫩肥美，刺较多。

❻ **烹饪应用**　鲱鱼适于清蒸、清炖、红烧、炸、煎等烹调方法，鲱鱼子亦称青鱼子，鲜香味美。有"黄色钻石"之称。鲱鱼是优良的出口品，畅销国外，尤其在日本深受欢迎。

❼ **营养**　鲱鱼含蛋白质(8.8%)、脂肪(52%)，营养较为丰富。

鲱鱼

马面鲀

十五、马面鲀

❶ **别名** 马面鲀又称绿鳍马面鲀、橡皮鱼等。

❷ **外形** 马面鲀体长，呈椭圆形，侧扁，一般长 12～21 cm，胸鳍呈绿色，吻长口小，两腹鳍退化成短棘，不能活动，眼上端有一较大硬棘，无侧线，体表覆有一层沙质的皮，初加工时需先剥去皮。

❸ **产地** 马面鲀主要分布在东海、黄海、渤海，以东海、黄海产量较多。

❹ **产季** 马面鲀的盛产期在东海为 2—3 月，黄海为 4—6 月。

❺ **品质特点** 马面鲀因需去皮所以出肉率低，肉质较差。

❻ **烹饪应用** 马面鲀适于炸、红烧等烹调方法，也可制成滋味较浓厚的“酱汁鱼”“五香鱼”等。

❼ **营养** 马面鲀性平、味甘，有健肾调中、消痈止血的功效。蛋白质含量与大黄鱼、鲳鱼相似，比带鱼高，鱼肝含油量为 30%～60%。

十六、沙丁鱼

沙丁鱼是世界重要的经济鱼类之一。

❶ **外形** 沙丁鱼体侧扁，呈银白色，臀鳍最后两鳍条宽大。

❷ **产地** 我国主要有广东、福建沿海产的金色小沙丁鱼和北部沿海产的寿南小沙丁鱼。

❸ **品质特点** 沙丁鱼个体较小，肉味鲜美。

❹ **烹饪应用** 沙丁鱼肉味鲜美，适于炸制，亦可做汤，还是制作罐头食品的优良原料。

❺ **营养** 中医认为沙丁鱼健筋骨、行血脉、补中益气。现代医学认为沙丁鱼有较好的健脑强智作用。

沙丁鱼

十七、孔鳐

❶ **别名** 孔鳐又称老板鱼、劳子鱼等。

❷ **外形** 孔鳐体形扁平，略呈菱形，尾延长，口腹位，背淡褐色，尾短粗而扁，尾部背面有结棘多行。

❸ **产地及产季** 孔鳐在我国沿海均产，以北方沿海地区产量较多，常年生产。大连沿海在冬季所产的孔鳐尤佳。

❹ **品质特点及烹饪应用** 孔鳐肉有氨的气味，食用前应进行脱氨处理，可在热水中烫过，再用清水浸泡半小时，然后清炖、焖、烧、炸、蒸熟凉拌等。

❺ **营养** 孔鳐含蛋白质(2.6%)、脂肪(0.5%)。

十八、金枪鱼

❶ **别名** 金枪鱼在广东又被称为青干。

金枪鱼

❷ **外形**　金枪鱼体呈纺锤形，体型较大，可长达70 cm，青褐色，头大而尖，牙细小，头柄细小，两个背鳍几乎连续，背鳍和臀鳍后方各有8～10个小鳍。

❸ **产地**　金枪鱼产于我国南海和东海。

❹ **产季**　春夏为金枪鱼的捕捞期。

❺ **品质特点**　金枪鱼肉色赤红，富含脂肪，肉质细嫩，味鲜美，肉多刺少。

❻ **烹饪应用**　金枪鱼在烹饪中可切块、条或制成茸泥等，烹调方法以炸、熘、烧、焖为主，亦可制作面点馅心。

❼ **营养**　金枪鱼蛋白质含量高达20%，脂肪含量很低，俗称海底鸡，营养价值高。鱼肉中脂肪酸大多为不饱和脂肪酸，所含氨基酸种类多样，含有人体必需的八种氨基酸，还含有维生素，丰富的铁、钾、钙、镁、碘等矿物质和微量元素。

实践模块

一、污染鱼的鉴别

由于有些水域受到大量化学物质的污染，而生活在这些水域中的鱼、虾等各种水生生物把有毒化学物质（被污染的食物）摄入体内，通过"食物链"的放大（富集）作用，鱼、虾等水生动物特别是食肉性鱼类的体内聚集大量有毒物质。据测定，鱼、虾等水生动物体内毒物的浓度可比水中毒物浓度高几万倍，甚至几千万倍。这些富集有毒物质的鱼、虾，一旦被人食用就会严重地威胁食用者的身体健康。应尽量避免误食污染鱼类。可以从以下四个方面识别被污染的鱼类。

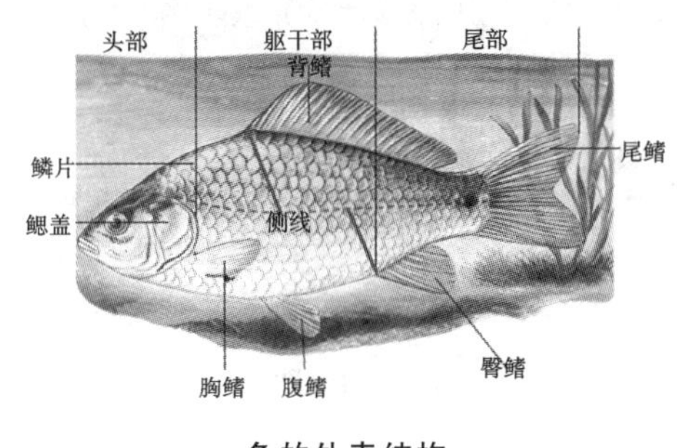

鱼的外表结构

❶ **看鱼形**　凡是受污染较严重的鱼，其体形一般有变化，如外形不整齐、脊柱弯曲，与同类鱼比较，其头大尾小，鱼鳞部分脱落，皮发黄，尾部发青，肌肉有紫色的淤点。

❷ **辨鱼鳃**　鱼鳃是鱼的呼吸器官，主要部分是鳃丝，上面密布细微的血管，应是鲜红色。鱼被污染后，水中毒物聚积于鱼鳃中，鱼鳃大多呈暗红色，不光滑，比较粗糙。

❸ **观鱼眼**　有些受污染的鱼的体形和鱼鳃都比较正常，但其眼睛出现异常，如眼睛混浊，失去正常的光泽，甚至向外鼓出。

❹ **尝鱼味**　污染严重的鱼，经煮熟后，食用时一般都有怪味，特别是煤油味。这种怪味是由于生活在污染水域中的鱼的鱼鳃及体表沾有较多的污染物，煮熟后吃到嘴里便有一股煤油味或其他异味，无论如何清洗及用其他方法处理，这种异味始终不会去掉，因此不能食用。

二、鱼类的保藏

❶ **活养法**　鲜活水产品主要是指活鱼，如活鲤鱼、活鲫鱼、活黑鱼、活草鱼、活鳝鱼。活养法一般是以清水活养，适时换水，并不断充氧，保持水质清洁。这样可使鱼肉结实，又能促使某些鱼类吐出消化系统的污物，减轻泥土味。

❷ **冷冻、冷藏法**　对于已经死去的鱼类，一般应先经初步加工，去内脏、鱼鳞、鱼鳃，用清水洗

净，然后冷冻保藏。冷冻、冷藏时不宜将鱼堆叠过多，如短期保藏，温度可控制在－4 ℃以下，如需要长时间保藏，则温度控制在－20～－15 ℃为宜。

同步测试

1. 石斑鱼的常见加工方法有哪些？
2. 详细介绍被污染的鱼类的识别方法。
3. 介绍鱼类的保藏方法。

任务三 虾蟹类

基础模块

一、虾类

（一）对虾

❶ **别名** 在我国北方以对为单位出售，故名对虾。新鲜的对虾，保持着相当的透明度，所以又称明虾。雄虾略呈青蓝色，亦称青虾；雌虾略呈棕黄色，亦称黄虾，因其体型大，所以也称大虾。

❷ **外形** 对虾体长，面侧扁，成熟的雌虾长 18～24 cm，重 60～80 g，最大者长达 26 cm，重达 150 g，雄虾长 15～20 m，重 30～40 g，甲壳薄而光滑透明，活虾身体相当透明。

❸ **产地** 对虾栖于浅海的泥沙底，主要产于黄海、渤海，是我国北方特有的海珍品，以山东、河北、辽宁三省近海产量较大。

❹ **产季** 对虾的春汛在每年的 3—5 月，秋汛在 10—11 月。

❺ **品质特点** 对虾生长迅速，繁殖快，但寿命短，一般为一年。对虾属于高档烹饪原料，肉质鲜美、体大肥嫩，虾脑味道尤佳。

❻ **烹饪应用** 对虾在烹饪中应用广泛，可整只入馔，也可加工成段、片。鲜虾用盐水卤制，食时佐以姜、醋，保持原味，味道最佳；亦可用塌、烧、炸、炸熘、烹等烹调方法制成菜肴，如“糖醋大虾”“烹虾段”“炸雪丽凤尾虾”“三吃大虾”。在对虾头部有肝脏和卵巢（俗称虾脑），烹熟对虾的肝脏破碎变成红色的液体，味道十分鲜美，卵巢变为硬块，香甜细腻，非常可口，并含有丰富的营养元素。

❼ **营养** 对虾营养丰富，是典型的高蛋白、低脂肪营养食品，含蛋白质（20.6％），脂肪（0.7％），还含钙、磷、钾、维生素等。中医认为对虾味甘咸、性温，有补肾壮阳、健脾化痰、益气通乳等功效。

对虾

鹰爪虾

（二）鹰爪虾

❶ **别名**　鹰爪虾又称鹰爪糙对虾等。

❷ **外形**　鹰爪虾甲壳厚而粗糙，棕红色，腹部弯曲时像鹰爪，故又称为鹰爪糙对虾。鹰爪虾是对虾科的一种中型虾类。

❸ **产地**　我国南北各海区都产鹰爪虾，产量较大，以黄海、渤海沿岸的烟台、威海沿海产量较大、品质好。

❹ **烹饪应用**　鹰爪虾可鲜食，去头、剥皮后可制作“炒虾仁”等菜肴，还可用来加工成海米，如山东产的金钩海米，色味俱佳。

（三）龙虾

❶ **外形**　龙虾属爬行虾类，体粗壮，圆形而略扁平，色鲜艳，带有美丽斑纹，胸甲坚硬多棘，两对触角非常发达，基部数节，粗而有棘，步足呈爪状，腹部较短，肢不发达，不善游泳，栖息于海底，行动缓慢，白天潜伏，夜出觅食。龙虾是虾类中最大的一类，体长一般在 20～40 cm，重 500 g 左右，最大者有 3～5 kg。

❷ **产地**　龙虾生活在温暖的海洋里，在我国的东海和南海一带，如浙江、福建、台湾和广东沿海的许多浅水区都有出产。我国产的龙虾有 8 种以上，数量最多的一种是“中国龙虾”。这种龙虾只产于我国南海和东海南部，是我国龙虾中最重要的经济虾种。

❸ **品质特点**　龙虾体大肉多，滋味相当鲜美，是名贵的海产品。

❹ **烹饪应用**　龙虾在烹调时一般可煮、蒸剥食；拆肉后烹制，适于炒、炸、烹、炸熘等多种烹调方法，可制成“生菜龙虾”“上汤龙虾”等菜肴。

龙虾死后肉质发生变化，不可食用，所以必须活食，龙虾在接近死亡时会出现“慢爪”状态，即其头背之间的颈部会有一道明显陷落的肉痕，色泽似荔枝肉，越接近死亡，肉痕越深，头部与身躯宛如分开的两截。

龙虾

青虾

❺ **营养**　龙虾可食部约占体重的 60%，含蛋白质(16.4%)、脂肪(1.8%)、磷等。中医认为龙虾性温、味甘，有滋阴壮阳、补肾镇心的作用。

（四）青虾

❶ **别名**　青虾也称沼虾，因其体色青绿而俗称青虾。

❷ **外形**　青虾全身呈淡青色，体长 4～8 cm，头胸部较粗大，腹部较短小，甲壳厚而硬，前两对步足为钳状，第二步足超过体长。

❸ **产地**　青虾种类较多，我国常见的一种是日本沼虾，它是我国产量最大的淡水虾，以河北白洋淀、山东微山湖、江苏太湖所产较佳。

❹ **产季**　青虾的产季在每年的 4—9 月。

❺ **品质特点**　青虾肉质鲜嫩，味美。

❻ **烹饪应用** 青虾在烹饪中常整只使用，可制作“盐水虾”“油爆虾”“炝虾”等；去头、甲壳后的完整虾肉称为虾仁，可用来制作“炒虾仁”“炸虾仁”“龙井虾仁”等菜肴，也可用来制茸泥后烹调菜肴。青虾虾仁的干制品称为“湖米”，其子也可以干制为虾子。

❼ **营养** 青虾含有蛋白质（约 17%）、脂肪（约 2%），并含有丰富的钙、磷、铁等矿物质。

（五）白虾

❶ **别名** 白虾死后呈白色，故名白虾。

❷ **外形** 白虾体色透明，微带蓝色或红色小点，腹部各节后缘体色较深，体长 7～9 cm。

❸ **产地** 白虾多生活在近岸浅海的泥沙地上或河口附近的半咸水域，也有的生活在淡水里或江河湖泊中。我国沿海各地均产白虾，以黄海和渤海产量最多。

❹ **产季** 白虾产季为每年 3—5 月。

❺ **品质特点** 白虾肉质细嫩，滋味鲜美。

❻ **烹饪应用** 常用的烹调方法有炒、炸、爆等。平常吃的虾子，多半是由白虾虾子加工而成。

白虾

虾蛄

（六）虾蛄

❶ **别名** 虾蛄又称螳螂虾、爬虾、皮皮虾等。

❷ **外形** 虾蛄是与虾蟹近似的甲壳类的甲壳纲、虾蛄科，体扁，长约 15 cm，头胸甲小。

❸ **产地** 虾蛄穴居于泥沙质浅海，我国沿海均产，以黄海、渤海产量较大。

❹ **产季** 虾蛄以每年春季所产最佳。

❺ **品质特点及烹饪应用** 虾蛄肉质鲜甜嫩滑，以春季卵成熟为块状时肉质最佳，其味十分鲜美，可制作“盐水爬虾”等菜肴。

❻ **营养** 虾蛄含蛋白质（11.6%）、脂肪（1.7%）及多种矿物质等。

（七）基围虾

基围，指人工挖掘的海滩塘堰。趁涨潮在基围内引入海水，同时引入海虾，养至一定时期，趁月色下退潮时放水，以网在闸口捕虾，即称为基围虾。

❶ **产地** 基围虾是广东一带所产的海虾之一。

❷ **品质特点及烹饪应用** 因塘中天然饵料丰富，故此虾肥而鲜美，可制作“白焯基围虾”“火焰醉虾”等菜肴。

❸ **营养** 基围虾含蛋白质（18.2%）、脂肪（1.4%）及多种维生素等。

（八）小龙虾

❶ **别名** 小龙虾又名克氏螯虾、克氏原螯虾、大头虾、淡水小龙虾等，属中小型淡水螯虾类品种。

基围虾

小龙虾

❷ **产地**　小龙虾原产于美国，20 世纪二三十年代传至我国南京一带，现广泛分布于长江中下游地区。江苏省盱眙的小龙虾很有名气。

❸ **产季**　每年 6—8 月是小龙虾形体最为"丰满"的时期，也是人们捕捞和享用小龙虾的最佳时机。

❹ **品质特点及烹饪应用**　小龙虾肉质结实，有弹性，味道鲜美，可整只烹制，如烧制小龙虾，建议用清水浸泡 2～3 h 之后，刷洗干净，高温煮熟之后再食用。

❺ **品质检验**　小龙虾表面明亮，虾身硬挺为好，腹部的绒毛和爪上的毫毛白净整齐为好。死了的小龙虾是不能吃的。雌龙虾味道更为鲜美。鉴别雌龙虾的方法是看虾的头体连接部位下表皮是否有一对三角形的小刺，如果有小刺则是雌龙虾。买回小龙虾后，最好先放入水中养一天，使其吐净体内的泥沙。

❻ **营养**　龙虾肉洁白细嫩，味道鲜美，高蛋白，低脂肪，营养丰富，还具有药用价值，能化痰止咳，促进手术后的伤口生肌愈合。

❼ **注意事项**　上海等地食品药品监督管理部门曾在一些水产市场查出摊主用所谓"洗虾粉"给虾去污。不同的"洗虾粉"成分不同，有的是碱性物质，有的是柠檬酸和亚硫酸盐，后面这两种成分属合法的食品添加剂，但"洗虾粉"中还有许多没有分离出来的成分，使用此产品会给消费者的健康带来隐患，甚至有引发癌症的风险。因此，除管理部门加强监管外，消费者从市场上买来的小龙虾，还应用清水多冲洗，以免"洗虾粉"等有害物质残留。

二、蟹类

蟹多数种类生活在海洋中，少数种类生活在淡水或咸淡水中，有些种类在淡水中生长，却要到浅海中繁殖，另有少数种类是水陆两栖或在陆地上穴居，但产卵和早期发育需要在海水中进行。常见的经济意义较大的品种有河蟹、梭子蟹等。

（一）河蟹

❶ **河蟹**　河蟹又称螃蟹、毛蟹、湖蟹、清水蟹等，学名中华绒螯蟹，因其双螯长有绒毛而得名。

❷ **外形**　河蟹是我国产量最大的淡水蟹类，头胸甲呈方圆形，通常呈褐绿色，螯足强大，密生绒毛，步足侧扁而长。成蟹于秋季迁移于河口咸淡水中产卵，而后抱卵的雌蟹离开咸淡水，到附近的浅海中生活，卵于翌年 3—5 月孵化，幼体经多次变态，发育成幼蟹，幼蟹自海水中迁入淡水中生活。

❸ **产地**　河蟹在我国分布很广，特别是从辽宁到福建的沿海各省，凡是通海的河川，如鸭绿江、辽河、滦河、大清河、白河、黄河、长江、黄浦江、钱塘江、瓯江、闽江，都有它的踪迹，而且产量很多。我国台湾、广东沿海所产的河蟹，跟北方所产的相比，在形体上略有不同。

河蟹除在南北沿海出产外，长江下游的安庆、芜湖、昆山、阳澄湖以及山东微山湖等也是著名产地。河蟹根据产地不同可分为江蟹、河蟹、湖蟹 3 种。

❹ **产季** 河蟹在每年9—11月为生产旺季。河蟹腹部(俗称脐)扁平，雌、雄腹部的形状不同。雌河蟹的腹部呈圆形，俗称团脐，雄的呈三角形，俗称尖脐。民间有“九月团脐十月尖”之说，即农历九月(寒露以后)雌蟹黄多肉厚，要吃雌蟹，农历十月(立冬左右)雄蟹壮实而多脂膏，要选雄蟹。

河蟹必须以活蟹烹制。河蟹一旦死亡，体内的病原菌会很快侵入肌肉并大量繁殖，使蟹肉腐败有毒，人体食后会发生中毒。

河蟹

阳澄湖大闸蟹

三疣梭子蟹

(二) 三疣梭子蟹

❶ **别名** 三疣梭子蟹又称蝤蛑。

❷ **外形** 三疣梭子蟹头胸甲呈斜方形，前侧缘各有9个锯齿，最后1齿特别长大而向左右凸出，因此它的体形呈梭子状。头胸甲表面有3个起伏不平的瘤状隆起，左右对称、呈暗紫色，有青白色云斑。螯足长大，第四对步足扁平似桨，适于游泳，常群栖于浅海海底的泥沙地上。成熟雄蟹腹部呈锐三角形，未成熟的雌蟹腹部也呈三角形，不过较雄蟹宽，成熟的雌蟹腹部呈半圆形，很大，几乎可以满盖整个腹面。

❸ **产地** 三疣梭子蟹分布于我国南北沿海，以黄海北部产量最大。

❹ **产季** 三疣梭子蟹的生产旺季为春夏之交，在渤海和黄海产季为4—7月，在福建沿海产季为3—11月。

❺ **蟹类的烹饪应用** 蟹肉滋味鲜美，蟹黄更是别有风味。整蟹适于清蒸。蟹肉、蟹黄可制作著名菜品，如“蟹黄海参”“蟹黄蹄筋”“蟹黄鱼翅”“蟹粉狮子头”“炒全蟹”，也可用作面点馅心，如“蟹黄汤包”“蟹黄水饺”。用蟹制作菜肴时，要注重突出其鲜味，故多用咸鲜味型。

❻ **蟹类的应用注意事项** 生蟹不能吃，因为螃蟹是肺吸虫的中间宿主，生食易感染肺吸虫。“生吃螃蟹活吃虾”的旧习应坚决摒弃。将螃蟹用沸水蒸煮20 min以上，才可以杀死蟹体内的病原菌和肺吸虫囊蚴，无论采用何种加热方法，都必须使其熟透，以达到杀灭病原菌的目的。

蟹爱吃腐败的东西，因此蟹胃成了藏污纳垢的部位，故蟹胃不能食。蟹肠及鳃也因常有污物和寄生虫，不能食用。蟹的心脏，性大寒，莫食。

蟹性寒，所以食蟹时要有姜、醋佐食，既可暖胃祛寒，又能杀菌消毒，还可去腥，增加美味。蟹不能与柿子同食，否则易引起腹泻等肠胃不适。

❼ **蟹类的营养** 蟹类含有丰富的蛋白质、脂肪、糖类和钙、磷、铁等矿物质及维生素，特别是维生素A的含量是水产品中含量最高的。中医认为蟹有散瘀血、通经络、续筋接骨、解漆毒、催产下胎等功效。

实践模块

一、虾的品质检验

❶ **新鲜的虾**　头尾完整，爪须齐全，有一定的弯曲度，壳硬度较高，虾身较挺，虾皮色泽发亮，呈青绿色或青白色，肉质坚实细嫩。

❷ **不新鲜的虾**　头尾容易脱落或离开，不能保持原有的弯曲度，虾壳发暗，颜色为红色或灰红色，肉质松软。

二、蟹的品质检验

河蟹以死活作为标准。市场只能出售活蟹，死蟹不能出售，以免引起食物中毒。梭子蟹为海蟹，只有刚捕捞出水时是活的，离开海水后很快就会死亡。

❶ **新鲜蟹**　无论是河蟹还是海蟹，身体完整，腿肉坚实，肥壮有力，用手提有硬感，脐部饱满，分量较重，外壳青色发亮，腹部发白，团脐有蟹黄，肉质新鲜者为新鲜蟹。好的河蟹动作灵活，能很快翻转，能不断吐沫并有响声。海蟹腿关节有弹性。

❷ **不新鲜的蟹**　不新鲜的蟹腿肉空，分量较轻，壳背呈青灰色，肉质松软。河蟹行动迟缓不活泼，海蟹腿关节僵硬。

三、虾和蟹的保藏

❶ **活养法**　河蟹活养时必须限制其活动，避免消瘦，但要适当通风，避免闷热，也可适当洒一些清水。

❷ **冷冻、冷藏法**　虾类在冷藏时一般要排放整齐，不要叠堆，温度控制在－4 ℃以下即可。

海蟹离开海水就会死亡，应立即冷冻，否则保藏不当，容易变质，不新鲜的海蟹不能食用。

同步测试

1. 介绍对虾在烹饪中的运用，其可制作哪些菜肴？
2. 蟹类原料在烹制过程中有哪些注意事项？
3. 详细介绍虾蟹的常用保鲜方法。

任务四　软体类

基础模块

一、鲍鱼

❶ **别名**　鲍鱼也称大鲍等。

❷ **外形**　鲍鱼壳坚厚，低扁而宽，呈耳状，螺旋部只留痕迹，占全壳极小的部分，壳的边缘有一列呼吸小孔，壳表面粗糙，内面呈现美丽的珍珠光泽。因其只有一个右旋的贝壳，形状似耳朵，所以也称海耳。鲍鱼壳即中药材石决明。鲍鱼的足部非常发达，上部生有许多触手，下部展开呈椭圆形，用来附着礁石和爬行，这块软嫩而肥厚的足部肌肉，是食用部位。

③ **产地** 鲍鱼的种类很多,我国北方沿海、南方沿海、南海诸岛均产各类鲍鱼。20世纪70年代,我国人工养殖鲍鱼成功,鲍鱼产量稳步增长。

④ **产季** 每年7—8月水温升高,鲍鱼向浅海做生殖性移动,此时肉足丰厚,最为肥美。

⑤ **品质特点** 鲍鱼的肉足较嫩而肥厚,鲜美脆嫩。鲍鱼是名贵的烹饪原料,自古以来被视为海味珍品,现市场有鲜品、速冻品、罐头制品、干制品供应。鲜品及速冻品鲜美脆嫩,罐头制品口感柔软,鲜味仅次于鲜品。烹饪中以鲜品、速冻品、罐头制品应用较多,主要是因为鲜品、速冻品、罐头制品使用方便,品质较干制品鲜嫩。

⑥ **烹饪应用** 鲍鱼多加工成片状,作为主料时适于爆、炒、拌、扒等烹调方法,可制作"扒原壳鲍鱼""蚝油鲍鱼""麻酱紫鲍"等菜品。

⑦ **营养** 鲍鱼含蛋白质(19%),并含有20余种氨基酸,有较高的营养价值。中医认为鲍鱼性温、味咸,有养血柔肝、行痹通络的功效。

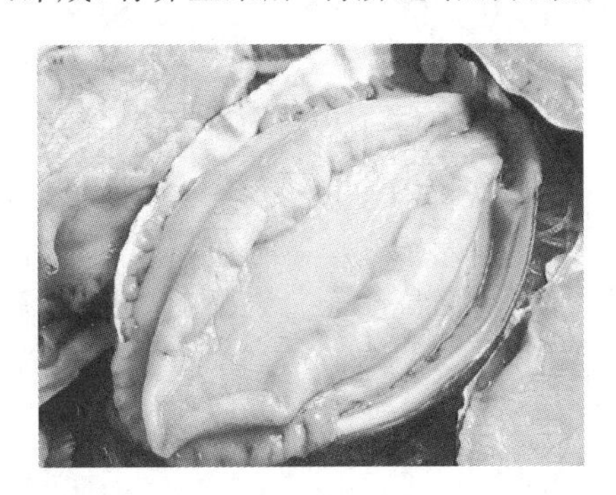

鲍鱼

海参

二、海参

海参呈圆柱状,口在前端,肛门在后端,周围有触手,内骨骼退化为微小骨片,体质柔软。海参生长于水流缓慢、有丰富海藻的岩石礁底等处。

① **产地** 海参在我国南海、黄海、渤海均有出产。

② **种类及品质特点** 海参种类繁多,可分为刺参、梅花参、方刺参、大乌参、黄玉参等。

(1) 刺参:又称灰参,体形似圆柱,背有4～6行肉刺,灰褐色,以纯干、肉肥、味淡者为佳,刺参产于我国北部沿海的辽宁大连及山东烟台、长山岛。刺参是海参中质量较好的品种之一。

(2) 梅花参:又称凤梨参,是海参中体型最大的一种,背面肉刺多,每3～11个刺基部相连,呈梅花瓣状,肉厚肥嫩,刺坚挺,体完整。梅花参质量与灰参相同,属名贵海参。产于南海的西沙群岛等地。

(3) 方刺参:体呈四方柱状,有四行平直肉刺,肥壮肉厚,品质较好。方刺参产于广西北海、南海西沙群岛。

(4) 大乌参:体壮短粗,呈黑褐色,皮平展无皱折无刺,肉厚嫩,产于南海诸岛。

(5) 黄玉参:体近圆柱状,短粗,两端钝圆,背有疣状凸起,疣上有小颗粒,形如秃刺。黄玉参肥厚鲜嫩,较为名贵,产于广西、广东沿海及南海。

(6) 茄参:又称乌虫参、香参等,呈纺锤形,浅棕色,体壮肉厚,物美价廉,产于海南、广东。

(7) 白石参:体表光滑无刺,腹白似石灰质。产于广东、海南岛、西沙群岛,质量一般。涨发前须先用火烧燎外皮。

③ **烹饪应用** 海参是名贵的海产品,多为干制品,需涨发后使用。在烹饪中常用作宴席的头菜。海参在烹饪中用作宴席的第一道菜时,该宴席名为"海参席"。海参可加工成大片、丝、丁等,或整条使用。海参在菜肴中多作为主料,适合烧、扒、炒、拌、蒸或做汤等烹调方法。适合多种味型,可

Note

制作“烧海参”“鸡丝海参”“奶汤海参”“扒海参”“虾子大乌参”“葱烧海参”等。

选学模块

一、海螺

1 别名　海螺又称红螺。

2 外形　海螺贝壳边缘轮廓略呈四方形，壳大，厚 1 cm 左右，螺层有 6 级，壳口内有杏红色，有珍珠光泽。

3 产地　海螺生活在浅海底，我国沿海均产，以山东、河北、辽宁沿海产量较大。

4 产季　海螺产期在 9 月中旬至翌年 5 月。

5 品质检验及烹饪应用　海螺肉味鲜美，肉质脆嫩。忌加热过度，否则肉质变老，咀嚼不烂。海螺适于爆、炒等旺火速成的烹调方法，如山东菜“油爆海螺”“红烧海螺”。

6 营养　海螺含蛋白质(11.8%)、脂肪(0.05%)、糖类(4%)、矿物质(0.5%)，还含有维生素 A、B 族维生素等。

海螺

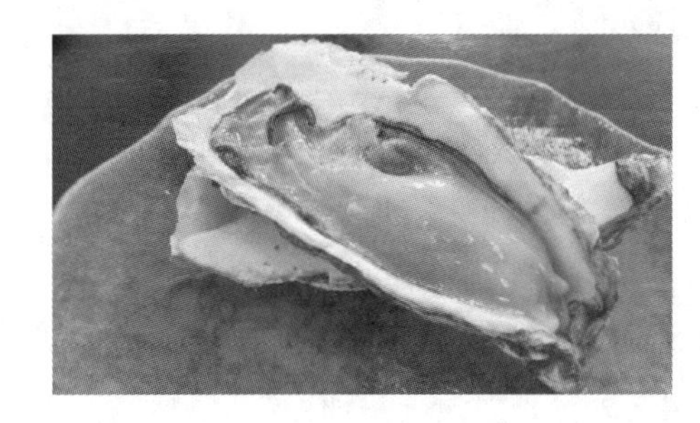

牡蛎

二、牡蛎

1 别名　牡蛎又称蚝、海蛎子等。

2 外形　牡蛎壳形不规则，大而厚重，左壳(或称下壳)较大较凹。右壳(或称上壳)较小，掩覆如盖，壳面有青灰色或黄褐色等颜色，壳面层层相叠，粗糙坚硬，上壳覆于下壳上，黏着力和闭合力均较强。

3 产地　牡蛎在我国黄海、渤海、南沙群岛均产，主要产于广东，辽宁大连，山东烟台、羊角沟等地，品种有 20 个左右。牡蛎可人工养殖，现广东、福建、台湾养殖较多。

4 产季　牡蛎的产季在每年的 9 月至翌年的 3 月。

5 品质特点　牡蛎肉质细嫩，味极鲜美，色洁白，牡蛎中所含的液汁为乳白色，味亦鲜美。牡蛎营养丰富，有“海中牛奶”之誉。

6 烹饪应用　用牡蛎制作菜肴时基本不用刀工处理，适于炸、炒等烹调方法，味型以咸鲜为主，可制作许多名菜，如山东菜“炸蛎黄”“金银裹蛎子”“清汆蛎子”，福建的“酥包蛎”，浙江的“蛎黄跑蛋”，广东的“炸芙蓉蚝”“生炒明蚝”，亦可作为面条中的卤。牡蛎肉还可干制成牡蛎干，广东称其为蚝豉，亦可用于制作鲜味调味品蚝油等。

7 营养　每 100 g 牡蛎肉含蛋白质(4.3%～1.39%)、脂肪(29%～2.3%)、肝糖原(4.3%～10.7%)、钙(118～165 mg)、维生素 A(133～1500 IU)、核黄素(0.19 mg)、烟酸(1.7 mg)。中医认为牡蛎性平、味咸甘，可滋阴养血。

贻贝

三、贻贝

❶ **别名** 贻贝又称淡菜、壳菜、海红、青口等。

❷ **外形** 贻贝壳呈膨胀的长三角形，壳顶向前，表面有轮形条纹，被覆黑褐色壳皮，内面为白色，带有青紫色。生活于清澈的浅海海底的岩石上。

❸ **产地** 贻贝种类很多，我国沿海有30余种，其中经济价值较高的有10多种，如紫贻贝多产于黄海和渤海，尤以大连沿海最丰富，现大多数为人工养殖。

❹ **产季** 每年1—4月采捕的贻贝鲜活，肉质尤为鲜美，所含白汁清鲜可口。

❺ **品质特点** 贻贝肉质细嫩，滋味鲜美。雄性肉为白色，雌性肉为橘黄色。

❻ **烹饪应用** 用贻贝制作菜肴时不用刀工处理，适于爆、炸、炒、氽汤、拌、炝等烹调方法，味型多，以咸鲜为主，可制作“炝海红”“拌海红”“蒲酥贻贝”“葱白扒贻贝”“炸贻贝”等菜品。

❼ **营养** 贻贝肉含蛋白质(53.5%)、糖类(17.6%)、脂肪(6.9%)、矿物质(8.6%)，还含有多种维生素，易被人体吸收，食用价值很高。贻贝营养丰富，被誉为“海中鸡蛋”。

四、蚶子

蚶子因其表面有自壳顶发出的放射肋，形如瓦楞，故又称瓦楞子。我国沿海约有10种，其中较为著名的有泥蚶和毛蚶两种。

（一）泥蚶

泥蚶栖息在浅海软泥滩中，故名泥蚶。

❶ **外形** 泥蚶壳呈卵圆形，坚厚，顶凸出，放射肋发达，有18～20条，有细密铰合齿，壳表面呈白色，被覆褐色薄皮，内面呈灰白色，被覆褐色薄皮。

❷ **产地** 泥蚶是我国著名的经济海产品之一，我国南北沿海均产，广东、福建、浙江、山东等省早已人工养殖。

❸ **产季** 泥蚶产季为春秋季。

❹ **品质特点及营养** 泥蚶肉味鲜美，为南方沿海民众所喜食。泥蚶含有较多的血红素，有补血作用。

泥蚶

毛蚶

（二）毛蚶

❶ **别名** 毛蚶被覆绒毛状的褐色表皮，又称毛蛤。

❷ **外形**　毛蚶壳质坚厚，长卵圆形，比泥蚶大，右壳壳面有放射肋约35条，壳面呈白色，被覆绒毛状的褐色表皮。

❸ **产地**　毛蚶栖息在有少量淡水流入的浅海泥沙中，我国南北沿海均产。其肉味不如泥蚶鲜美，但产量多，经济价值也较大。

❹ **产季**　春秋季为毛蚶生产旺季。

❺ **品质特点及烹饪应用**　毛蚶肉质较肥嫩，味鲜美，适于做汤或凉拌。用毛蚶制作菜肴时要注意火候，若稍微加热过度，肉质就会变老。毛蚶易被病原微生物污染，一定要注意不要夹生食用。

五、蛏

（一）竹蛏

❶ **别名**　竹蛏也称蛏子。

❷ **外形**　竹蛏壳质脆薄，呈长竹筒状，两壳像两片长竹片。竹蛏壳面呈黄色，有铜色斑纹，肉呈黄白色，常伸出壳外。

❸ **产地**　竹蛏栖息在浅海泥沙中，我国南北沿海均产。

❹ **产季**　每年夏季盛产竹蛏。

❺ **品质特点**　竹蛏肉细嫩，味鲜美，可鲜食，亦可干制。

❻ **烹饪应用**　竹蛏的烹饪应用同缢蛏。

竹蛏

缢蛏

（二）缢蛏

❶ **别名**　缢蛏也称蛏子。

❷ **外形**　缢蛏壳呈长方形，两端圆，生长线明显可见，壳面呈黄绿色，常磨损脱落而呈白色，壳质薄脆。

❸ **产地**　缢蛏栖息在近海河口和有少量淡水注入的浅海内湾，我国沿海均产，主要分布在山东、浙江、福建等省沿海，浙江、福建已有人工养殖。

❹ **产季**　每年夏季为缢蛏生产旺季。

❺ **品质特点**　缢蛏肉质细嫩，味鲜美，可鲜食，亦可干制。

❻ **烹饪应用**　缢蛏肉适于爆、炒、拌、炝等多种烹调方法，一般不用进行刀工处理，可制作"油爆蛏子""木樨蛏子""肉片蛏子""拌蛏子""炝蛏子"等菜肴。

❼ **营养**　缢蛏肉含蛋白质较多，亦含少量的矿物质。中医认为其性寒、味咸甘，有补阴清热、除烦止痢的功效。

六、文蛤

❶ **外形**　文蛤壳略呈三角形，厚而坚实，两壳大小相等，壳面滑似瓷质，色泽多变，有放射状褐

色斑纹。内面呈白色。

❷ **产地** 文蛤产于我国沿海沙岸，主要产区在山东莱州湾、长江口以北沿岸。江苏如皋是盛产区，广东及广西等沿海一带亦有出产。

❸ **产季** 文蛤以夏季出产的质量较好。

❹ **品质特点及烹饪应用** 文蛤是蛤中上品，肉肥大，初加工时要洗净，否则有泥沙。用文蛤肉制作菜肴时切忌加热过度，适于旺火速成的烹调方法，如爆、炒，亦可用作面点馅心。

❺ **营养** 文蛤富含氨基酸、琥珀酸，其味鲜美异常。文蛤含蛋白质(11.8%)、脂肪(0.6%)、糖类(6.2%)，还含有维生素，尤其维生素A、维生素D的含量丰富。中医认为文蛤性平、味咸，有清热、利湿、化痰、散结的功效。

文蛤

西施舌

七、西施舌

❶ **别名** 西施舌本名车蛤。

❷ **外形** 西施舌因其似蛤蜊，肉呈舌白色，壳表面呈黄褐色而有光泽，顶部为淡紫色，像美女红润的面颊，故名。西施舌壳大而薄，最大者壳长14 cm，重达500 g，略呈三角形，壳顶在中央稍前方，腹缘呈圆弧状。

❸ **产地** 西施舌栖息在浅海沙滩内。我国沿海以福建、山东产量较大。主要产于山东日照、青岛崂山沿海一带。

❹ **品质特点及烹饪应用** 西施舌肉质细嫩洁白，味极鲜美，为海味上品，适于旺火速成的烹调方法，可制作“氽西施舌”“芙蓉西施舌”等。

❺ **营养** 中医认为西施舌有滋阴、明目、化痰、软坚、益精润脏的作用。

八、扇贝

❶ **外形** 扇贝中常见的为栉孔扇贝。扇贝因其贝壳呈扇形而得名，扇贝贝壳表面有放射肋，表面呈紫红色或橙红色，极美丽，闭壳肌非常发达，取下即为鲜贝。

❷ **产地** 扇贝在我国北方沿海均产，现已有人工养殖。

❸ **产季** 每年7月下旬为扇贝的捕捞季节。

❹ **品质特点** 扇贝肉质细嫩洁白，味鲜爽。

❺ **烹饪应用** 扇贝在烹饪中多作为主料，刀工处理方式较少，适于爆、炒、炸、扒、氽等烹调方法，味型由咸鲜向多种味型延伸，可制作“油爆鲜贝”“软炸鲜贝”“青椒炒鲜贝”等菜品。

❻ **营养** 扇贝含有蛋白质(14.8%)，脂肪(0.1%)，糖类(3.4%)，以及磷、钙、铁等。

九、日月贝

❶ **别名** 因日月贝捕后一般去掉内脏团，将剥下的外套膜与闭壳肌一同编在一起成辫状，干制

扇贝

日月贝

后如带状故称带子。亦可仅取闭壳肌鲜食，鲜品称为鲜带子。

❷ **外形** 日月贝贝壳近圆形，质薄，略透明，表面光滑，左壳肉呈红色，右壳肉呈白色，有清晰的放射肋纹和细的同心生长线。

❸ **产地** 我国日月贝多产于南海，尤以北部湾为多，现已有人工养殖。

❹ **产季** 每年春秋两季为日月贝的捕捞季节。

❺ **品质特点及烹饪应用** 鲜带子肉质鲜嫩，味鲜美，其应用与扇贝相同。

十、江珧

❶ **外形** 江珧贝壳大而薄，前尖后广呈楔形，表面有放射肋，呈淡褐色至黑褐色，其闭壳肌称为江珧柱。

❷ **产地** 江珧在我国沿海均产，近年来福建沿海出产较多。

❸ **产季** 每年1—3月为江珧的捕捞季节，现已有人工养殖。

❹ **烹饪应用** 江珧柱的烹饪应用与扇贝相同。

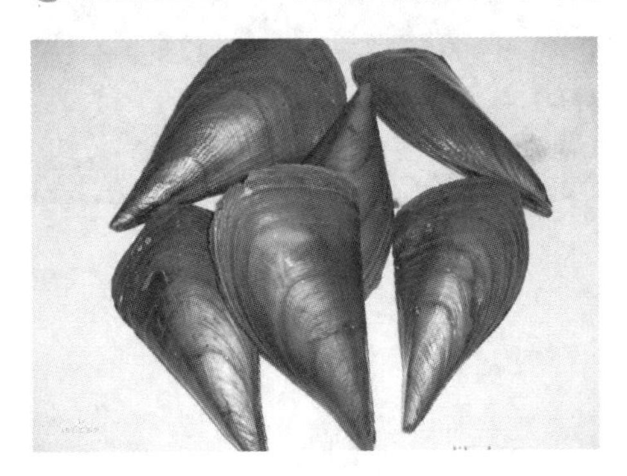

江珧

乌贼

十一、乌贼

❶ **别名** 乌贼又称墨鱼、乌鱼。

❷ **外形** 乌贼体呈袋形，背腹略扁平，侧缘绕以狭鳍，头发达，眼大，头部前端有五对腕，其中一对较长，腕顶端长有许多小吸盘，其他四对较短。上面生有四列吸盘。背肉中央有一块背骨，通称乌贼骨，即中药材海螵蛸，雄性背宽有花点，雌性肉鳍发黑。乌贼体内墨囊发达，遇敌即放出墨汁逃走。5—6月间产卵。

❸ **产地** 我国沿海各地常见的有金乌贼和无针乌贼，后者产量大，为我国四大海洋经济鱼类

(小黄鱼、大黄鱼、带鱼、乌贼)之一,我国沿海各地均有出产,以舟山群岛产量较多。

④ **产季** 在我国广东每年2—3月,福建、浙江5—6月,山东黄海6—7月,渤海10—11月为乌贼产季。

⑤ **品质特点** 乌贼鲜品肉色洁白,脯肉柔软,鲜嫩味美。

⑥ **烹饪应用** 乌贼适于多种刀法,常加工成乌鱼卷、乌鱼花,作为主料时适于爆、炒、拌、炝、烤等烹调方法。可制成"油爆乌鱼卷""炒乌鱼花""芫爆乌鱼卷""氽乌鱼花"等著名菜肴。

⑦ **营养** 乌贼鲜品含有蛋白质(13%~17.1%),脂肪(0.4%~5.5%),还含有钙、磷及维生素等。中医认为其性平、味咸,有养血滋阴、补益肝肾等功效。

十二、鱿鱼

① **别名** 鱿鱼又称枪乌贼、柔鱼。

② **外形** 鱿鱼体稍长,后端左、右内鳍相合呈菱形,这是与乌贼在外形上的最大区别,腹部为长筒形,头部有一对触腕、四对支撑腕,皆生有吸盘。

③ **产地** 鱿鱼在我国南北沿海均有分布。

④ **产季** 鱿鱼产期在每年4—5月和8—9月。

⑤ **品质特点** 鱿鱼鲜品肉色洁白,肉质柔软,鲜嫩味美。

⑥ **烹饪应用** 鱿鱼在烹饪应用上与乌贼基本相同。

⑦ **营养** 鱿鱼中蛋白质、脂肪、矿物质含量均较丰富,特别是干制品中蛋白质含量高达60%,中医认为鱿鱼有滋阴养胃、补虚泽肤的功效。

鱿鱼

章鱼

十三、章鱼

① **别名** 章鱼又称蛸、八带鱼等。

② **外形** 章鱼体短,呈卵圆形,无鳍无骨,头上生有八腕,故又名八带鱼,腕上有吸盘。章鱼的种类很多,我国常见的有短蛸、长腕蛸、真蛸,其中后两种体长可达80 cm。

③ **产地** 章鱼多栖息于浅海沙砾、软泥及岩礁处,主要产于渤海、黄海。

④ **产季** 每年3—6月为章鱼的捕捞旺季。

⑤ **品质特点** 章鱼肉色较白,肉质柔软,鲜嫩味美。章鱼嘴和眼含沙子较多,食用前一定要洗涤干净。

⑥ **烹饪应用** 章鱼在烹饪中刀工处理方式较少,其他应用基本与鱿鱼、乌贼相同。

⑦ **营养** 章鱼含蛋白质(15%)、脂肪(2%),其脂肪含量约为乌贼的4倍,牡蛎的5倍,此外还含有糖、钙、磷、铁、碘、维生素、甲硫氨酸、牛磺酸、胱氨酸等物质,对人体有益。中医认为其性平、味甘,有益气养血、收敛生肌、解毒消肿的功效。

十四、螺蛳

螺蛳

❶ **外形**　螺蛳呈螺旋形，壳高 4 cm 左右。

❷ **产地**　螺蛳分布广，常栖息于河溪、湖泊、池塘及水田，以长江、珠江两大流域出产较多。

❸ **产季**　螺蛳以冬春季捕捞者质佳。

❹ **品质特点**　螺蛳水分多，质地脆嫩，亦有结缔组织，肉味鲜美。

❺ **烹饪应用**　螺蛳在烹饪中以旺火速成为主，适于爆、炒、炝等烹调方法，调味多以清淡为主，以突出自身的鲜味。螺蛳在烹饪前要洗净表面污物，用清水养 3 天左右，每天换水，直至体内污物、粪便全部排出为止，去尾挑出肉洗净待用。螺蛳基本不用刀工处理，可制成"辣椒炒螺蛳""酱油螺蛳"等菜肴。

❻ **营养**　螺蛳肉含蛋白质(10.7%)、脂肪(1.2%)、钙(1357 mg)、磷(198 mg)及丰富的维生素，以及核黄酸、烟酸等。中医认为螺蛳肉味甘、性寒，有利水、明目、解毒的功效。

同步测试

1. 优质的新鲜鲍鱼具有哪些品质特点？
2. 查找资料，了解利用海参制作常见菜肴的加工方法。
3. 介绍一种常见的海产品在本地菜肴中的烹调方法。

Note

干货原料

项目描述

干货原料知识，主要介绍干货原料的概念，干货原料的色泽、质地、口感、风味等品质特点，干货原料的识别和质量鉴别方法，常用干货原料的初加工与涨发方法，干货原料的市场经济价值，符合食品安全规范的干货原料的科学处理方法。

项目目标

1. 掌握干货原料的形态特征。
2. 熟练掌握干货原料的质量鉴别与保藏方法。
3. 熟悉干货原料的烹饪用途与加工工艺。
4. 熟悉干货原料的市场经济价值。

内容提要

干货原料与鲜活原料相比，其营养成分基本保持不变，风味独特，在烹饪应用中较为广泛。本项目内容主要介绍干货原料的概念、意义、要求，常用的干货原料涨发方法及原理等。涨发后的干货原料在烹饪中应用较为广泛。根据不同的干货原料性质，应选择不同的涨发方法，否则影响干货原料的涨发质量，也就直接影响菜肴的质量。因此，对常见干货原料的识别与涨发工艺的掌握是每个职业院校烹饪专业学生都应该具备的基本技能。

一、干货原料的概念

干货原料又称干货、干料，由鲜活的动植物原料经加工、脱水、干制而成。其特点是含水量很低，组织紧密，具有干、老、硬、韧的特点，经重新吸水后方可使用，干制后的烹饪原料在烹饪中具有新鲜原料所不具备的特殊风味和质感，是烹饪原料中的重要组成部分。

二、干货原料的分类

干货原料种类很多，大致可分为海生植物干货原料、陆生植物干货原料、动物干货原料、海产品干货原料等几大类。

三、干货原料涨发的一般工艺流程

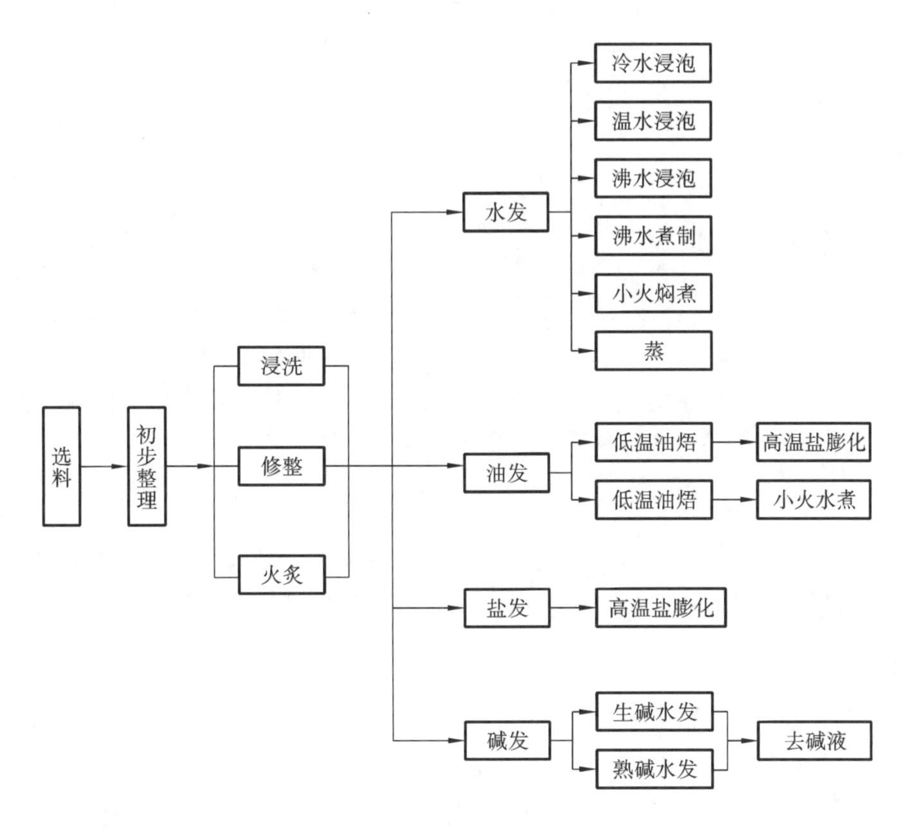

四、干货原料的保藏方法

动物干货原料容易吸潮、霉变、发油、发热、长虫甚至腐烂。保藏时应放置在干燥、通风的地方并经常检查，如发现霉变，可用清水迅速洗净，烘干，不宜在阳光下暴晒，以免受损，影响质量。对发油、长虫的动物干货原料，可用5%的冷盐开水洗涤，再于阴凉处风干后用玻璃瓶盛装。海产品干货原料等含有天然盐分，肌肉组织紧密，内部水分不易扩散，易受热发潮变质，更应随时检查，通风除潮。海参、鱼肚、鲍鱼等含胶质重，肉和水分不易扩散，容易变质，应经常注意检查，发现温度过高、身体变软，或有胶状物黏手时，应立即将坏处切去，以免感染。如发现吸潮，应晒干或用微火烘干。

植物干货原料也易吸潮，应存放在干燥、凉爽、通风条件好的地方，如受潮生霉，即需翻晒，摊晾风干，不宜日光暴晒，以免失去原有色素、光泽。

大部分陆生植物干货原料，多由硫黄熏制而成，存放时应注意密封，切忌生水、油脂、碱类物质渗入。温度较高的季节要勤检查，如有回潮、湿润，要及时晒干，冷却后盛入干净容器保存。

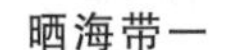

晒海带一

晒海带二

晒海带三

任务一 海生植物干货原料

基础模块

一、概况

海生植物是海洋中利用叶绿素进行光合作用以生产有机物的自养型生物。海生植物属于初级生产者。海生植物门类甚多,从低等的无真正细胞核的藻类(即原核细胞的蓝藻门和原绿藻门),具有真正细胞核的藻类(即真核细胞的红藻门、褐藻门和绿藻门),到高等的种子植物等 13 个门,共 1 万多种。为便于运输与储藏,海生植物在烹饪中多制成干制品。

二、分类

海生植物以藻类为主,可以简单地分为两大类:低等的藻类植物和高等的种子植物,海生种子植物的种类不多,均属于被子植物,没有裸子植物,通常分为红树植物和海草两类。

三、海生植物的作用

海生植物是海洋世界的"肥沃草原",它们是海洋中鱼、虾、蟹、贝等动物的天然"牧场",为数量庞大的海洋生物提供"食物"。很多海生植物不仅是海洋生物的必需品,也是人类餐桌上的美味食物。海生种子植物种类较少,主要生长在低潮带石沼中或潮下带岩石上,常见的有大叶藻、红须根虾形藻和盐沼菜,都是重要的经济种类,主要用于造纸和建材工业。

中国和日本等东方国家的人们,食用海藻和以海藻入药的历史非常久远。历史上也有英国海员用红藻预防和治疗维生素 C 缺乏病的记录,有爱尔兰人民依赖红藻、绿藻度过饥荒年的记载。西方国家食用海藻不如东方国家普遍。

海带

四、海生植物干货原料介绍——海带

❶ **概述** 海带是一种在低温海水中生长的大型海生褐藻,是一种可食用的海藻,为便于储藏和运输,多制成干制品,在我国广泛食用。

❷ **形态特征** 海带呈褐色,扁平带状,最长可达 20 m。分叶片、柄部和固着器,固着器呈假根状。叶片由表皮、皮层和髓部组织组成,叶片下部有孢子囊,具有黏液腔,可分泌滑性物质。固着器有树状分枝,用以附着海底岩石,生长于水温较低的海水中。

❸ **产地** 海带原产于白令海峡和日本北海道一带,我国山东、大连等海区也有养殖。1958 年南移福建省试养成功,并突破海带人工育苗难点,培育出成熟的种海带。全世界进行生产性育苗和大面积养殖海带的种类很多,约 50 种,其中亚洲产约 20 种。我国产的只有 1 种,种名叫海带。近几年国内科研人员从国外引进几种海带(如长海带),并与国内海带杂交培育出新品种,大大地丰富了海带研究内容。海带产量高、叶片宽厚、含胶量高、易养殖。

❹ **质量标准** 海带以叶体清洁平展,平直部为深褐色至浅褐色,无粘连、无霉变、无花斑、无海带根者为佳。

⑤ 烹饪运用 海带口感柔韧爽滑，带着一股淡淡的大海的气息，可用于炖、炒、烧、凉拌等，代表菜品有凉拌海带丝、海带炖排骨、带丝全鸭等。

实践模块

海带的质量鉴别与涨发方法训练如下。

一、训练目的

了解海带的质量鉴别方法，针对海带的特点，采用科学、规范、卫生的涨发方法对海带进行涨发，观察涨发过程中的海带变化，获得技能与经验。

二、训练内容

海带的质量鉴别训练见表 8-1-1，海带的涨发训练见表 8-1-2。

表 8-1-1 海带的质量鉴别训练

分组		5～6 人/组
原料准备		每组干海带 200 g
训练内容及要求	海带的质量鉴别	观察色泽：挑选海带时要注意观察海带的颜色，褐绿色或土黄色的海带才是正常的，那些看起来很绿很亮的海带都是经过加工的，还有的可能是通过色素浸泡制成的
		摸手感：用手摸海带，那种颜色是褐绿色、摸起来黏黏的是比较好的海带，摸起来没有黏性的都是经过加工的海带
		观察表面白霜：海带上面有一层白霜，有点像长白毛，其实海带表面的白霜是在晒干、风干之后形成的，这样的海带才会有很高的营养价值。如果发现海带有一部分变成了红色或者黄色或有异味，则表明海带受到污染，那么这样的海带就不适于烹调
		观察内部：海带通常是捆绑在一起或者折叠在一起售卖的，打开海带里面看一看，如果海带很完整，则说明海带质量较好；如果海带全都碎成块状，而且海带的表面还有小孔洞，则表明这些海带可能在保存的过程中发霉长虫
		闻味道：闻海带的味道，如果海带的味道很大，那么这样的海带比较新鲜；如果海带的味道很淡，甚至闻不到海带的味道，则说明这些海带已经过加工和漂洗
		如何识别用“碱性品绿”等工业专用染色剂浸泡、染色的海带：最简单的方法是从外观的色泽加以区分，一般海带的颜色是褐绿色或深褐绿色，但加入“碱性品绿”的海带呈现碧绿色。这种染色剂沾上手后，即使用肥皂反复清洗，仍无法彻底去除，若长期食用，其毒性在人体内沉积，可能会引发癌性病变

表 8-1-2 海带的涨发训练

分组		5～6 人/组
原料准备		每组干海带 200 g，清水
训练内容及要求	冷水泡发	先用冷水将海带浸泡约 10 min，用毛刷去掉多余的盐分和杂质
		放入清水中浸泡，夏季泡 3～4 h，冬季泡 6～8 h
		洗去表面的黏液即可食用
	蒸发	将海带放入蒸锅中大火蒸 30 min
		将蒸后的海带放入容器中加入凉水泡 10～12 h，中途换水 2～3 次，去掉多余的泥沙即可
思考		比较两种方法的优劣，测量干海带涨发后重量的变化

三、训练方法

选学模块

其他海生植物干货原料知识介绍如下。

一、紫菜

❶ **概述**　紫菜又称紫英、乌菜等，为红毛菜科叶状藻类植物。

❷ **形态特征**　藻体呈薄膜状，呈紫色、褐黄色或褐绿色，通常加工制成片状、卷筒状、饼状等干品，有浓郁特殊的海产鲜香。

❸ **产地**　紫菜叶状体多生长在潮间带，喜风浪大、潮流通畅、盐分丰富的海区，紫菜在我国主要分布于辽宁至广东沿海。

❹ **质量标准**　优质紫菜具有紫黑色光泽，片薄，口感柔软，有芳香和鲜美的滋味，清洁无杂质，用火烤熟后呈青绿色；质量差的紫菜表面光泽差，片张厚薄不均匀，呈红色并夹杂绿色，口感与芳香味差，且有其他杂质。

❺ **烹饪运用**　紫菜口感润滑，味道鲜美，较适宜制汤，一般冲汤食用，不必提前发制，食用前用手撕成小片，然后放入碗中，用开水或热汤一冲，加上调料，即可食用。也可用于做包卷类菜式，如包裹鱼肉茸卷成如意形等，再蒸制成菜。日本料理中的寿司也常用紫菜。

紫菜

石花菜

二、石花菜

❶ **概述**　石花菜又称鸡毛菜、牛毛菜、冻菜，是红藻的一种。

❷ **形态特征**　通体透明，藻体呈紫红色，软骨质，肥厚多肉，长 12～30 cm，体呈圆柱状，直径为 2～3 mm，有不规则的分枝。腋角广开，先端尖细，两边或周围有疣状突起。

❸ **产地**　我国渤海、黄海、东海及台湾沿海各地均有分布，以山东半岛海域产量最大。夏、秋季采收，日晒夜露，干燥备用。

❹ **质量标准**　石花菜藻体呈紫色，丛生，长 8～15 cm，软骨质。基部有固着器。主枝与分枝扁平，分枝呈羽状，枝端有时可见略膨大的囊果。气微腥，味微咸。质量较差的原料，形态不完整，气味腥臭，口味酸苦。

❺ **烹饪运用**　石花菜泡发后可制作凉拌菜，不可久煮或炖，否则会溶化。一般先用冷水将石花

菜泡发，去根并洗去泥沙杂质，再放入温水或开水中微烫一下，即可食用。也可将石花菜加水熬成汤汁后过滤，放入冰箱中冷藏。需要注意的是，石花菜是较寒凉的藻类食品，脾胃虚寒、肾虚者要慎食。拌凉菜时可适当加些姜末或姜汁，以缓解其寒性。

三、琼脂

琼脂

❶ **概述**　琼脂，学名琼胶，又名洋菜、冻粉、琼胶等，是植物胶的一种。

❷ **形态特征**　常用海产的麒麟菜、石花菜、江蓠等制成，为无色、无固定形状的固体，溶于热水。

❸ **产地**　我国辽宁、山东、广东、福建各省均可加工生产。

❹ **质量标准**　优质琼脂体干，色白亮，洁净，透明度高，弹性大，坚韧，牢度强。劣质琼脂色黄且发暗，不透明，弹力弱，干硬较脆，不坚韧。

假琼脂外观白而没有光泽，杂质含量高，透明度很差（注：用水溶解后，可发现大量的水中不溶物）。如果用冷水或温水将其浸泡 30 min 左右，则很快吸水膨胀复原，而真琼脂不会出现这种现象。

❺ **烹饪运用**　琼脂不宜与酸性食品混合，会影响其效果。琼脂不溶于糖溶液，食品配方中含有琼脂时应将糖加入热琼脂溶液中。一般热琼脂溶液降温至 40 ℃以下即形成凝胶，在 85 ℃以下不会溶化成溶液。一般常用作拌菜和甜冻，如什锦果冻、银耳果冻等。

相关知识

同步测试

1. 海生植物有何作用？
2. 简单介绍海带干货的涨发加工过程。
3. 紫菜在烹饪过程中有何应用？

任务二　陆生植物干货原料

基础模块

一、陆生植物概况

陆生植物是个庞大的家族，它无处不在。在烹饪中作为干货原料的多为菌类、竹笋和一些藻类，目前，人们可以食用的大型真菌，具体指大型真菌中能形成具有胶质或肉质的子实体，并能食用或药用的菌类。已知的菌类有 10 多万种。菌类的生活环境比较广泛，在水、空气、土壤甚至动植物的身体内，它们均可生存。我国是全世界菌类产量最大的国家。特别是云南省，因其具有复杂的地形地貌、多种多样的森林类型、土壤种类，以及得天独厚的气候条件，孕育了丰富的野生食用菌资源，故被誉为“真菌王国”。

中国人食笋的历史久远，《诗经》云：其蔌维何，维笋及蒲。早在商代，竹笋就已成为人们餐桌上的食品。竹笋不仅是一道美食，更是一种雅食，其非常符合文人雅士的心情与口味，松、竹、梅被称作岁寒三友，竹子自然成为清高的象征。

二、陆生植物的作用

许多陆生植物在自然界物质循环中有着极其重要的作用。自然界中每天都有数以万计的生物死亡，有无数的枯枝落叶和大量的动物排泄物等。而菌类可把死亡了的复杂有机体(或大的有机分子)，分解为简单的有机分子，这一分解过程，就是它们清除大自然"垃圾"的过程，也是自然界物质循环的过程。

毒蝇伞

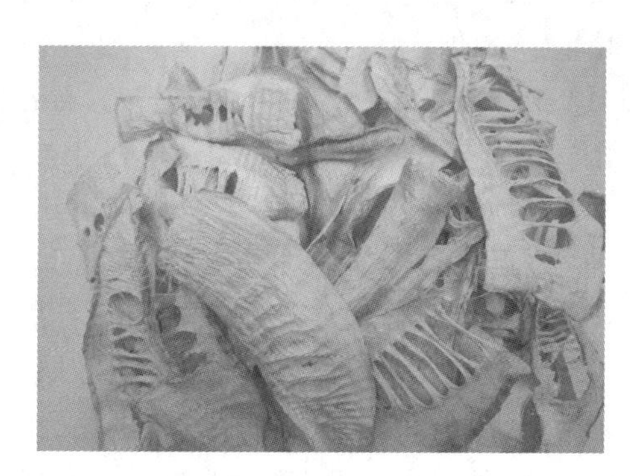

玉兰片

三、陆生植物干货原料介绍——玉兰片

❶ 概述 玉兰片是以楠竹(毛竹)刚出土或未出土的嫩笋为原料，通过去壳、切根修整、高温蒸煮、清水浸漂、手工切片(压榨成形)处理、自然晾晒(烘干)、整形包装等多道工序精制而成。笋干色泽黄亮、肉质肥嫩，含有丰富的蛋白质、纤维素、氨基酸等，低脂肪、低糖、多膳食纤维，有助食、开胃之功效。可增进食欲、防便秘、清凉败毒，是深受广大消费者欢迎的纯天然健康食品。宋代诗人杨万里在《晨炊杜迁市煮笋》诗里赞道：金陵竹笋硬如石，石犹有髓笋不及。杜迁市里笋如酥，笋味清绝酥不如。带雨斫来和箨煮，中含柘浆杂甘露。可齑可脍最可羹，绕齿簌簌冰雪声。不须咒笋莫成竹，顿顿食笋莫食肉。这首诗对冬笋的评价，不论是从质地、营养价值、烹调方法方面，还是与其他食物对比方面来说，都是很高的。苏轼曾用"长江绕郭知鱼美，好竹连山觉笋香"的诗句来赞美它。

❷ 形态特征 用鲜嫩的冬笋或春笋，经加工而成的干制品，由于形状和色泽非常像玉兰花的花瓣，故称"玉兰片"。

❸ 产地 玉兰片主要产地在湖南、江西、福建、广西、贵州等地。中国是世界上产竹较多的国家之一，竹共有22个属、200多种，分布于全国各地，但优良的笋用主要竹种有湖南炎陵的红壳竹、广西的黄竹，长江中下游地区的雷竹、早竹，江西宜春等地区的毛竹，台湾等地的麻竹和绿竹等。福建建瓯素有"中国笋竹城"的美誉，是全国出产笋较多的地区之一，并大量出口。

❹ 质量标准 玉兰片根据竹笋生长和加工季节的不同，可分为"宝尖""冬片""桃片""春花"四个种类。

"宝尖"是用"立春"前含苞笋制成的，片平滑尖圆，色黄白，肉细嫩，是玉兰片中的上品。它丰腴肥美，柔弱微脆，形似宝塔，又像龙角，所以又有"金色宝塔""龙角"之称。

"冬片"是用"雨水"前的冬笋制成的，形状呈对开状，片平光滑，色白、片厚、肉细嫩，节距紧密。

"桃片"是由"惊蛰"前未出土的竹笋制成的，片面光洁，节距较密，根部刨尖，肉质稍薄，尚嫩，味较鲜。

"春花"是以"春分"至"清明"之间的春笋制成的，节距较疏，节棱凸起，笋肉薄，质较老。

这四个品种各具特色，制作工艺都很讲究。如果按玉兰片质量区分，"宝尖"最佳，"冬片"次之，"桃片"第三，"春花"为下。

笋干因各地鲜笋质量相差悬殊，加工工艺不同，因此有优劣好次，一般以闽笋为优，赣笋、浙笋则

稍次。闽笋脆嫩甘甜，素有“八闽山珍”之称。清流笋干，色泽金黄，呈半透明状，片宽节短，肉厚脆嫩，香气郁郁，是“八闽山珍”之一，在国内外名菜佐料中久负盛名。

5 饮食禁忌 玉兰片含有较多草酸，与钙结合会形成草酸钙，患尿道结石、肾炎的人不宜多食。患严重消化性溃疡、食管静脉曲张、上消化道出血者忌食。

6 烹饪运用 玉兰片是一种营养价值较高的美味食品，质嫩味鲜，清脆爽口，含有丰富的蛋白质和多种氨基酸、维生素，以及钙、磷、铁等微量元素和丰富的纤维素，能促进肠道蠕动，既有助于消化，又能预防便秘和结肠癌的发生。在烹饪中应用较广，适于炒、煮、焖、烩、烧等多种烹调方法，既可用作主料，也可用作配料，还能用作面食或点心的馅料。在川菜中，竹笋与鸡肉、火腿并称为“三鲜”，烹调时不宜添加辛辣刺激的调味品和芳香味过浓的香料，以免其清香鲜美的本味受到压制。

实践模块

玉兰片的质量鉴别与涨发方法如下。

一、训练目的

了解玉兰片的质量鉴别方法，针对原料特点，采用科学、规范、卫生的涨发方法，观察涨发过程中的原料变化，获得技能与经验。

二、训练内容

玉兰片的质量鉴别和涨发方法见表 8-2-1。

表 8-2-1 玉兰片的质量鉴别和涨发方法

分组		5～6 人/组
原料准备		每组玉兰片 200 g，清水
训练内容及要求	质量鉴别	观色泽：色泽要以琉璃色、浅棕黄色为好，并且具有光泽。颜色不能太黄，否则就有可能是用硫黄熏过的，要追求本色。色泽暗黄为一般，酱褐色和黑色为次。如果玉兰片异常发白，有刺鼻的硫黄味，则是硫黄熏制的。食用后，轻则头晕、呕吐、腹泻，严重的会出现中毒症状
		观肉质：如果笋节比较紧密、笋片短而阔、笋体肉厚，则一般较嫩；若笋长超过 30 cm，笋节稀疏、根部大，笋体薄，则一般较老
		验水分：笋干含水量不应过大，受潮则易变质发酸。检验时，折之即断、有清脆声音的为好。折断无脆声为一般，折而不断的是受潮了的笋干，不仅口感不好，还容易发霉
	煮发	先在容器中倒入开水，把玉兰片放进去浸泡，并盖紧容器盖子。10 h 后，将玉兰片倒入锅中烧煮，水沸后用文火再煮 10 min 左右捞出
		将玉兰片投入淘米水中，浸泡 10 h，每 3 h 换一次淘米水。在玉兰片下面用刀横向切开，若没有“白茬”，则说明已经发透，反之，则继续浸泡
		由于玉兰片要防霉、防虫，因此在加工中要用硫黄熏制，要注意多换几次水，以去除异味，使用时取出切去老茎即可

三、训练方法

相关知识

选学模块

其他陆生植物干货原料知识如下。

一、香菇

1 概述 香菇又名冬菇、香蕈，原产于我国，是世界第二大菇，也是我国久负盛名的食用菌。我国最早的关于香菇的文字记载是公元1313年王桢的《农书》：今山中种蕈亦如此法。但取向阳地，择其所宜木（枫、椿、栲等树）伐倒，用斧碎，以土覆之，经年树朽，以蕈吹锉，匀播坎内，以蒿叶及土覆之。时用泔浇灌，越数时以锤击树，谓之惊蕈。雨露之余，天气逐暖，则蕈生矣。末讫遗种在内，未岁仍复发。这就是最早的砍树栽培香菇的简述。

2 形态特征 香菇子实体的菌盖呈伞状，直径为5～12 cm，呈扁半球状，后渐平展。

3 产地 我国的香菇主要分布在安徽、江苏、上海、浙江、江西、湖南、福建、台湾、广东、广西、云南、贵州、四川等地。人工栽培的香菇几乎遍及全国。世界范围内的香菇主要分布在太平洋西侧的弧形地带。

4 质量标准 香菇种类较多，质量上也有差别。冬季所产为冬菇；春季所产为春菇。形如伞状，顶面有菊花样白色裂纹，以朵小质嫩、肉厚柄短、色泽黄褐光润、有芳香气味者为上品，称为花菇；形状如伞，肉厚朵稍大，顶面无花纹，栗色略有光泽者，称为厚菇；肉薄味淡，朵大顶平，呈黄色或浅褐色者为薄菇、平菇。后者质量较差。

5 烹饪运用 香菇在烹饪中运用较广，可用作主料，也可用作多种原料的配料，还可用于馅心的制作，有时还用于配色，适于卤、拌、炝、炒、炖、烧、炸等多种烹调方法，可用于制作香菇烧肉、素鳝鱼、香菇炖鸡等。干制品有特殊的芳香味，涨发后成菜口感柔滑，味道鲜美醇香。香菇除用于制作菜肴外，还可用于制作菌油、菌粉及酿造酱油。

香菇

黑木耳

二、黑木耳

1 概述 黑木耳又名黑菜、木耳、云耳，属木耳科木耳属，为我国珍贵的药食兼用型胶质真菌。

2 形态特征 黑木耳呈叶状或近林状，边缘波状，薄，宽2～6 cm，厚2 mm左右。初期为柔软半透明的胶质，黏而富有弹性，以后稍带软骨质，干后强烈收缩，变为黑色硬而脆的角质至近革质。背面呈弧形，呈紫褐色至暗青灰色，疏生短绒毛。

❸ **产地**　由于黑木耳具有耐寒、对温度反应敏感的特性，故多分布在北半球温带地区，主要是亚洲的中国、日本等国，其中以中国产量高。在我国，黑龙江、吉林、湖北、云南、四川、贵州、湖南、广西等地区都有人工栽培及天然的黑木耳生长。

❹ **质量标准**　黑木耳的质量以颜色乌黑光润、片大均匀、体轻干燥、半透明、无杂质、涨性好、有清香味为佳。

❺ **烹饪运用**　黑木耳是世界上公认的保健食品。我国是黑木耳的故乡，中华民族早在数千年前的神农氏时代便认识、开发了黑木耳，并开始栽培、食用。《礼记》中也有关于帝王宴会上食用黑木耳的记载，木耳通常加工成干制品，烹饪前宜用温水泡发。黑木耳广泛应用于菜肴的制作，多用作配料，也可用于做汤或做菜肴的装饰、配色料。代表菜式如清炒木耳、山椒木耳、木耳肉片等。

三、银耳

❶ **概述**　银耳又称白木耳、雪耳、银耳子等，属于真菌类银耳科银耳属，是银耳的子实体，有“菌中之冠”的美称。

❷ **形态特征**　银耳子实体为纯白至乳白色，柔软洁白，半透明，富有弹性。

❸ **产地**　银耳是中国的特产，野生银耳主要分布于中国四川、浙江、福建、江苏、江西、安徽、湖北、海南、湖南、广东等地区。

❹ **质量标准**　通常来说，不同质量的银耳感官差异是非常大的。优质的银耳比较干燥，色泽也很洁白，肉相对厚，而且花朵齐全完整，有圆形的伞盖，最重要的是，没有蒂头，也不含杂质。

而普通的银耳就差一些。颜色虽然白，但是白色中略带米黄色，看上去虽然也是完整的一朵，但肉却略薄。较差的银耳白色中带着米黄色，摸起来不觉得干燥，肉也十分薄，有时候还带有斑点，蒂头杂质也相对多，形状不完整，不成朵。

❺ **烹饪运用**　银耳口感柔软，多用于羹、汤菜肴的制作，以甜菜较多，如冰糖银耳、清汤银耳等。

银耳

竹荪

四、竹荪

❶ **概述**　竹荪又名竹参，常见且可供食用的有 4 种：长裙竹荪、短裙竹荪、棘托竹荪和红托竹荪，是寄生在枯竹根部的一种隐花菌类，被人们称为“雪裙仙子”“山珍之花”“真菌之花”“菌中皇后”。

❷ **形态特征**　竹荪形状略似网状干白蛇皮，它有深绿色的菌帽，雪白色的圆柱状的菌柄，粉红色的蛋状菌托，在菌柄顶端有一围细致洁白的网状裙从菌盖向下铺开。

❸ **产地**　竹荪主要分布在西南各省，以四川宜宾长宁生产较多，食用品种质量也较优。贵州、湖北、湖南亦有生产，农历 4—7 月为采收季节。

❹ **质量标准**　竹荪的品质分为三个等级，等级越高，则说明该竹荪的质量越好。

①1 级：色白质嫩，肉厚，柔软，味香，完整，没有虫蛀；无霉烂、变质和枯焦；长度在 10 cm 以上。

②2 级：呈淡黄色或米黄色，质较老，肉略薄，柔软，味香，完整，没有虫蛀；无霉烂、变质和枯焦；

长度在 10 cm 以上。

③3 级：色深黄，质老，略带枯焦和破碎；或者品质虽好，但长度不够 10 cm 的均属此级。

❺ **烹饪运用** 竹荪除产地外多以干制品使用。烹饪前加温水泡半小时左右，捞入盘内，去掉菌盖(臭头)部分，以免影响口味，放入开水内备用。竹荪口感脆嫩、爽口，多用于筵席汤菜。此外，川菜竹荪鸽蛋、竹荪肝膏汤、蝴蝶竹荪等，都是很有名的菜肴，深受国内外宾客的喜爱。

黄花菜

五、黄花菜

❶ **概述** 干黄花菜又叫干金针菜，原名叫萱草，古称“忘忧草”。黄花菜是人们喜欢吃的一种传统蔬菜。因其花瓣肥厚，色泽金黄，香味浓郁，食之清香、鲜嫩，爽滑同木耳、草菇，营养价值高，被视作“席上珍品”。

❷ **形态特征** 花葶长短不一，一般稍长于叶，基部呈棱柱状，有分枝；苞片呈披针形，下面的长 3～10 cm，自下向上渐短，宽 3～6 mm；花梗较短，通常不到 1 cm 长。

❸ **产地** 我国南北各地均有栽培，多分布于我国秦岭以南各地，以湖南、江苏、浙江、湖北、四川、甘肃、陕西所产较多。此外，吉林、广东与内蒙古草原亦有出产。四川渠县被称为“中国黄花之乡”。

❹ **质量标准** 干品黄花菜要求色黄、油润有光泽、条长且粗壮伸展、花蕾未开、香气浓郁。

❺ **烹饪运用** 黄花菜烹制前先用水泡软，可用作菜肴配料，也是制作素食的主要原料之一。可用于制作炒肉丝、炒肉片、素烧什锦等。

同步测试

1. 玉兰片具有哪些营养价值？
2. 玉兰片根据竹笋生长和加工季节的不同，可分为哪些类型？
3. 介绍玉兰片的质量鉴别方法。
4. 竹荪在本地菜肴中的烹调方法有哪些？

任务三 动物干货原料

基础模块

动物干货原料的概述如下。

一、概况

动物干货原料是指有选择地将陆生动物或陆生动物的某一部位组织经过脱水干制而成的原料。动物干货原料包括干肉皮、蹄筋、驼峰、驼蹄、鹿筋、鹿尾、蛤蟆油等。

二、动物干货原料的品质特点

动物干货原料通过脱水干制后，含水量少，便于运输、储存。组织紧密，质地较硬，不能直接加热食用，需要涨发后应用。动物干货原料富含蛋白质、脂肪、矿物质等成分，一般作为菜肴的主料使用。

三、动物干货原料介绍

（一）蹄筋

❶ **概述**　蹄筋是有蹄动物蹄部的肌腱及相关联的关节环韧带，蹄筋主要由猪、牛蹄筋干制而成，梅花鹿的鹿筋质量最为上乘，历来当属珍品。蹄筋主要由胶原蛋白与弹性蛋白组成，营养价值不高，但有助于伤口的愈合。

❷ **形态特征**　蹄筋干制后呈分叉圆条状，透明，色白或淡黄。

❸ **产地**　蹄筋为牛、猪肉食品加工的副产物，全国各地常年均有出产。

❹ **质量标准**　蹄筋可分前蹄筋和后蹄筋，一般来说后蹄筋质量优于前蹄筋。蹄筋的品质以个大完整、干燥、无霉变、无虫蛀、无杂味，色白或微黄、半透明者为佳。

❺ **烹饪运用**　蹄筋因其富含胶质，质地柔软，常用作筵席菜肴原料，烹制前必须经过涨发，常用的方法有油发、盐发等。蹄筋适于烧、烩、煨、卤等加热时间较长的烹调方法，它口感淡嫩不腻，质地犹如海参。如红烧蹄筋、葱烧蹄筋、酸辣蹄筋等。

干牛蹄筋

肉皮

（二）肉皮

❶ **概述**　猪皮的干制品，由猪皮在煮熟后除去皮下脂肪及杂毛晾晒干制而成，又称响皮。相传古时候，人们生活贫穷，一年难得吃上几回肉，于是就有人发明了响皮——将猪皮刮尽油脂后煮熟，待晾干后下热油锅炸，炸得金黄起泡，便成了响皮。

❷ **形态特征**　干制品质地坚硬，呈淡黄色，表面有气泡状小孔，能看到皮肤自然的毛孔。

❸ **产地**　肉皮为猪肉食品加工的副产物，全国各地常年均有出产。

❹ **质量标准**　肉皮以后腿皮及背皮制成的为优，皮质坚厚，涨发性好。加工好的肉皮具备以下特点：皮白有光泽，毛孔细而深；去毛彻底，无残留毛、毛根；无皮伤及皮肤病。

❺ **烹饪运用**　肉皮中含有较多的胶质，烹制时多用作配料，用于烧、烩、做汤或凉拌等。

实践模块

牛蹄筋的涨发训练如下。

一、训练目的

了解牛蹄筋的质量鉴别方法，针对原料特点，采用科学、规范、卫生的涨发方法，掌握牛蹄筋的质量标准。

二、训练内容

牛蹄筋的涨发方法见表 8-3-1。

表 8-3-1　牛蹄筋的涨发方法

分组		5～6 人/组
原料准备		牛蹄筋 500 g，色拉油 1500 g
训练内容及要求	油发	先将牛蹄筋投入冷油锅内，逐渐加温（油温不超过 30 ℃），牛蹄筋体积先缩小后膨胀，用漏勺或筷子在锅内翻动，直至发现牛蹄筋上有白色气泡出现时，将锅端离火口
		气泡缩小时，再将锅放到火上（火力宜小），继续翻动牛蹄筋，其变大、鼓起、一拗就断时，即可捞出
		用热水浸泡 30 min 后，再换水煮，待水温降低后，挤去水中油分，用清水漂净即可使用
	水发	将牛蹄筋放入开水内浸泡 24 h
		泡软后，用水洗净，加水适量，上笼蒸 4 h，待酥软后取出，用冷水浸漂 2 h
		待牛蹄筋体质渐渐转硬，剥去外层筋皮，再用清水洗净，即可使用
思考		比较两种涨发方法的优劣

三、训练方法

选学模块

其他动物干货原料知识如下。

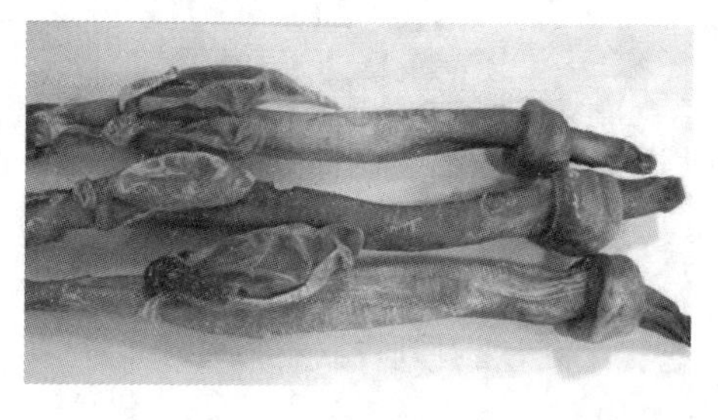

牛鞭

一、牛鞭

❶ **概述**　牛鞭是雄牛的外生殖器，又叫牛冲。

❷ **形态特征**　牛鞭呈长条状，表面为棕色，质地坚韧，膻腥味较重。

❸ **产地**　全国各地均有出产。

❹ **质量标准**　以长而粗壮，无残肉，油脂少，形态完整，表面干燥者为优。

❺ **烹饪运用**　涨发后的牛鞭口感脆而有韧性，富含胶质，适于烧、炖、烩、凉拌等烹调方法。

二、鹿尾

❶ **概述**　鹿尾是马鹿或梅花鹿的尾干制而成的。

❷ **形态特征**　鹿尾形状粗短，略呈圆柱状，先端钝圆，基部稍宽，割断面不规则。带毛者长约 15 cm，外有棕黄色毛，并带有一部分白毛；不带毛者较短，外面呈紫红色至紫黑色，平滑有光泽，常带有少数皱沟。质坚硬，气微腥。

③ **产地**　鹿尾主要出产于东北三省，青海、新疆亦有产出。

④ **质量标准**　一般以马鹿尾为好。梅花鹿尾瘦小，甚少采用。以身干、无霉烂腐臭、无虫蛀者为合格；以肥短粗壮者为佳。

⑤ **烹饪运用**　鹿尾质佳味美，为珍贵的补品，一般用于高级筵席，可用于制作清蒸鹿尾、红烧鹿尾等。

鹿尾

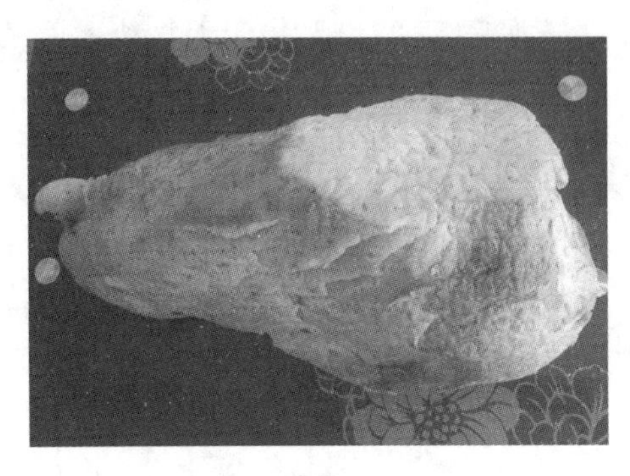

驼峰

三、驼峰

① **概述**　驼峰通常指骆驼背上突出的部位，是脂肪组织，通常为骆驼科双峰驼背上的肉峰干制而成。

② **形态特征**　驼峰是骆驼的营养储存库，与背肌相连，由营养丰富的胶质脂肪组成，一峰骆驼的驼峰重量约 40 kg，驼峰肉质细腻，丰腴肥美。

③ **产地**　主要产于青海、内蒙古、甘肃、新疆等地。

④ **质量标准**　双峰驼的"甲峰"又称雄峰，透明发亮；"乙峰"又称雌峰，色发白。驼峰的品质以"甲峰"肉色发红质嫩鲜美者为好，"乙峰"涨发后肉色发白，质地较老，品质次于"甲峰"。

⑤ **烹饪运用**　驼峰肉质细腻，丰腴肥美，富含营养，历来被视为珍品，具有内蒙古风味，常与熊掌齐名。驼峰里含有大量的脂肪，因此不宜炖，而适于熘、烧、炸、炒、扒等烹调方法，代表菜式如清炒驼峰丝、扒驼峰等。

四、蛤蟆油

蛤蟆油

① **概述**　又称雪蛤，为蛙科动物中国林蛙雌蛙的输卵管，经采制干燥而得。

② **形态特征**　干制品呈不规则块状，弯曲而重叠，长 1.5～2 cm，厚 1.5～5 mm。表面呈黄白色，有脂肪样光泽，偶带灰白色薄膜状干皮。摸之有滑腻感，在温水中浸泡时体积可膨胀。似棉花瓣，有腥气，味微甘，嚼之有黏滑感。

③ **产地**　产于黑龙江、吉林、辽宁、四川、内蒙古等地，生于阴湿的山坡树丛中。

④ **质量标准**　以块大、肥厚、黄白色、有光泽、不带皮膜、无血筋及卵子者为佳。

⑤ **烹饪运用**　蛤蟆油为名贵的烹饪原料，中医

认为其有补肾益精、养阴润肺的作用，一般用于制作高级筵席的甜羹，如冰糖蛤士蟆、木瓜炖雪蛤等。

五、燕窝

❶ **概述** 燕窝又名燕菜，是金丝燕等用唾液与绒羽等柔软纤维混合凝结而筑成的巢窝。

❷ **形态特征** 按形状分，燕窝分为燕盏、燕条、燕丝、燕碎、燕饼或燕球、燕角。

❸ **产地** 燕窝的主要产地，东起菲律宾，西至缅甸沿海附近荒岛的山洞里，以印度尼西亚、马来西亚、新加坡和泰国等东南亚一带海域居多。我国海南岛、福建、浙江沿海和南海诸岛亦有分布。其中印度尼西亚（简称印尼）由于天气和环境最适合燕子聚居，因此印尼燕窝品质最佳，印尼燕窝产量也最大，其次是马来西亚。

❹ **质量标准** 燕窝以"白燕"为佳，燕盏完整，洁白、透明、囊厚、涨发性强；色黄带灰，囊薄者质量较差；涨发性不如前者；灰色毛多者最次。

❺ **烹饪运用** 燕窝口感轻盈，中医认为具有补中益气、养阴润燥的功效。因其稀少，历来作为药食两用的高档滋补品，烹调前需要将原料用水浸至膨胀、松软、柔嫩。原料重新吸收水分后，能最大限度地恢复原有的鲜嫩、松软状态。燕窝多用于制作汤羹类菜式，咸甜均可，但燕窝本身无味，须用上汤调制，可制成清汤燕菜、冰糖燕窝、芙蓉燕菜等。

同步测试

1. 举例说明蹄筋可以用于制作哪些菜肴？
2. 介绍牛蹄筋的涨发方法。
3. 介绍燕窝在烹饪过程中的运用。

任务四 海产品干货原料

基础模块

一、海产品干货原料概况

海产品干货原料是指鲜活的海产动物原料经过脱水干制而成的原料，一般是晒干，简称海产品干货或干料。

海产品干货主要有虾仁、虾皮、干贝、海红、鱿鱼干、墨鱼干、螺肉干、银鱼干、鱼翅、干海参、鲍鱼干、鱼肚等。

二、海产品干货原料的特点

海产品干货的味道非常鲜美，是深受人们欢迎的饮食佳品。鱼类、虾、蟹等含有丰富的蛋白质，含量可高达15%～20%，鱼翅、海参、干贝等的蛋白质含量在70%以上。另外，鱼肉蛋白质的必需氨基酸组成与人体组织蛋白质接近，因此营养价值较高，属优质蛋白。鱼肉的肌纤维比较纤细，组织蛋白质的结构松软，含水量较多，所以肉质细嫩，易被人体消化吸收，比较适合患者、老年人和儿童食用。

三、海产品干货原料介绍

（一）海参

❶ **概述** 海参属棘皮动物，我国海域均产，以南海出产的海参著名。海参经济价值很高，营养

较为丰富，有补肾、补血等作用，是一种优良的食品。

❷ **形态特征**　海参外形呈长圆筒状，全身柔软，口在前端，四周有触须，有4～6排大小不等、排列不规则的圆锥形肉刺。腹部平坦，身体颜色随环境变化而变化。

❸ **产地**　我国海参主要分布在温带区的黄海海域和热带区的两广和海南沿海，黄海海域的主要经济品种是刺参，也是我国较知名的海参种类；两广和海南沿海的主要经济品种有梅花参等。其中西沙群岛、南沙群岛和海南岛是我国热带海参的主要产地。

❹ **种类**　海参种类很多，日常所见多为干货，大体可分为有刺参和无刺参两大类。前者有灰刺参、方刺参、梅花参等，后者有乌元参、乌虫参等。

❺ **质量标准**　海参以参刺坚硬，参体笔直，个头圆满无损，刀口紧闭，参体干透，刺成行排列而丰隆，体大肉厚，肉皮细致，色泽呈黑灰色，无沙者为佳品。

一般分为3个等级：一等品每500 g在35只以内，二等品在45只以内，三等品在65只以内。80只以外为等外品。梅花参、灰刺参等，以体大肥者为佳，大的每500 g有2～3只。

❻ **烹饪运用**　涨发后的海参常用于筵席之中，一般可烩、烧及制作汤菜，成菜口感软糯而不失弹性，味道甘咸略带海腥味，可用于制作葱烧海参、鲍汁扣辽参、奶汤海参、家常绍子海参等。

刺参

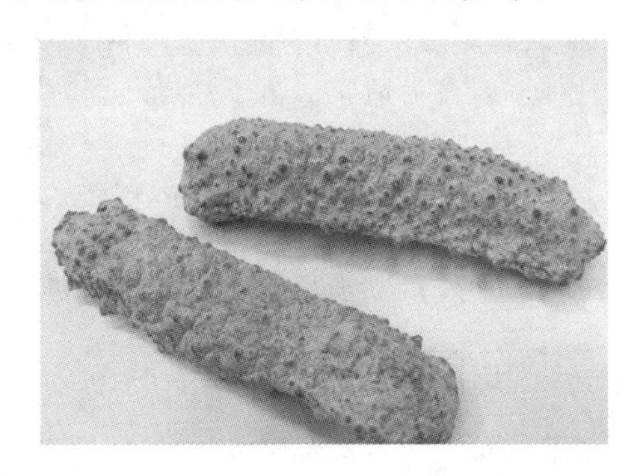

无刺参

（二）鱿鱼干

❶ **概述**　鱿鱼也称柔鱼、枪乌贼，是软体动物门头足纲鞘亚纲十腕总目管鱿目开眼亚目的动物。鱿鱼干是由新鲜的枪乌贼干制而成的。

❷ **形态特征**　头和躯干都非常狭长，尤其是躯干部，末端很尖，形状像标枪的头，有长须，体内没有墨囊和粉骨，只有透明软骨一片，其色泽能随水中环境而变化。

❸ **产地**　我国鱿鱼主要产于福建厦门、广东汕头、广西北海等一带暖流水域中。越南、朝鲜、日本亦有出产。

❹ **质量标准**　鱿鱼以身干肉厚，体型均匀，片大，气味清香，呈紫粉色或粉红色，肉面平整整洁，带白霜，无油渍虫口、绿霉黑斑者为佳。

❺ **烹饪运用**　鱿鱼干制品在烹饪前需要进行涨发，一般使用碱发。鱿鱼肉质柔嫩、味道鲜美、营养丰富，所含蛋白质较多，可用于炒、爆、烧、烩及制作汤菜。可制成干煸鱿鱼丝、红烧鱿鱼、烧海味什锦、鱿鱼炖鸡等。

（三）墨鱼干

❶ **概述**　墨鱼干是海洋中软体动物鲜墨鱼加工制成的干制品。

❷ **形态特征**　墨鱼干呈椭圆形、扁片状，分头和躯干两个部分，深棕色，身有白霜，体中间有白色的墨鱼骨。

❸ **产地**　墨鱼干在我国南北海域均有出产。在北方主要产于辽宁旅顺及山东青岛、烟台等地。在南方主要产于浙江舟山、温州，福建晋江、广东汕头等地。

鱿鱼干

墨鱼干

❹ **质量标准** 墨鱼干以身干、肉厚，伸展、完整、洁净，身带白霜，个体均匀、棕红色半透明状，无虫蛀，有海鲜的清香味者为上品。

❺ **烹饪运用** 墨鱼干经涨发后鲜美可口，其蛋白质的含量高，炖鸡吃有催奶发奶的作用，对产后血虚体弱者尤为适宜。适于烩、炒、熘、炖、烧等烹调方法。

实践模块

鱿鱼干的质量鉴别与涨发方法训练如下。

一、训练目的

了解鱿鱼干的质量鉴别方法，针对原料特点，采用科学、规范、卫生的涨发方法，掌握鱿鱼干的质量标准。

二、训练内容

鱿鱼干的涨发方法见表 8-4-1。

表 8-4-1　鱿鱼干的涨发方法

分组		5～6 人/组
原料准备		鱿鱼干 200 g，食用碱面 20 g
训练内容及要求	碱发、水发	先将鱿鱼干用冷水浸泡 3 h 左右，使其变软
		将发软的原料放上碱面或用碱液淹没，浸泡 5～6 h，即灌入开水，盖上盖子
		待冷却后，再放在沸水锅内加热烧开，倒入盆内，盖严焖发数小时，使鱿鱼逐渐软透为度。凡鱼体颜色已呈均匀的黄色，而且鲜润透明时，即发足
		将发足的原料（未发足继续浸泡涨发）捞出，放入清水中不断换水反复浸漂，除去碱味，漂至鱼体厚大，呈鲜艳的肉红色，按之有弹性时，即可浸在清水中，随时取用
思考		观察测量鱿鱼干涨发前后的质地与重量的变化
		碱发对鱿鱼的质地和营养价值是否存在影响，是否有其他涨发方式？

三、训练方法

选学模块

其他海产品干货原料知识如下。

一、鲍鱼

鲍鱼

❶ 概述　鲍鱼(又称九孔螺),其名为鱼,实则非鱼,属原始海洋贝类,鲍鱼的主要食用部位是其足部的肌肉。在食品保鲜技术与物流运输还不发达的时期,人们多将鲍鱼制成干制品或罐头。

❷ 形态特征　单壳软体动物鲍鱼的身体外,包被着一个厚的石灰质的贝壳,该贝壳呈右旋的螺形。鲍鱼的贝壳质地坚硬,壳形右旋,表面呈深绿褐色。软体部分有一个宽大扁平的肉足,软体呈扁椭圆形,黄白色,大者似茶碗,小的如铜钱。鲍鱼的足部特别肥厚,分为上、下两个部分。上足生有许多触角和小丘,用来感觉外界的情况;下足伸展时呈椭圆形,腹面平,利于附着和爬行。

❸ 产地　我国沿海均有出产,以山东、广东、大连为主要产地。世界上鲍鱼的主要产地有澳大利亚、中国、日本、美国、墨西哥、南非等国家。

❹ 品种与质量

①网鲍:网鲍为深咖啡色,外形呈椭圆状,边较细,枕底起珠,底边广阔且平坦,尾部较尖,肉质大而肥厚,用刀切后,截面有网状纹路,故名网鲍。中国和澳大利亚也产网鲍,外形与日本所产的较为相似,但枕边珠形不规则,且澳洲网鲍要浸水多日才能涨发,口感较韧,有"木"感。日本千叶县出产的网鲍以前较有名,但由于近年来海水被污染,现在则以日本清森县所产的质量最佳。

②吉品鲍:又名吉滨鲍。我国青岛、海南和台湾也有出产,但目前公认以日本岩手县所产的为佳。吉品鲍外高内低,形如元宝,中间有一条明显的线痕,且质硬、枕高,体型小于网鲍。在市场销售中,网鲍因个大而价格昂贵,寻常食客无法消费,所以市场上多以吉品鲍更受欢迎。吉品鲍味道浓郁,色泽美观,有嚼劲,口感佳。在选购时以鲍身能够隆起,且色泽金黄者为上品。

③禾麻鲍:禾麻鲍又称窝麻鲍,体呈艇形,个小,体边有针孔,色泽金黄,肉质滑嫩。滋味肥美。由于禾麻鲍活动于海底岩石的隙缝里,捕捞时须用铁针钩捕,所留下的针孔便成了辨别它的最佳标志。

❺ 烹饪运用　干鲍鱼因其肉质紧致、味极鲜美,含丰富的蛋白质及钙、铁、碘等矿物质,历来被视为海味珍品,价格昂贵。烹制干鲍鱼前应先用清水浸泡 12 h 左右,放入砂锅中或瓦罐内(罐内应放稻草,以免鲍鱼粘锅煮焦)用微火煮。取出去其污物,擦洗干净泥沙,再次放入砂锅内,用竹垫垫在锅底,加入鸡、排骨、火腿和清水,慢火煲 10 h 左右方可食用。烹饪上一般采用烧、烩、煨等方式,用于高级筵席,代表菜式有奶汤鲍鱼、白汁鲍鱼、三鲜鲍鱼等。

二、鱼翅

❶ 概述　鱼翅是由鲨鱼的背鳍、胸鳍、臀鳍和尾鳍等加工干制而成的,是中国传统的名贵食品

之一。鱼翅之所以能食用，是因为鲨鱼的鳍含有一种形如粉丝的翅筋。

❷ **形态特征** 鲨鱼属软骨鱼类，鳍骨形似粉丝。

❸ **产地** 鱼翅主要产于我国广东、福建、台湾、浙江、山东等地及南海诸岛。日本、美国、印尼、越南、泰国等国均有出产。一般来说，进口鱼翅以菲律宾的吕宋岛鱼翅为上品。

❹ **质量标准** 鲨鱼背鳍叫脊翅，呈灰黑色，翅多肉少，翅体肥隆，质量最好；胸鳍又称胸翅、翼翅，翅少肉多，翅稍瘦薄，质量较差；尾鳍又称尾翅或尾勾；臀鳍又称荷包翅、翅根。尾、臀鳍肉多翅少、质量较差。鱼翅品种较多，根据加工情况，一般分为生翅（未加工，有鲨鱼皮）、净翅（已加工去皮）、翅饼（加工成饼状）等。

另外还可按形态分类，涨发后成为整只翅的称排翅，为上品；涨发后散开呈丝条状的称“散翅”，为次品。

❺ **烹饪运用** 鱼翅是比较珍贵的烹饪原料，对涨发的技术要求较高，食法以烧、烩、焖及制作汤菜为主。如黄焖鱼翅、干烧鱼翅、清汤鱼翅等。

干贝

三、干贝

❶ **概述** 干贝又名江珧柱、扇贝，是江珧、日月贝等贝类的闭壳肌加工干制而成的。

❷ **形态特征** 干贝形态圆整，色泽浅黄，只有一个柱心，闻之有鲜香的海产味道。

❸ **产地** 我国南北沿海均有出产，主产于山东的烟台、青岛、威海和广东的汕头、广西北海。现已广泛人工养殖。

❹ **质量标准** 干贝以干燥、颗粒完整、大小均匀、色淡黄而略有光泽、粒形肚胀圆满、手感干燥且有香气、口感嫩糯鲜香回甘者为佳。

❺ **烹饪运用** 干贝含丰富蛋白质和少量碘质，功效与海藻、海带接近，但它含有非常浓郁的香味，味道更可口、更鲜美，无论做主料或配料都能突出或增添菜肴的美味。干贝在烹调前需要进行涨发，一般采用蒸发，先将干贝洗净，用冷水浸泡 3～4 h（浸泡的水切勿倒掉），使其回软，去掉干贝边上的筋，然后盛入盆内，加适量的水、姜片、料酒，上笼蒸约 3 h，即可使用。干贝一般采用蒸、烩、炖等烹调方法，可用于制作芙蓉干贝、绣球干贝、干贝炒西兰花等。

四、淡菜

❶ **概述** 淡菜是贻贝（亦称海虹，也叫青口）煮熟后加工制成的干品。因干制时未加盐，故以“淡”称。

❷ **产地** 我国山东、辽宁、浙江、福建、广东、海南等沿海地区均有生产。

❸ **质量标准** 淡菜以身干、形态完整、肉肥、色泽自然者为佳。

❹ **烹饪运用** 淡菜烹制时多用于炖、烧及做汤粥。如淡菜炖鸡、淡菜瘦肉粥等。

五、鱼肚

❶ **概述** 鱼肚又名白鳔、白花胶、鱼鳔等，是鲨鱼、黄鱼、回鱼、鳗鱼等的鱼鳔加工干制而成的。

❷ **产地** 主要产于我国沿海及南洋群岛等地，以广东的“广肚”为佳。

❸ **质量标准** 一般张大体厚、色泽明亮者为上品；张小质薄、色泽灰暗者为次品；色泽发黑者已变质，不可食用。

❹ **烹饪运用** 鱼肚在食用前，必须提前涨发，其方法有水发、油发和盐发 3 种。质厚的鱼肚一

淡菜

鱼肚

般采用水发和盐发，而薄质的鱼肚，水发易烂，须采用油发。涨发后的鱼肚口感软糯鲜香，富含胶质，适于烧、炖、烩等烹调方法，常用于高档菜肴(如白汁鱼肚、黄焖花胶、蟹黄鱼肚等)的制作。

同步测试

1. 鱿鱼原料有哪些质量要求?
2. 介绍鱿鱼干货的涨发方法。
3. 介绍一种常见的海产品在本地菜肴中的烹调方法。

拓展训练

职业素养养成训练

要求：以班级为单位利用周末到附近的超市或者农贸市场进行市场调研，将本项目中所学习的部分干货原料相关数据填写到表 8-4-2 中。

表 8-4-2　干货原料市场调研表

类别	序号	品名	产地	规格	等级	价格(500 g)	调查渠道
干货	1	海带					
干货	2	香菇					
干货	3	银耳					
干货	4	木耳					
干货	5	玉兰片					
干货	6	竹荪					
干货	7	鱿鱼干					
干货	8	墨鱼干					
干货	9	淡菜					
干货	10	牛蹄筋					
干货	11	猪蹄筋					
干货	12	肉皮					

调查时间＿＿＿＿＿填写班级＿＿＿＿＿

项目九

调辅类原料

项目描述

调辅类原料知识，主要介绍调辅类原料的概念和风味特点，调辅类原料的分类及特点，调辅类原料在烹饪中的应用，调辅类原料的品质鉴定和保藏方法。

项目目标

1. 熟悉调辅类原料的概念及其风味特点。
2. 了解调辅类原料的分类及特点。
3. 熟悉调辅类原料在烹饪过程中的应用。
4. 掌握调辅类原料的品质鉴定及保藏方法。

内容提要

调味品，是指能增加菜肴的色、香、味，促进食欲，有益于人体健康的辅助食品。它的主要功能是增进菜品质量，满足消费者感官上的需要，从而刺激食欲，增进人体健康。调味品包括咸味剂、酸味剂、甜味剂、鲜味剂和辛香剂等，食盐、酱油、醋、味精、糖、八角、茴香、花椒、芥末等都属此类。调味品在饮食、烹饪和食品加工中被广泛应用，可改善食物的味道，具有去腥、除膻、解腻、增香、增鲜等作用。

任务一 调料

基础模块

一、调料的概况

调味品原料简称调料，目前我国调料有600余种。调料的分类方法有很多种，若以加工方法分类，可分为酿造类（如酱油、黄酒、醋等），提炼加工类（如盐、糖等），采集加工类（如胡椒、桂皮、花椒等），复制加工类（如芥末粉、五香粉、咖喱粉等）。按形态分类，可分为固态类（如盐、味精、花椒等），液态类（如酱油、醋、黄酒等），酱状类（如豆瓣酱、甜面酱、番茄酱等）。

二、调料的分类

烹饪中最常用的是以调料的味型来分类的方法。按味型分类，可把调料分为以下几种。

❶ **咸味调料**　如食盐、酱油、咸味酱等。

❷ **甜味调料**　如糖、蜂蜜等。

❸ **酸味调料**　如醋、柠檬汁、番茄酱等。

❹ **辣味调料**　如辣椒及其制品（豆瓣酱等）、胡椒、芥末、花椒等。

❺ **鲜味调料**　如味精、鸡精、蚝油、高汤等。

❻ **香味调料**　如八角、丁香、桂皮、小茴香、香糟等。

❼ **苦味调料**　如陈皮、杏仁、茶叶等。

❽ **复合味型调料**　如沙茶酱、蛋黄酱、XO 酱、OK 酱等。

实践模块

调料的品质特点、营养价值及其在烹调中的作用如下。

一、咸味调料

咸味调料是以氯化钠为主呈现咸味的调料。咸味有“百味之王”之说。咸味调料是烹调中的主料，在烹调中应用最为广泛。咸味调料具有赋予菜品风味、突出菜品鲜味的作用。咸味调料主要有食盐、酱油等。

（一）食盐

食盐是咸味调料中最主要、最基本的调味品。其主要成分是氯化钠。我国盐资源丰富，种类很多。按产地分，可分为海盐、湖盐、井盐和矿盐等。按加工精度分，可分为精盐、粗盐和加料复合盐等。

粗盐加工程度低，杂质含量高。

精盐是粗盐溶化后，经除杂处理，再经蒸发结晶而制成的，质地纯净。优质的精盐色泽洁白，结晶小，疏松不结块，咸味醇正，无苦涩味。

加料复合盐是为了满足人们的不同需求，在食盐里面加入其他成分或营养元素的盐。如加碘盐、钾盐、低钠盐、锌盐、铁盐等。

还有很多风味盐，如海鲜味盐、调味盐、柠檬味盐、麻辣味盐、大虾盐等。

食盐的吸湿性强，保管时要注意防潮，但也要防止过于干燥。

食盐在烹调中的作用如下。

❶ **使菜品具有咸味**　以增加风味。大多数菜品在调味时需要使用食盐。食盐还具有调节甜味和酸味的作用。

❷ **突出鲜味**　鲜味的呈现必须有食盐的加入。当用鲜味很浓的原料制作菜肴时，如不放盐，味道就不鲜，并会让人感到有腥味，在加入食盐后，鲜味便明显地呈现出来。如果咸味过重，也会削弱菜肴的鲜味，而且对人体健康有害。

❸ **使蛋白质凝固**　在调制肉馅时加食盐可以使馅黏稠；在和面时加入适量的食盐，可使面的韧性增加。

❹ **解腻**　某些脂肪含量较多的原料，在用于制作菜肴时，如口味淡，则会产生强烈的油腻感，在调味时适当加食盐，油腻感会减轻。

❺ **杀菌防腐**　食盐可以增加原料的渗透压，抑制微生物的生长，起到杀菌防腐的作用。

⑥ 食盐在面点制作中可以改善成品色泽　在面团中加入适量的食盐，可使面团组织细密洁白。

⑦ 可以调节面点的发酵速度　在发酵面团中加入适量的食盐，可以促进酵母菌的繁殖，但用量过多会抑制酵母菌的繁殖，减慢发酵速度。

⑧ 食盐可以作为传热介质　涨发某些干货原料（如蹄筋、肉皮等）时放些食盐可以加速涨发过程。

（二）酱油

酱油是中国传统的调味品。酱油是以大豆或豆饼、麸皮等加盐、水酿造而成的调味品。呈红褐色，有独特酱香，滋味鲜美，有助于增进食欲。

酱油中的咸味主要来自盐。酱油是以大豆、小麦等作为原料，经过原料预处理、制曲、发酵、浸出淋油及加热配制等工艺生产出来的调味品，营养极其丰富，主要营养成分包括氨基酸、可溶性蛋白质、糖类、酸类等。酱油以咸味为主，亦有鲜味、香味等。

酱油的品种很多，色味有别，应用广泛。

❶ 按照颜色分类

（1）生抽：

①颜色：生抽颜色比较淡，呈红褐色。

②味道：生抽用于一般的烹调，吃起来味道比较咸。

③用途：生抽用来调味，因其颜色淡，做一般的炒菜或者凉菜时用得多。

④生抽的制作：生抽酱油是酱油的一个品种，是以大豆、面粉为主要原料，人工接入种曲，经天然露晒，发酵而制成的。其产品色泽红润，滋味鲜美协调，豉味浓郁，清澈透明，风味独特。

（2）老抽：

①颜色：老抽中加入了焦糖色，颜色很深，呈棕褐色，有光泽。

②味道：老抽吃起来有一种鲜美的微甜的口感。

③用途：一般用来给食品上色。如做红烧等需要上色的菜时使用比较好。

④老抽的制作：老抽酱油是在生抽酱油的基础上，加焦糖色，经过特殊工艺制成的浓色酱油。

❷ 按照等级分类　酱油的鲜味和营养价值取决于氨基酸态氮含量的高低，一般来说氨基酸态氮含量越高，酱油的等级就越高，即品质越好。按照我国酿造酱油的标准，氨基酸态氮含量大于等于 0.8 g/100 mL 为特级；氨基酸态氮含量大于等于 0.7 g/100 mL 为一级；氨基酸态氮含量大于等于 0.55 g/100 mL 为二级；氨基酸态氮含量大于等于 0.4 g/100 mL 为三级。

氨基酸态氮含量的高低代表着酱油的鲜味程度，其作为衡量酱油等级的标准具有重要意义，所以大多数企业在不断地提升公司的配制技术和研发技术。

❸ 酱油的作用　酱油在烹调中应用广泛，它主要有以下几种作用。

（1）调味作用：酱油在中式烹调中是仅次于食盐的咸味调味品。主要用于咸味的调制。

（2）增加香味：酱油中含有多种呈鲜物质和香味物质，通过加热挥发，可使菜肴具有特殊的芳香味。各种风味的酱油都具有增鲜作用。

（3）增加色泽：酱油的红褐色，可以使菜品上色，增加菜品的色泽。

二、甜味调料

甜味调料是以蔗糖等糖类为主要呈味物质的调味品。甜味调料是仅次于咸味调料的重要调味品。它可以单独用于菜、面点调味，也可与多种调料调和成复合味。

甜味调料在调味中有特殊的调和作用：①缓和辣味的刺激感；②增加咸味的鲜醇；③减轻菜肴的咸味、酸味、苦味等。

我国南方应用甜味调料较多。在大型宴席菜肴中必备有甜品菜肴。常用的甜味调料有食糖、蜂

蜜、饴糖等。

（一）食糖

食糖可分为白砂糖、绵白糖、冰糖、赤砂糖、红糖等。其中以白砂糖和绵白糖应用较广泛。

❶ 白砂糖　其颗粒呈结晶状，均匀，颜色洁白，甜味醇正，甜度稍低于红糖。烹调中常用。适当食用白糖有补中益气、和胃润肺、养阴止汗的功效。

❷ 绵白糖　绵白糖简称绵糖。其质地绵软、细腻，结晶颗粒细小，并在生产过程中喷入了2.5%左右的转化糖浆。而白砂糖的主要成分是蔗糖，故绵白糖的纯度不如白砂糖高。

食糖是在烹饪过程中经常使用的调料，有一些菜肴是不能离开食糖的。恰当地使用食糖能确保菜肴应有的质量。食糖在烹饪中的主要作用如下。

①调味：食糖是重要的调料，在烹调中添加食糖可提高菜肴的甜味；在不显露甜味的情况下使用，有提鲜的作用；可抑制酸味，缓和辣味。

②增色：食糖可用作糖色，其颜色从黄到红逐渐加深，是一种纯天然色素，且有一定光泽，能给人一种视觉上的美感。

③增香：食糖发生焦化后可产生令人愉快的焦香味。

④成菜：制作甜类菜肴，在蜜汁、挂霜、拔丝中起着不可替代的作用。

⑤抑菌：高浓度的糖液可抑制微生物的生长繁殖，延长菜肴的保质期。

（二）蜂蜜

蜂蜜是蜜蜂从开花植物的花中采得的花蜜，在蜂巢中经过充分酿造而成的天然甜味物质。蜂蜜呈透明或半透明状黏稠液体或结晶体，黄褐色，香气浓郁，无杂质，味道醇正。

根据蜜源植物分类，可分为单花蜜和杂花蜜（百花蜜）。

❶ 单花蜜　来源于以某一植物花期为主体的各种单花蜜，如荔枝蜜、龙眼蜜、狼牙蜜、柑橘蜜、枇杷蜜、油菜蜜、刺槐蜜、紫云英蜜、枣花蜜、野桂花蜜、荆条蜜、益母草蜜、野菊花蜜等。

❷ 杂花蜜（百花蜜）　来源于不同的蜜源植物，其中单一植物花蜜的优势不明显，称为杂花蜜或百花蜜。从营养角度来讲，杂花蜜优于单花蜜。

蜂蜜既是食品，又是滋补品和天然药品。由于蜂蜜中含有大量的葡萄糖和果糖，容易被人体吸收，特别适合老年人、儿童、产妇以及病后体弱者食用。蜂蜜作为一种天然的甜味剂被广泛应用于各种食品，凡是用蔗糖作为配料的食品，可以部分或全部用蜂蜜代替。用蜂蜜可以制作糕点、各种饮料、酿造蜜酒，在化工工业上也有广泛应用。

蜂蜜具有抑制和杀灭细菌的作用。将蜂蜜涂抹于烫伤皮肤处，可减轻疼痛，并有助于伤口愈合。

（三）饴糖

饴糖是由玉米、大麦、小麦、粟或玉蜀黍等粮食经发酵糖化而制成的食品。它也是一味传统中药，性味甘、温，归脾、胃、肺经，临床上主要用来补脾益气、缓急止痛、润肺止咳，治疗脾胃气虚、中焦虚寒、肺虚久咳、气短气喘等，在多个经方中皆有应用。

饴糖在烹调中主要用于烘烤制品的上色，其还可用于制作一些甜味点心，如蜜三刀、蜜食、百子糕等。因为它价格低廉，有甜味，可以上色，所以在烹饪中应用很广。

随着科学技术的不断发展，很多新型甜味调料不断问世，如阿斯巴甜、甜菊苷、果葡糖浆、淀粉糖浆等。甜菊苷是用原产于南美洲的甜叶菊，提取其中的甜味成分而制成的，比蔗糖热量低，比蔗糖甜250～300倍。果葡糖浆是一种以葡萄糖为原料制成的甜味调料，它的主要成分是果糖和葡萄糖。淀粉糖浆是由淀粉为原料制成的甜味液体。以上三种甜味剂均为天然甜味调料。

三、酸味调料

酸味是一种基本味，自然界中含有酸味成分的物质很多，大多数酸味物质的酸味是由无机酸、有

机酸和酸性盐类分解为氢离子而产生的。几乎所有溶液中含有氢离子的化合物刺激味觉神经后都能引起酸感。

人类在未发明醋之前，就已经用植物果实“梅子”调味了。酸味调料中有酸味的主要成分是醋酸、柠檬酸、乳酸、酒石酸、苹果酸等；在烹调中，酸味调料有去腥、解腻、提鲜、增香、开胃、杀菌等作用。常用的酸味调料有食醋、番茄酱、柠檬汁等。

（一）食醋

食醋是以含淀粉类的粮食为主料，稻皮、谷糠为辅料，经发酵酿造而成的一种酸性液体调料。又称酢、苦酒、米醋等。我国早在《周礼》中就有关于酿醋的记载；春秋战国时，已有专门从事酿醋的作坊；《随园食单》记载醋可去腥，强调原料中有气大腥，要用醋先喷者。现在食醋被广泛应用于菜肴中。

❶ **形态特征及品种产地** 食醋按加工方法分类，可分为酿造醋和人工合成醋两类。著名品种有江苏镇江香醋、江苏板浦滴醋、山西老陈醋、浙江玫瑰米醋、福建红曲老醋、四川保宁醋等。

❷ **营养及性味功效** 中医认为，食醋性温、味酸苦，具有散瘀、止血、解毒、杀虫的功效；可用于治疗产后血晕、痃癖癥瘕、黄疸、黄汗、吐血、衄血、大便下血等症。

❸ **质量标准** 优质食醋呈琥珀色、棕红色或白色，液态澄清，无悬浮物和沉淀物，无霉花浮膜，无醋鳗、醋虱和醋蝇，酸味柔和，稍有甜味，具有食醋固有的醋香气味。

❹ **烹饪应用** 食醋在烹调中可起到杀菌、去腥、解腻、增味等作用。食醋在酸甜类菜肴中使用较多。

（二）番茄酱

番茄酱是由新鲜成熟的番茄经粉碎、打浆、去除皮和籽等粗硬物质后，经浓缩、装罐、杀菌而成的酱状制品。番茄酱是在20世纪初从西方引入我国的，具有增色、添酸、助鲜作用的复合调味品。

❶ **形态特征及品种产地** 番茄酱可分为两种，一种为常见的鲜红色番茄酱；另一种是由番茄酱进一步加工而成的番茄沙司，为暗红色，有甜酸味。前者可用作菜肴的调味品，后者可蘸食使用。我国上海、浙江、广东、北京、新疆维吾尔自治区等均有生产。

❷ **营养及性味功效** 医学研究表明，番茄酱中的番茄红素是优良的抗氧化剂。番茄红素在有脂肪存在的状态下更易被人体吸收，尤其适合动脉硬化、高血压、冠心病、肾炎患者食用。

❸ **质量标准** 番茄酱以色泽红艳、质地细腻、黏稠适度、味酸鲜香、无杂质、无异味者为佳品。

❹ **烹饪应用** 番茄酱可直接用于炸、烤、煎等烹调方法制作的菜肴的佐餐，还常用于熘、爆、炒等烹调方法制作的菜肴的调味，以突出其色泽和风味，从而使菜品甜酸醇正且爽口。

（三）柠檬汁

柠檬汁是从鲜柠檬中榨取的汁液，其颜色淡黄，酸味极浓，伴有淡淡的苦涩和清香味道。柠檬汁的酸味主要来自柠檬酸。

柠檬汁含有糖类、维生素C、维生素B_1、维生素B_2，以及烟酸、钙、磷、铁等营养成分。

柠檬汁在西餐中应用广泛，在中餐烹调中也逐渐有所应用，它可使菜肴有果酸味，爽口芳香，别具风格，补充菜肴在烹制中造成的维生素C的损失。

四、鲜味调料

鲜味调料是使菜肴具有鲜美滋味的调味品。鲜味是重要的味型，鲜味在烹调中不能独立存在，必须有咸味介入才能有明显的呈现。鲜味是人们在饮食中努力追求的一种美味，它能使人产生一种舒服愉快的感觉。呈现鲜味的主要成分是谷氨酸和核苷酸等。鲜味调料主要有味精、蚝油、鱼露等。

（一）味精

味精是以粮食为原料（小麦中的面筋蛋白或淀粉），经过水解法或发酵法制成的一种液态或白色结晶性粉末或柱状结晶体的调味品，又称味素、味粉等，学名“谷氨酸钠”。

❶ **品种产地** 目前，我国各地均有味精生产，著名品种有上海天厨味精、河南莲花味精等。

❷ **营养及性味功效** 中医认为，味精性平、味酸，具有开胃、助消化之功效，可用于治疗慢性肝炎、肝昏迷、神经衰弱、癫痫、胃酸缺乏等病症。高血压患者不仅要限制钠盐摄入，也要控制味精的摄入；每人每日的味精摄入量不应超过 20 g，一岁以下儿童不宜食用。

❸ **质量标准** 味精品质以色白味鲜、颗粒均匀、干燥无杂质者为佳，尤以谷氨酸钠含量高的粮食味精为好。

❹ **烹饪应用** 味精的主要作用是增加菜品鲜味，烹调时应注意其使用量、适宜温度及投放时机。

（二）蚝油

蚝油是利用蚝豉（牡蛎干）熬制成的汤，或以煮鲜牡蛎时的汤汁，经浓缩后调配而成的一种液体调味品，又称牡蛎油、蠔油等。

❶ **品种产地** 蚝油主要产于我国广东、福建等地，著名品种有李锦记蚝油、三井蚝油、海天蚝油等。

❷ **营养及性味功效** 中医认为，蚝油性微寒、味咸涩；具有滋阴、养血、补五脏、活血、充饥之功效。

❸ **质量标准** 蚝油以色泽棕黑、汁稠滋润、鲜香浓郁、无异味、无杂质者为上品。保管时应注意清洁，勿沾生水，存放于阴凉通风处，防止出现污染、干燥、生霉等现象。

❹ **烹饪应用** 蚝油在烹调中的主要作用是提鲜、增香、调色。既可用于炒菜，又可用于炖肉、炖鸡，以及红烧鸡、鸭、鱼等，滋味异常鲜美。蚝油还可用作味碟，供煎、炸、烤、涮等方法烹制出的菜肴佐味使用。

（三）鱼露

鱼露是以小鱼虾为原料，经腌制、发酵、晒炼并灭菌后得到的一种呈琥珀色、味道极为鲜美的液态调味品，又名鱼酱油、鱼卤、虾油、虾卤油、鲶汁等。鱼露是发源于广东潮汕的咸鲜味调味品，与潮汕菜脯、酸咸菜并称“潮汕三宝”。

❶ **品种产地** 鱼露呈琥珀色，味道咸而带有鱼类的鲜味。鱼露产于我国的福建、广东、浙江、广西及东南亚各国。著名品种有福建民生牌鱼露、泰国南普拉鱼露、马来西亚布杜鱼露、菲律宾帕提司鱼露和日本盐汁鱼露等。

❷ **营养及性味功效** 一般人皆可食用鱼露，但痛风、心脏疾病、肾脏病、急慢性肝炎患者不宜食用。

❸ **质量标准** 鱼露以澄清、透明，气香味浓，无苦涩味，呈橙黄色、琥珀色或棕红色者为上品，如呈乳状混浊则属次品，储藏过久出现絮状物或结晶沉淀者不可使用。

❹ **烹饪应用** 鱼露的烹调运用与酱油相似，有提鲜、增香、调色的作用。鱼露参与调味的菜肴包括鱼露芥蓝菜、铁板鱼露虾、菠萝鸡、白灼明螺等。

五、辣味调料

辣其实是一种疼痛，每个人对于辣的感觉都会有所不同，于是就有人怕辣，也有人不怕辣。辣味其实是化学物质（如辣椒素、姜酮、姜醇等）刺激细胞，在大脑中形成了类似于灼烧的微量刺激的感觉，而不是由味蕾所感受到的味觉。因此，不管是舌头还是身体的其他器官，只要有感觉神经的地方就能感受到辣。

辣味调料比较多，调味时常用到的有辣椒、花椒、姜、蒜，还包括一些人工制作的辣味调料（如辣椒粉、辣椒油等）。

（一）辣椒

❶ 辣椒的种类

①长角椒类：株型矮小至高大，分枝性强，叶片较小或中等。果实呈长角型，微弯曲似羊角、线形。果实一般下垂，个别品种也有朝天的。产量较高，栽培较为普遍。我国著名的辣椒干均属这一变种，如河南永城大羊角椒、线椒，陕西牛角椒；四川二金条，山西代县辣椒、福建宁化牛角椒、云南邱北辣椒等。适合鲜食的有湖南长牛角椒、伏地尖，杭州鸡爪椒。一般具辛辣味，其中肉薄辛辣味强的主要供干制、盐制。辣味适中的主要供鲜食。

②甜柿椒类：又称柿子椒、甜椒或灯笼椒。植株中等或矮小，分枝性弱。叶片较大，呈卵圆形或椭圆形。果实硕大，呈扁圆形、短圆形、锤形。果面常具 3～4 条纵沟。果肉肥厚，大者单果重达 200 g 以上，结果数较少。耐热与抗病性不及辣味品种。冷凉地区栽培的产量比炎热地区高。全国著名品种有上海茄门甜椒、吉林三道筋、四方头甜椒。味甜或具轻辣味，主要适于鲜食。

③簇生椒：株型中等或较高，分枝性不强，叶片较长大，果实簇生。每簇 3～5 个或 7～8 个。如四川七星椒、陕西线椒、湖南线椒。果梗朝天或下垂，果色深红、果肉薄、辛辣味强、油分高、晚熟、耐热、产量低，主要供干制调味。

④樱桃椒类：株型中等或矮小，分枝性强，叶片较小，呈卵圆形或椭圆形，先端渐尖。果实朝天或斜生，呈圆形或圆锤状，小如樱桃，故名。果色有红紫色、黄色。果肉薄，种子多，辛辣味强，云贵一带较多。

⑤圆锥椒类：株型中等或矮小，叶片中等大小，呈卵圆形，果实呈圆锤状或短圆柱状，果梗朝天或下垂，如南京早椒、昆明牛角椒等。果肉较厚，辣味中等，主要鲜食青果。

❷ 辣椒的营养价值 根据科学测定，辣椒有较高的营养价值，其富含胡萝卜素、蛋白质、脂肪、维生素 C 及钙、磷、铁等，其中维生素 C 的含量较高。

更值得提出的是，辣椒越辣，其含有的辣椒素越多。辣椒有以下几个方面的作用：①寒冷潮湿季节吃一些辣椒既能抗寒，又能防止因受凉受潮而引起风湿性关节炎、慢性腰腿痛、伤风感冒及冻伤等疾病。②刺激唾液和胃液分泌，加快胃肠蠕动，增进食欲。

辣椒不宜多吃，多吃会引起胃痛和痔疮。有胃溃疡、肺结核、高血压、牙痛、咽喉痛、眼疾、鼻炎、痔疮、疖肿等情况者要慎食。

❸ 烹调运用

①辣椒适于炒、拌、炝等烹调方法，可用于做泡菜或配料，可用于制作辣子鸡丁、青椒炒肉丝、糖醋青椒等。

②维生素 C 不耐热，易被破坏，在铜器中更是如此，所以应避免使用铜质餐具。

③在切辣椒时，先将刀在冷水中蘸一下，再切就不会辣眼睛了。

④有辣味的部分主要是尖头和里面的籽，取出尖头和籽就不太辣了。

⑤辣椒茎、叶可食用，鲜嫩的辣椒茎、叶，可以像其他蔬菜一样用于腌制咸菜，别有一番风味。

（二）花椒

❶ 简介 花椒，落叶灌木或小乔木，可孤植又可用作防护刺篱。其果皮可作为调料，可提取芳香油，又可入药，种子可食用，又可加工制成肥皂。花椒可除去各种肉类的腥气；促进唾液分泌，增加食欲；使血管扩张，从而起到降低血压的作用。一般人群均能食用，孕妇、阴虚火旺者忌食。

❷ 烹调用途 为川菜中使用最多的调料，常用于配制卤汤、腌制食品或炖制肉类，有去膻增味的作用。亦为“五香粉”原料之一。

①炒菜时，在锅内热油中放几粒花椒，发黑后捞出，留油炒菜，菜香扑鼻。

②将花椒、植物油、酱油烧热，浇在凉拌菜上，清爽可口。

③腌制菜肴时放入花椒，味道绝佳。

（三）姜

❶ 简介　姜科草本植物姜的根茎。嫩者称紫姜、子姜，老者称老姜、老生姜。一般所说生姜多指后者。中国大部分地区有栽培。秋、冬季采收，除去须根，洗净备用。可用于治疗脾胃虚寒、食欲减退、恶心呕吐，或痰饮呕吐、胃气不和的呕吐，风寒或寒痰咳嗽，感冒风寒，恶风发热，鼻塞头痛。煎汤，绞汁服，或用作调味品；子姜多用作菜食。

❷ 烹调运用

①对汁。烹调甜酸味道的菜时，将姜末与糖醋对汁使用，可用于制作糖醋鲤鱼、糖醋排骨，也可放入凉菜中使用。

②混煮去腥。在烧炖牛肉、鸡、鸭肉时，在汤中放入姜块，可达到解腥增鲜的目的。

③蘸食。将姜末与酱油、香油和醋拌匀为汁，可供吃松花蛋、清蒸螃蟹等菜肴时蘸食用。

④返鲜。冷冻的家禽鱼类，涂些姜汁，或用姜汁浸渍，可起到返鲜催嫩的作用。

（四）蒜

❶ 简介　大蒜味辛、性温，入脾、胃、肺，暖脾胃，消癥积，有解毒、杀虫的功效。蒜中含硫挥发物43种，酯类13种、氨基酸9种、肽类8种、苷类12种、酶类11种。

❷ 烹调运用

①做主料。蒜入馔方法颇多，可做主料（如青蒜、蒜薹）、配料、调料、点缀之用。

②做配料。以蒜瓣制作的菜肴：江苏炖生敲、四川大蒜烧鲶鱼、广东蒜子瑶柱脯。

③做调料。蒜用作调料更多见，如四川的蒜泥白肉，山东的蒜泥黄瓜，夏季食用的凉面的菜码中亦加蒜泥。

❸ 营养价值　蒜具有杀菌的功效，每100 g鲜蒜中，含水64～72 g，蛋白质3.6～6.9 g，碳水化合物22～30.3 g，蒜还含有大蒜素，具有杀菌作用。中医认为大蒜味辛、性温，入脾、胃、肺，暖脾胃，消癥积，有解毒、杀虫的功效。

六、香味调料

香味调料是指用来调配菜肴香味的各种呈香原料。香味主要来源于挥发性的芳香醇、芳香醛、芳香酮及酯类等化合物。烹饪中香味调料的作用主要在于去除各种烹饪原料所含的不良异味，赋予菜肴以香味，并具有杀菌消毒，增进食欲，饮食养生、食疗等功效。

香味调料分天然香料和合成香料两大类。其香味类型有芳香类（如八角、茴香、丁香、小茴香、桂皮、芝麻、五香粉、香精等）、酒香类（如黄酒、白酒、葡萄酒、香糟等）、苦香类（如陈皮、草果、豆蔻、茶叶、柚皮等）等。

（一）八角

八角是木兰科植物八角茴香的果实干燥而成的芳香料，又名大料、大茴、八角、大八角、八角茴香、舶茴香、八角香、八角珠等。八角最早野生在广西西部山区，我国栽培和利用八角已有四五百年历史。

❶ 品种产地　八角按采收季节可分为秋八角和春八角两种，主要产于我国西南及广东、广西等地。

❷ 成分及性味功效　中医认为，八角性温、味辛苦，具有温阳、散寒、理气、开胃、舒筋、解毒的功效；可用于治疗胃脘寒痛、恶心呕吐、腹中冷痛、寒疝腹痛、腹胀如鼓，以及肾阳虚衰、腰痛等病症。茴香油具有刺激胃肠血管、增强血液循环的作用。

❸ 质量标准　八角以个大均匀、色泽棕红、鲜艳有光泽、香气浓郁、干燥完整、果实饱满、无霉烂杂质、无脱壳籽粒者为佳品。

❹ **烹饪应用** 八角既可用来腌制动植物性原料(如腌牛肉、排骨、大头菜等),又可适于卤、酱等方法制作筵席冷菜(如酱牛腱、卤素鸡等),还可用于烹制腥膻异味较重的动物性原料(如烧羊肉、煲狗肉、葱扒鸭等)。

(二)茴香

茴香为伞形科植物茴香的果实干燥而成的芳香料,又称小茴香、谷茴香、香子、小茴等。

❶ **品种产地** 茴香在我国主要分布在山西、甘肃、辽宁、内蒙古等地区。

❷ **成分及性味功效** 中医认为,小茴香性温、味辛,具有温肝肾、暖胃气、散塞结的功效;可用于治疗脘腹肝满、寒疝腹痛等症。

❸ **质量标准** 茴香以颗粒均匀、干燥饱满,色泽黄绿、气味香浓、无杂质者为佳品。

❹ **烹饪应用** 茴香在烹调中适用于卤、酱、烧,可用作火锅的调香原料,在菜肴中主要起增加香味、去除异味的作用。茴香在应用时要用纱布包裹,避免黏附原料,影响菜品质量。

(三)桂皮

桂皮是用樟科植物肉桂、天竺桂、细叶香桂、川桂、阴香等的树皮经干燥后制成的卷曲状圆形或半圆形芳香料,又称肉桂、玉桂、牡桂等。

❶ **品种产地** 桂皮主产于我国广东、广西、浙江、安徽、四川、湖南、湖北等地。

❷ **成分及性味功效** 桂皮中香味主要成分来自桂皮醛、丁香酚、蒎烯等。中医认为,桂皮性热、味辛甘,具有补元阳、暖脾胃、除积冷、通脉止痛和止泻的功效;可用于治疗命门火衰、肢冷脉微、亡阳虚脱、腹痛泄泻、寒疝、腰膝冷痛、阴疽流注、虚阳浮越之上热下寒等症。

❸ **质量标准** 桂皮以皮细肉厚、表面灰棕色、内面暗红棕色、断面紫红色、油性大、香气浓郁、干燥无霉烂者为佳品。

❹ **烹饪应用** 桂皮香气馥郁,可使肉类菜肴去腥解腻,令人增进食欲。常用于卤、酱、烧、煮等菜肴及腥膻味较重原料的调味,也是制作五香粉的主要成分之一。

(四)丁香

丁香是桃金娘科植物丁香的花蕾经干燥制成的芳香料,又称丁子香、公丁香等。

❶ **品种产地** 丁香原产于马来西亚群岛及非洲,我国广东、海南、广西、云南等地分布较多。

❷ **成分及性味功效** 可用于治疗胃寒呃逆、呕吐反胃、脘腹冷痛、泄泻痢疾、肾虚阳痿、阴冷疝气、腰膝冷痛、阴疽、口臭齿�等症。

❸ **质量标准** 丁香以个大均匀、色泽棕红、油性足、粗壮质干、无异味、无杂质、无霉变者为佳。

❹ **烹饪应用** 丁香常应用于卤、酱、烧、烤等烹调方法中,主要用于畜禽类等菜肴的腌制调味及加热调味;亦可应用于炒货、蜜饯等的调味。但烹调中应控制用量,否则味苦。

(五)草果

草果是姜科豆蔻属植物草果的成熟果实干制而成的苦香料,又称草果仁、草果子、老蔻等。

❶ **品种产地** 草果在我国主要分布于广西、贵州和云南等地。

❷ **成分及性味功效** 草果的香气主要来源于挥发油中的芳樟醇,草果中还含有香叶醇和草果酮等。中医认为,草果性温、味辛,具有燥湿除寒、祛痰截疟、消食化食之功效;可用于治疗胸膈痞满、脘腹冷痛、恶心呕吐、泄泻下痢、食积不消、霍乱、瘟疫、瘴疟等症。

❸ **质量标准** 草果以个大饱满、质地干燥、香气浓郁、表面红棕色者为上品。

❹ **烹饪应用** 草果气味芳香,烹调中常用于制作卤水的调料,也用于烧菜、火锅、卤菜之中;使用时先将其拍松,然后用纱布包扎放入汤中,有增香、去腥的作用。

(六)黄酒

黄酒是以谷物(糯米、粳米或黍米等)为原料,采用蒸煮、加酒曲、糖化、发酵、压榨、过滤、煎酒、储存、勾兑而成的酿造酒，又称料酒、老酒、绍酒、米酒等。《调鼎集》谓绍兴黄酒"味甘、色清、气香、力醇之上品唯陈绍兴酒为第一"。黄酒与葡萄酒和啤酒并称为世界三大酿造酒，迄今已有6000多年的历史。

❶ 品种产地　黄酒的生产主要集中于我国浙江、江苏、上海、福建、江西和广东、安徽等地，山东、陕西、大连等地也有少量生产。

❷ 成分及性味功效　中医认为，黄酒具有补血养颜、活血祛寒、通经活络的作用；温饮黄酒可促进血液循环，促进新陈代谢，能有效抵御寒冷刺激，预防感冒。

❸ 质量标准　黄酒品质以色泽淡黄或棕黄，清澈透明，香味浓郁，味道醇厚，含酒精度低者为佳品。

❹ 烹饪应用　黄酒具有除腥、去膻、解腻、增香和添味的作用。

（七）香糟

香糟又称酒糟，是做黄酒时发酵经蒸馏或压榨后剩下的酒糟，再经加工而制成香气浓郁的调味品。

❶ 品种产地　我国江苏、浙江、上海、福建等地为香糟产地。

❷ 质量标准　白糟新品色白，经过存放后熟，色黄甚至微变红，香味浓郁。红糟以隔年陈糟、色泽鲜红、具有浓郁的酒香味者为佳。

❸ 烹饪应用　香糟与黄酒同样可起到去腥、增香、增味的作用。香糟既可用于制作冷菜，如糟毛豆、糟蛋、糟醉鸡、糟鸭掌、香糟冻鸭等，又广泛可应用在煎、炒、熘、爆以及烧、烩、蒸、炖等热菜中。

七、苦味调料

苦味在中式烹调中属于传统的基本味之一。产生苦味的物质主要是生物碱。单纯的苦味是不可口的，但如果调配得当，可以起到丰富食品风味的作用，形成清淡爽口的特殊风味。

（一）陈皮

陈皮是芸香科植物福橘、朱橘等多种橘类植物的成熟果皮晒干或低温干燥而成的苦香料，又称橘皮、橘子皮、黄橘皮、广橘皮、新会皮、柑皮、广陈皮等。

❶ 品种产地　陈皮分布于我国浙江、江西、广东、福建等地，普遍栽培于丘陵、低山地带以及江河湖泊沿岸或平原。

❷ 成分及性味功效　陈皮的香味主要来源于柠檬醛、香茅醛、芳樟醛及挥发油等。中医认为，陈皮性温、味辛苦，具有理气和中、燥湿化痰、利水通便的功效；可治脾胃不和、脘腹胀痛、不思饮食、痰湿阻肺、咳嗽痰多、头目眩晕、水肿、小便不利、大便秘结等症。

❸ 质量标准　陈皮以皮薄、片大、色棕红、油润、干燥无霉斑、香气浓郁者为好。

❹ 烹饪应用　陈皮适合烧、炖、焖、煨等方法来烹制动物性菜肴，有增香添味、去腥解腻的作用。

（二）茶叶

茶叶是山茶科常绿木本植物茶树鲜嫩的芽叶经脱水烘干而成的制品，又称茗、苦茶、荼、腊茶、茶芽、芽茶、细茶。《神农本草经》记载：神农尝百草，日遇七十二毒，得茶而解之；唐代陆羽著有《茶经》，为中国乃至世界现存最早、最完整、最全面介绍茶的第一部专著，被誉为"茶叶百科全书"。

❶ 品种产地　按产地分有龙井、铁观音、祁红、普洱茶、碧螺春、信阳毛尖、湘皮绿、旗枪、云雾茶、乌龙茶等，其风味特色各异。茶叶主产于我国长江流域及以南地区，以清明前采收为上品，称明前茶。

❷ 成分及性味功效　中医认为，茶叶性凉，味微苦、甘；上可清头目，中可消食滞，下可利小便，是天然的保健饮品。

❸ **质量标准** 新鲜绿茶的外观以色泽鲜绿、有光泽，闻之有浓郁的茶香，泡出的茶水色泽碧绿，有清香、兰花香、熟板栗香味等，滋味甘醇爽口，叶底鲜绿明亮者为佳。

❹ **烹饪应用** 茶叶在烹调中应用较少，主要用来增加一些菜肴的茶香，因其特有的苦味而给人以清新的口感。一般应用于卤、炒、炸、烤、熏等烹调方法制作的菜肴之中。

同时，也有利用啤酒所特有的苦味和酒香制作菜肴的，如啤酒鸭、啤酒焖仔鸡等。烹调中常用的是生啤酒。

（三）肉豆蔻

肉豆蔻为肉豆蔻科常绿乔木肉豆蔻成熟种仁用缓火焙干后制成的苦香料，又称肉果、玉果等。

❶ **品种产地** 肉豆蔻主要产于马来西亚、印度尼西亚，我国广东、广西、云南亦有栽培。

❷ **成分及性味功效** 《本草经疏》记载，肉豆蔻辛味能散能消，温气能和中畅通，其气芬芳，香气先入脾，脾主消化，温和而辛香，故开胃，胃喜暖故也。

❸ **质量标准** 肉豆蔻的品质以个大、饱满、质地坚实、干燥、气芳香强烈，味辣而微苦者为佳品。

❹ **烹饪应用** 肉豆蔻一般与其他香料混合使用，多应用于卤、酱、烧、煮、炖、焖等烹调方法制作的菜肴中，具有去异味、增辛香的作用。但是，烹调时应控制肉豆蔻的用量，以免苦味过重，影响菜品风味。肉豆蔻还是咖喱粉等一些复合调料的配制用料。

同步测试

1. 调料按照味型可以分为哪些类型，有哪些代表品种？
2. 食盐在烹饪过程中具有哪些作用？
3. 常见的天然香料有哪些，在菜品中有哪些运用？
4. 辣椒具有哪些烹调作用？

任务二 辅料

基础模块

我们在制作菜肴时，往往会在原料表面挂上糊浆，或者勾芡，这都离不开淀粉；用炸、炒等烹调方法制作菜肴或涨发某些干货时都需要应用油脂；一些食品添加剂的加入也提高了菜肴和面点的质量。这些佐助原料虽然用量少，但对菜肴质量有着很大的影响。了解、熟悉、掌握这些佐助原料是本模块的重要任务。

一、辅料概况

（一）辅料的概念

辅料是指在菜肴和面点中除主配原料和调味原料外的、主要起辅佐作用的原料。辅料在菜肴和面点的制作及风味特色的形成中不可缺少。

（二）辅料的分类

辅料包括食用油脂、淀粉、食品添加剂等。

（三）辅料的作用

辅料的运用在我国有着悠久的历史，它的品种虽然不多，用量也少，但应用较广泛，其作用主要

如下。

（1）辅料虽非菜肴和面点的主配料，但对菜肴和面点的色泽、口味、形状、质感等方面有重要影响，对菜肴和面点的质量也有着重要作用。

（2）辅料在某种程度上补充了营养成分，有利于人体对食物的消化和吸收，还有增进食欲的作用，因此，它在烹饪中的作用是不可忽视的。

二、辅料的品质特点

（一）食用油脂

❶ 食用植物油脂

（1）豆油：豆油又名大豆油。

产地：豆油是我国人民日常生活中主要食用油之一，在烹饪中有着广泛的应用，我国东北地区应用较多。使用豆油制出的菜肴色泽淡黄油亮。

外形与特点：豆油是从大豆种子中压榨出的半干性油。

品种：豆油分冷压和热压两种。

①冷压豆油。冷压豆油色泽较浅，生豆味淡，出油率低。

②热压豆油。热压豆油色泽较深，生豆味浓，出油率高。

（2）花生油：花生油又名果油、落花生油。

产地：花生油是我国主要食用油脂之一，在烹调中应用比较广泛，其主要产于山东、河南、江苏、辽宁、广西等地区。我国华北和山东等地均用此油制作菜点，制出的菜肴有花生的特殊香味。

外形与特点：花生油是从花生的种子中榨出的油脂。

品种：花生油按加工方法的不同可分为冷压和热压两种。

①冷压花生油。颜色浅黄，有花生香味。

②热压花生油。颜色橙黄，有炒花生的香味。

（3）菜籽油：菜籽油又名菜油、芸薹油，经过精制的称为白纹油。

产地：菜籽油主要产于长江流域及西南地区，产量位居世界第一位。

外形与特点：菜籽油是从油菜籽中榨出的油脂。菜籽油一般呈深黄色，含有菜籽的特殊气味，具有涩味，如果芥酸含量过高会使菜籽油具有令人不愉快的气味和苦、辣、涩的味道。精制的菜籽油色泽金黄，粗制者呈深褐色。

（4）芝麻油：芝麻油又名香油、麻油。

外形与特点：芝麻油是从芝麻中提炼出来的，具有特殊的香味，故又称香油。

品种：芝麻油分为大槽油和小磨香油两种。

①大槽油：以生芝麻为原料，以机器榨油法制取而成，油色淡而不香。

②小磨香油：用炒熟的芝麻，采用传统工艺提取出来的芝麻油，其香味浓郁，呈红褐色，质量较好。

（5）葵花油：葵花油是从向日葵种子中榨取出来的半干性油。

产地：我国葵花油产于东北、华北等地。

品种：葵花油分为油用型、食用型和中间型三种。

（6）玉米油：玉米油又称玉米胚芽油。

外形与特点：玉米油是从玉米种子的胚芽中压榨出来的。玉米油色淡黄、透明、食味清香，精炼后性能稳定。

（7）米糠油：米糠油又称毛糠油。

米糠油是从稻米的糠皮中制取的油。我国水稻产量高，因此米糠油的原料资源极为丰富。精制

的米糠油中不饱和脂肪酸含量高，是优良的食用油脂。米糠油熔点低，黏度小，淡黄澄清，营养价值高，是近年来新开发的食用油，发展前景较好。

(8) 橄榄油：从油橄榄的种子榄仁中榨出的油称为橄榄油。

油橄榄是木樨科木樨榄属常绿乔木，是世界著名的木本油料兼果用树种，栽培品种有较高的食用价值，含丰富的优质食用植物油——橄榄油。橄榄油原产于地中海沿岸诸国，现在世界各国均引种栽培，中国油橄榄主产区在甘肃陇南。

外形与特点：橄榄油是由新鲜的油橄榄果实直接冷榨而成的，不经加热和化学处理，保留了天然营养成分。橄榄油被认为是迄今所发现的最适合人体的食用油脂。

品种：橄榄油可分为橄榄油、橄榄果渣油两大类。

①橄榄油：橄榄油可细分为初榨橄榄油、精炼橄榄油、混合橄榄油。

②橄榄果渣油：橄榄果渣油可细分为粗提橄榄果渣油、精炼橄榄果渣油、混合橄榄果渣油，未经处理的果渣油不能食用。

2 食用动物油脂

(1) 猪油：猪油又称白油、大油、荤油等，是从猪的脂肪组织（板油、肥膘、网油）中提炼出来的。

品质特点：猪油色白，半软，常温下呈软膏状，液态时清澈透明，有特殊的香气。

(2) 鸡油：鸡油又称明油，是由鸡的脂肪组织加工制取的。鸡油熔点低，数量少，以蒸制取。

（二）芡粉

芡粉是烹调中重要的佐助原料之一，应用广泛，用于挂糊、上浆、勾芡等。

1 芡粉的特点 芡粉呈白色，粉末状，手感滑爽细腻，无味，不溶于凉水。芡粉在常温下基本没有变化，水芡粉在加热时会逐渐吸水膨胀，最后导致芡粉完全糊化。

芡粉的糊化是一个复杂的物理化学变化过程。当水温在 30 ℃时，芡粉能结合 30%左右水分，颗粒也不膨胀，当水温上升到 50 ℃时，芡粉吸水和膨胀率也很低，但当水温上升到 53～60 ℃时，芡粉吸水量增大，开始膨胀糊化，并有一部分溶于水，当温度上升到 67.5 ℃以上时，芡粉大量溶于水，形成黏度很高的溶液，当水温在 90 ℃以上时，芡粉黏度越来越大。菜肴中的勾芡就是利用芡粉糊化的性质而制作的。

2 常用芡粉

(1) 绿豆芡粉：绿豆芡粉用绿豆加工而成，白色中稍带淡青色，有光泽，细腻光滑，黏性好，涨性大，是芡粉中的上品，多用于制作干粉皮、粉丝、鲜粉皮等。

(2) 玉米芡粉：玉米芡粉用玉米加工而成，颜色洁白，凝胶力强，粉质细腻，吸水性低，黏度差，透明度较低。香港饮食行业将玉米芡粉称生粉。

(3) 小麦芡粉：小麦芡粉是用小麦制作面筋的副产品，色白，黏性差，凝胶力强，透明度低。

(4) 甘薯芡粉：甘薯芡粉用甘薯加工而成，色较暗，质地粗糙，黏性差，吸水性强。

此外还有藕芡粉、马铃薯芡粉（台湾称太白粉）、菱角芡粉、豌豆芡粉等。

三、辅料的营养价值（或味型特点）

（一）食用油脂的营养价值

食用油脂是由多种物质组成的，其主要成分是脂肪。脂肪由一个分子的甘油和三个分子的脂肪酸结合而成，所以也称甘油三酯。

脂肪中的脂肪酸对食用油脂的营养价值等有着重要影响。动物性脂肪含饱和脂肪酸较多，熔点较高，消化率较低。动物性脂肪中必需脂肪酸含量较少，营养价值相对较低。植物性脂肪含不饱和脂肪酸较多，熔点较低，消化率较高。植物性脂肪中所含必需脂肪酸较多，营养价值较高。

食用油脂除了含有脂肪（甘油三酯）外，还有少量的非甘油三酯类化合物，主要有磷脂、甾醇、蜡、

黏蛋白、色素、维生素等。

磷脂在未精炼的植物油(如豆油)中含量较高,在动物性脂肪中含量较少。磷脂在空气中容易被氧化变黑。另外,磷脂在储存时容易发生水化现象,产生沉淀,在加热使用时,易产生大量泡沫,并有焦化现象,形成黑色沉淀,影响菜肴和面点的质量。

甾醇(固醇)是合成维生素D的原料,对食用油脂的保存和食用均无害。

油料种子的外皮含有蜡,在榨油时可能混入油中,但量极少,在冬季可引起食用油脂混浊。

色素使食用油脂具有不同的颜色。食用油脂中的色素有类胡萝卜素、叶绿素等。在新鲜食用油脂中,色素显色较明显,若放置时间过久,食用油脂中的蛋白质、糖类等物质分解会使食用油脂呈棕褐色。

黏蛋白是食用油脂中蛋白质的一种,无害,但能引起食用油脂混浊。

食用油脂中的维生素主要是脂溶性维生素A、维生素E、维生素K、维生素D等。

(二) 芡粉的营养价值

淀粉中是含有碳、氢、氧这三种元素的,当人体进食淀粉之后,淀粉就会转变成葡萄糖,葡萄糖与血液中的氧气结合会产生热量,我们人体所需的大量的能量来源于淀粉。

实践模块

一、辅料的质量鉴别与储藏知识

(一) 食用油脂的品质检验

食用油脂的品质检验一般是用感官检验的方法从以下5个方面进行的。

(1) 透明度:食用油脂的透明度说明油脂中含杂质的情况。杂质多则透明度低,混浊不清,说明精炼程度不够或掺假。杂质少则清亮透明。

(2) 气味:可用手指蘸一点油,在手心中搓揉后闻气味,是否为该食用油脂所应具有的气味,不应有哈喇味或其他异味。

(3) 滋味:各种食用油脂都具有其特有的滋味,但都应无酸败、焦臭和其他异味。高级精炼油无滋味。

(4) 色泽:不同的食用油脂的色泽也有差异,一般以色泽浅淡明亮为好。花生油为淡黄色;豆油为深黄色;菜籽油为深黄色略带绿色;芝麻油为黄棕色;精炼油的颜色越浅、越淡则越好。

(5) 沉淀物:将食用油脂在常温下静置24 h后,观察其沉淀物析出的多少。沉淀物越少,食用油脂的质量越高,反之食用油脂的质量就差。

(二) 食用油脂的保管

食用油脂因保管不当或受水分、空气、光照、温度等因素的影响会发生氧化和水解,发生酸败,出现哈喇味、辛辣味,色泽、透明度等方面也随之发生变化,引起质变。

食用油脂在储存时要避免受高温影响,应放置于阴凉通风处,尽量隔绝空气,避免日光照射,防止水分流入油中,注意盛器的清洁卫生。用过的油脂不宜久存,也不宜反复多次使用。

(三) 芡粉的品质检验

芡粉以色泽洁白、有光泽、质地细腻、吸水性强、涨性大、黏性好、透明度高、无杂质者为佳。

(四) 芡粉的保存

❶ 通风良好　芡粉有呼吸作用,所以必须使空气流通,让芡粉有空气可利用。

❷ 湿度干爽　芡粉会根据环境的温度及湿度而改变自身的含水量,湿度增加,芡粉含水量也增

加，容易结块。湿度降低，芡粉含水量也减小。理想的湿度在60%～70%之间。

❸ **合适温度** 储藏的温度会影响面粉的熟成时间，温度愈高，熟成愈快。但温度同样影响芡粉的保质期。芡粉储藏的理想温度为18～24 ℃。

❹ **环境洁净** 环境洁净可减少害虫的滋生、微生物的繁殖，进而减低芡粉受污染的机会。

❺ **无异味** 芡粉是会在空气中吸收及储藏气味的材料，所以在储藏芡粉的周围环境中不能有异味。

❻ **离墙离地** 为了有良好的通风，减少受潮、减少虫鼠的污染，离墙离地相当必要。

二、辅料在烹饪中的运用

（一）食用油脂在烹饪中的作用

❶ **传热和保温** 食用油脂是烹调中重要的传热介质，在炸、煎、炒等烹调方法中的过油、滑油等程序，都是通过油脂将热传给原料的，从而达到使之成熟或半熟的目的。

食用油脂的比重比水小，所以在酱、炖等烹调方法中，油脂漂浮在汤汁表面，起到保温的作用，热量不易散失，可缩短加热时间，使菜肴便于熟烂。

❷ **增加色泽** 大部分食用油脂含有一定的色素，具有一定的颜色，在加热过程中会影响原料、使之发生颜色改变。食用油脂在加热过程中温度较高，可使原料表面所含的糖类、蛋白质分解，产生黄色、棕色等，因此可使挂糊炸制的菜品表面色泽金黄。

食用油脂本身光亮滋润，可使菜品增加光泽。有的菜品在制作最后阶段要淋油，其目的之一就是使菜品明亮。

❸ **增香** 大部分呈香物质是亲脂性的，能较好地溶解于食用油脂中，在食用油脂的高温下挥发，使菜品香味四溢。

还有些辛香原料如花椒、葱在高温油中炸制后，形成具有特殊香味的花椒油、葱油等，用于菜品可达到增香、调香的效果。香油是烹调中常用的调香油脂，在某些菜品中适量加入，会使菜品具有浓郁的香味。

❹ **改变质感** 有的原料经高温油迅速炸制后，表面组织收缩，内部水分不易外溢，捞出再加调味品烹制成菜肴后，菜品质地脆嫩异常。在低温油中炸制的菜品会产生酥、松等不同的质感。还有的原料先用温油炸熟，后用高油温稍炸，可形成外焦里嫩的质地。油酥面团可使面点制品酥脆可口。

❺ **造型** 经食用油脂炸制后，原料外表物质凝固，便于定型。糖醋鲤鱼、松鼠鱼、菊花鱼等造型美观的菜品，只有炸制时油温高才能达到较好的效果。

面点中的油酥面团将油与面粉调制在一起，油脂阻断了面粉之间的相互联系，在加温时分解部分淀粉，使制品起酥，形成特殊形状。

❻ **涨发原料** 干货原料中结缔组织紧密、含胶质丰富的蹄筋、干肉皮、鱼肚等，用低温加热时，其水分蒸发，细胞膜破裂，失去原来紧密的结构，形成海绵状，达到涨发的目的。

（二）芡粉在烹饪中的作用

❶ **制作某些菜肴的主要原料** 芡粉在热水中糊化，经冷却后会形成固态凝胶，利用这一点，可加工制成鲜粉皮、干粉皮等。以鲜粉皮为主要原料，用拌、炖、炒等烹调方法可制作菜肴肉丝拉皮、鸡丝拉皮、炒合菜等。

❷ **用作糊、浆的原料** 芡粉是制糊、浆的主要原料。许多菜肴都要经挂糊、上浆、拍粉，如炸、熘都要挂糊；滑炒、滑熘等都要上浆；一些菜品在制作时要先拍粉。这些步骤可使菜肴形成各自的特点，达到质量要求。

❸ **用作勾芡的原料** 在菜肴接近成熟时将水芡粉淋入锅内，使汁水黏稠，称为勾芡。这是利用芡粉糊化的特点，使汤汁黏稠，附着在原料表面，增加菜品的滋味，使菜品更明亮滑润。汤菜经勾芡

后，汤汁浓稠，主料突出。

④ **用作面点原料**　某些面点需用芡粉作为原料，如广东的澄粉饺、马蹄糕，北京的小窝头，江苏的绿豆糕，山东的馄饨皮。

⑤ **作为菜肴的黏合剂**　不少菜肴都需要用芡粉作为黏合剂，以便造型。如蟹粉狮子头、鱼丸、肉丸中均需用芡粉黏合定形。

选学模块

其他辅料相关的拓展知识如下。

食品添加剂是指在烹调中需要添加的一些在改善菜肴和面点质量、增加营养等方面起一定作用的原料。如膨松剂使面点膨松，着色剂使菜肴和面点上色等。

食品添加剂的种类很多，按其来源分为天然与化学合成两大类，按烹调应用则分为防腐剂、膨松剂、着色剂等。

为了保障人体健康和食品质量，对食品添加剂的生产和使用，国家制定了一系列管理措施。在烹调中使用添加剂，首要是保证安全，特别是化学合成的添加剂尽量不使用。其次要求最大使用量不得超过规定的使用剂量，尽量控制或减少用量。

一、膨松剂

膨松剂在菜肴和面点制作中具有使成品膨胀、松软和酥软的作用，在面点中还起到助涨发、去酸味的作用。如在面点中加入碱性膨松剂，可以中和醋酸菌等产生的酸味，使面点口味正常；还能产生二氧化碳气体，使面团多孔、膨胀；还可以在某些干货原料涨发时起到加快涨发速度的作用等。

常用的膨松剂有化学膨松剂和生物膨松剂。

（一）化学膨松剂

❶ **碳酸氢钠（$NaHCO_3$）**　碳酸氢钠又称小苏打，呈白色结晶粉末状，无臭、味微咸，在潮湿空气或热空气中缓慢分解，产生二氧化碳，易溶于水，溶液呈弱碱性。

小苏打主要用于面点制作，也可用于菜肴制作，对菜肴和面点起膨松、软化作用，如制作"油条""麻花""蚝油牛肉"。其用量按实际情况添加。

❷ **碳酸钠（Na_2CO_3）**　碳酸钠又称碱面、食用碱，呈白色粉末或细颗粒状，无臭、有碱味，易溶于水。

碳酸钠在烹饪中可用于面点中的面团发酵，起酸碱中和作用；也可用于制作面条，增加面团的弹性和延伸性；还可用于某些干货原料的涨发，是碱发方法中的主要涨发原料，如鱿鱼干、乌贼干都必须在碱溶液中浸泡涨发。

（二）生物膨松剂

❶ **酵母**　酵母是酵母工厂用纯酵母培养繁殖的。

酵母有鲜酵母、干酵母及液体酵母三种。常用的有鲜酵母和干酵母。鲜酵母为淡黄色，无酸臭味，不黏手，无杂质，有酵母的特殊气味。干酵母呈粉粒状，干燥，无杂质。

酵母多用于面包和馒头的发酵。其发酵力强，发酵速度快，效果好。酵母不含乳酸菌、醋酸菌，所以不会产生酸味，不用加碱中和。

❷ **老面**　老面又称引酵、面肥等，它是一种含有大量酵母菌、具有酸味的发酵面团，是我国传统的膨松剂。

老面一般都是由厨师自行制作、有意留下的发酵面团，加适量的面粉混合均匀后，盖好放置一段时间后使用。老面一般用于馒头或者其他发酵制品的发酵。但因其含有醋酸菌、乳酸菌等产酸微生

物，面团发酵后会有酸味，所以还需要加入食用碱中和酸味。

二、着色剂

菜肴、面点中所用的着色剂可分为天然色素和人工合成色素两大类。天然色素比人工合成色素安全可靠，对人体健康无害。使用人工合成色素时，其用量必须低于规定的最大使用限度。随着人们对健康和营养的关注度逐渐提高，现在已大力提倡使用天然色素。

（一）天然色素

❶ 红曲 红曲又称红曲米，是我国传统的天然食用色素。红曲是用籼米或糯米经浸泡后蒸熟，然后添加红曲霉素，经发酵培养繁殖得到的。红曲之所以为红色，是因红曲霉利用蒸熟的米粒为营养来源进行繁殖活动，红曲霉的菌丝所分泌的红色色素将米粒染成红色。

红曲的色泽对酸、碱稳定，耐热性好，着色性强，安全可靠，是值得大力推广的天然色素。红曲在我国福建、广东、江西、浙江、上海等地均有出产。

①烹饪应用：红曲在烹调中应用广泛，多加工成粉末使用，主要用于菜肴上色，可制作樱桃肉、卤鸭等，使菜肴色泽红润光亮，风味别致；也可用于某些面点的上色；粥饭、面食、腐乳、糕点、糖果、蜜饯等在制作中也经常用到红曲。

②品质检验：红曲为整粒或不规则的碎米，外表呈棕红色或紫红色，质地清脆，断面为粉红色，微有酒酸气，味淡，易溶解于热水及酸碱溶液，水溶液呈紫红色。

③注意事项：红曲易受潮变质，在保管中要注意保持干燥，防虫蛀。

④知识链接：红曲发明于中国，已有1000多年的生产、使用历史。红曲是中国独特的传统食品。红曲的问世，给中国乃至世界食品微生物发酵史写下了一页光辉篇章。红曲不仅在食品中应用广泛，还有很高的药用价值。早在明代，药学家李时珍所著《本草纲目》中就记载了红曲的功效：营养丰富，无毒无害，可健脾消食、活血化瘀。现代医学研究表明红曲有降血压、降血脂等作用。

❷ 可可粉 可可粉是用可可豆加工而成的粉末，为棕褐色，味微苦，对淀粉类和富含蛋白质的食物着色性好，且色彩稳定，对人体安全可靠。

可可粉在烹饪中常用于面点中的花色制品的着色，如面点“雨花石”的制作中就有应用。

❸ 姜黄粉 姜黄粉由姜科植物姜黄的根茎加工而成，具有辛辣气味，呈黄色。姜黄粉是制作咖喱粉的主要原料，亦可作为菜肴、面点的染色剂。

（二）人工合成食用色素

人工合成食用色素是指用人工的方法合成的食用色素，一般比天然色素色彩鲜艳，性质稳定，成本低廉，使用方便，但是有不同程度的毒性，无营养价值，世界各国均严格控制其使用量。

❶ 苋菜红 苋菜红为人工合成色素，呈紫红色粉末状，无臭，易溶于水，但不溶于食用油脂。我国食品添加剂标准严格规定苋菜红的最大使用量为0.05 g/kg。

❷ 日落黄 日落黄为人工合成色素，呈橙黄色粉末状，无臭，溶于水，不溶于油脂，耐光，耐热，耐酸。我国食品添加剂标准严格规定日落黄的最大使用量为0.1 g/kg。

❸ 胭脂红 胭脂红为人工合成色素，为红色至粉红色的粉末，无臭，溶于水，不溶于油脂，耐光，耐酸。我国食品添加剂标准严格规定胭脂红最大使用量为0.05 g/kg。

❹ 靛蓝 靛蓝为人工合成色素，呈暗蓝色颗粒或粉末状，无臭。我国食品添加剂标准严格规定靛蓝最大使用量为0.1 g/kg。

使用人工合成食用色素在实际工作中遇到的最大问题是如何正确掌握使用量，因为很多时候烹饪产品不是批量机械化的标准生产，生产数量少，而且往往只用其作为色泽的点缀，使用量极少，这就很难准确掌握其使用量。所以这是烹饪实践工作者需要特别注意的问题，一定要慎之又慎。

三、致嫩剂——嫩肉粉

嫩肉粉是一种新型致嫩剂。它的主要成分是从未成熟的番木瓜的果实乳胶中提取的木瓜蛋白酶，或者是从菠萝汁和粉碎的茎中提取的菠萝蛋白酶。它能使较老的肉类的胶原蛋白和弹性蛋白水解，促进其吸收水分，使肌肉纤维嫩化。

在烹饪中，嫩肉粉对质地较老的猪肉、牛肉等有很好的致嫩效果，嫩化速度快，对营养元素破坏小，无毒副作用，使菜肴具有软嫩滑爽的特点。

使用嫩肉粉时要注意：嫩肉粉应当用于肌肉老韧、纤维较粗和含水量较低的动物原料，而不宜用于含水量较高的鱼肉、虾肉中；需控制用量，嫩肉粉的用量应以原料重的0.5%左右为宜；使用嫩肉粉时，应先将其溶于适量的清水后，再投入原料中，切不可将其直接撒入原料里，因为那样不易搅拌均匀。

四、增稠剂——食用明胶

食用明胶是用动物的皮、骨等熬制而成的，在菜肴中起增稠、凝固的作用。食用明胶呈白色或淡黄色薄片或颗粒状，半透明，不溶于水，在热水中易溶解，冷却后易凝固，在烹饪中要加水煮沸，溶化后使用。在冷菜中使用食用明胶便于造型。

同步测试

1. 辅料在烹饪过程中有哪些作用？
2. 介绍食用油脂在烹调中的作用。
3. 介绍芡粉在烹调中的作用。
4. 查找有关资料，红曲在哪些常见菜肴中使用？

任务三　复合调味品

基础模块

一、复合调味品概况

复合调味品是指以两种以上调味品为主要原料，添加（或不添加）油脂、天然香辛料及动植物等成分，采用物理的或者生物的技术措施进行加工处理及包装，最终制成可供安全食用的一类调料产品。

二、常见复合调味品的品质特点

（一）复合调味品的分类

❶ 按复合调味品的形态分类

（1）固态复合调味品：以两种或两种以上的调味品为主要原料，添加或不添加其他辅料，加工而成的呈固态的复合调味品。

（2）液态复合调味品：以两种或两种以上的调味品为主要原料，添加或不添加其他辅料，加工而成的呈液态的复合调味品。

（3）复合调味酱：以两种或两种以上的调味品为主要原料，添加或不添加其他辅料，加工而成的呈酱状的复合调味品。常见的有风味酱、蛋黄酱、色拉酱、芥末酱、虾酱等。

② 按照复合调味品的用途分类 ①汤料；②风味酱料；③渍裹涂调料；④复合增鲜料；⑤复合香辛料。

（二）常见复合调味品的味型特点

品种丰富，口味新颖，方便快捷，价格实惠。

实践模块

一、常见复合调味品的质量鉴别与储藏

（一）质量鉴别

绝大多数的复合调味品是食品公司包装好的产品，质量鉴别的方法就是观察产品包装是否破损，产品是否发生胀袋、胖听等现象，查看产品是否处于保质期内，观察产品颜色等是否发生变化。

（二）储藏

绝大多数复合调味品应置于阴凉干燥处保存，少部分复合调味品在拆封后应置于保鲜室保存。保存拆封后的复合调味品时应用密封夹密封好，有盖子的复合调味品应该旋紧盖子。

二、常见复合调味品在烹调中的运用

复合调味品在烹调中的应用非常广泛，如表 9-3-1 所示。

表 9-3-1　复合调味品的分类及其用途

分类	终端用（家庭用/餐饮用）	加工用（工厂用/餐饮用）	消费功能及用途
汤料	面汤调料，佐餐汤料，锅底料等	面汤调料，方便面调料，高汤料，锅底料等	各种汤用调料。有粉状、酱状、固体状产品，用开水冲开即可
风味酱料	调配风味酱，发酵风味酱，乌斯塔沙司，番茄酱，蛋黄酱，芥末酱，咖喱酱等	乌斯塔沙司，番茄酱，蛋黄酱，各种调配及发酵风味酱，芥末酱，咖喱酱等	有地方特色的风味酱料。方便、快捷，可用于各种肉类、蔬菜类、面食等的厨房烹饪、佐餐及食品加工
渍裹涂调料	烤肉（蘸）酱，饺子醋，涮锅蘸料，炸鸡粉，沙司类，面条用酱，凉拌菜酱汁，烹调酱等	烤肉酱汁（浸料/蘸料），烤鸡串酱（浸料/涂料），烤鳗鱼酱汁（下涂料/上涂料），包子、饺子等蘸料，涮锅蘸料，纳豆调料，炸鸡粉，沙司类，饭盒加工酱，蔬菜加工酱，肉食加工酱，罐头加工酱，餐饮烹调酱等	专门用于肉类、蔬菜等的调味浸泡、表面包裹和涂抹，使加工食品或烹调物表面光亮、色泽鲜艳，或者用于蘸食
复合增鲜剂	鸡精，鸡粉，蘑菇精，高汤精，鲣鱼精，海带精，肉味增鲜剂等	鸡精，鸡粉，高汤精，鲣鱼精，海带精，肉味增鲜剂，氨基酸复合增鲜剂等	用于各种烹调及食品加工中增鲜和强化肉味感
复合香辛料	十三香，五香粉，咖喱粉，七味唐辣子，锅底香辛料包，汤用香辛料包等	五香粉，十三香，咖喱粉，七味唐辣子，锅底香辛料包，汤用香辛料包等	用于各种烹调和食品加工的调味，增强香气

（一）汤料

主要是指汤的工业制成品，如果是家庭或餐饮店铺的手工煲汤，一般称为“汤”即可。我国生产的汤料品种较多，表 9-3-2 揭示了我国汤料的主要品种及其原材料等。

表 9-3-2　我国汤料的主要品种

汤料种类	汤料主要品种	代表性原材料	包装及使用
方便面汤料	红烧牛肉系列 香菇炖鸡系列 排骨系列 酸辣系列 麻辣系列 海鲜系列	牛肉膏（粉）、咸味香精、酱油粉、鸡肉膏（粉）、香菇提取物、酵母膏、猪肉膏（粉）、食盐、味精、蔬菜粉、动植物油脂、香辛料（粉末及提取物）、海产品提取物、天然色素、抗氧化剂等	复合型塑料袋或铝箔袋（在方便面袋中）。开水冲溶
火锅汤料	重庆火锅（红汤/白汤） 小肥羊火锅系列	豆瓣酱、豆豉、醪糟、生姜、大蒜、花椒、味精、胡椒、冰糖等。 骨汤、鸡精、香辛料等	复合型塑料袋或铝箔袋。开水冲溶
餐饮店铺汤料	骨汤系列 风味汤系列 烹调专用汤	猪脊骨汤、食盐、味精、蔬菜提取物、香辛料等	多为大包装。开水冲溶
便携速溶汤料	酸辣系列 麻辣系列 其他	鸡肉膏（粉）、咸味香精、酱油粉、蔬菜提取物、酵母膏、食盐、味精、动植物油脂、香辛料（粉末及提取物）、海产品提取物、天然色素、抗氧化剂等	小包装袋。开水冲溶

（二）风味酱的分类

❶ **根据生产工艺分类**　可分为两大类：一是经发酵得到的产品；二是经调配得到的产品。

❷ **根据风味分类**　①香辣酱；②海鲜酱；③肉味酱；④瓜菜果菌味酱；⑤其他。

❸ **根据原料分类**　①谷物类；②水产品；③蔬菜水果菌类；④肉类；⑤香辛料类；⑥传统酿造酱类；⑦花生芝麻等。

从以上分类可以看出，我国风味酱的品种繁多，原料来源极其广泛，口味也是千差万别。在这些分类当中，应以生产工艺作为最主要的分类标准。

风味酱主要分为发酵产品和调配产品两大类，但以调配产品的数量为多。应该指出的是，风味酱的品种数量虽多，但它们处在不断变化的过程中，这种变化包括原料和口味的变化等。作为风味酱的个别商品受市场竞争的影响极大，随时可产生新品或消失，这可以说是风味酱与传统发酵酱较大的区别之一。

选学模块

复合调味品相关的拓展知识如下。

表 9-3-3 所示为我国近年来逐步发展起来的新型复合调味品，它们多与某些有特定风味的食品或者民间传统食品有密不可分的联系。渍、裹、涂分别代表了几种不同的用途和功能，渍就是浸泡，裹是包裹，涂就是涂抹。也就是说，这些调料不仅要在风味上满足要求，还必须具有某种特殊的功能。这类调料在今后的食品加工及市场消费领域将会变得越来越重要，是一类十分有市场潜力的产品。

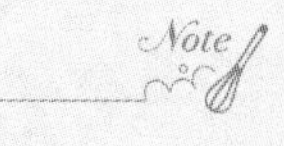

表 9-3-3　新型复合调味品的主要品种、原料及使用效果

主要品种	主 要 原 料	使用对象和效果
①烤肉酱汁 （浸料/蘸料） ②烤鸡串酱 （浸料/涂料） ③烤鳗鱼酱汁 （下涂料/上涂料） ④煮鱼酱汁 ⑤炖肉酱汁 ⑥炒菜酱汁 ⑦炒面调味酱 ⑧饺子蘸料 ⑨涮锅蘸料 ⑩纳豆调料 ⑪炸鸡粉（裹炸粉） ⑫各种沙拉酱 ⑬各种西式沙司	酱油，酱类，食醋，蛋白水解液，发酵调液，味精，核酸调料，酵母提取物，白糖，饴糖，果葡糖浆，甜味剂，食盐，淀粉类，酵母膏，多糖类增稠剂，焦糖，酸味剂，天然色素，生姜，大蒜，果汁，动植物提取物，香辛料类，辣油，麻油，葱油，小麦粉	①用于韩式烤肉。作为浸肉和吃烤肉的蘸料。蘸料能挂浆 ②用于日式烤鸡串。烤后涂抹。黏度较大，滞留在烤肉表面 ③用于日式烤鳗鱼。浸泡后烧烤，烤后涂抹。红褐色，红亮艳丽 ④用于日式煮鱼。除腥味 ⑤用于炖肉和嫩肉 ⑥用于各种菜肴的烹调。风味好，颜色漂亮 ⑦用于炒面。味美颜色好 ⑧吃饺子用调料 ⑨用于吃各种涮锅肉菜。去腥除臭 ⑩用于日式纳豆。调味除臭味 ⑪用于炸鸡腿。裹在鸡腿外面，调味、增色、起鳞片 ⑫用于凉拌菜等 ⑬用于各种西餐菜点

一、渍裹涂调料

渍裹涂调料在我国俗称为“浇汁”“蘸汁”或者“浸汁”，在欧美国家，很大程度上就是指“沙司”。这类调料主要包括：①用于禽畜肉食及水产品加工中的浸泡、煮炖、烧烤、烹炸等的复合调味品；②用于各种菜肴烹调的复合调味品；③用于吃烤肉、面条、饺子等蘸食用复合调味品。在上述产品中，有的是在常温下使用，有的是在高温烹调中使用。即便是用于高温烹调的复合调味品，在功能上仍然是渍裹涂，如用于烹制松鼠鳜鱼这道菜的复合调味品，烹制后调料的味道完全进入材料之中，不仅风味满足要求，烹制出的菜品颜色也红亮鲜艳、诱人食欲。

浸裹涂调料与风味酱的区别主要有以下两点。

❶ 功能性　风味酱主要以某种特殊的风味示人，一般不强调其功能性。渍裹涂调料则不同，不仅要满足某种食物的风味要求，还要满足这种食物的感官要求，其中包括入味的速度、适口性、咀嚼性及颜色、亮度等。具体说来，烤肉酱汁的浸泡料必须在规定时间内充分入味；烤鸡串酱的浸泡料通过滚揉操作要全部被肉吸入，并在规定时间内达到充分入味的要求；烤鳗鱼酱汁的浸泡料不仅要进味，还要烤后充分显色（漂亮的红褐色）。如果烤后其色度达不到要求则为不合格；有的炖肉酱汁要有嫩肉的作用等。

涂抹调料是涂在食物表面上的酱料，一般黏度较大。调味酱的黏度指标是通过黏度计进行测定的。对不同加工食品，调料的黏度要求是不同的。要求酱料不能滑落，必须能在食物表面长时间滞留。此外，亮度必须能满足用户的要求，因为烤炖等食物的亮度是诱人食欲的重要条件之一。

❷ 专用性　风味酱的大部分产品具有兼用性，一种风味酱可以用于许多食品的调味，有的还能成为生产其他产品的原料。而渍裹涂调料基本上是一种调料对一种食物，没有兼用性。烤鸡串酱不能用于烤牛肉，煮鱼酱汁则不能用于煮蔬菜。意大利面条酱料也是专用的，不可用于其他饮食。同样是用于浸泡肉类的料液或者涂抹酱料，一般也不能同时被两个以上的用户使用，这是由于用户对味道及感观的要求不同，因此必须进行新品开发或重新调整。由此可见，二者的区别是明显的，不能

混为一谈。上述特性也同样适用于沙司类与乌斯塔沙司、番茄酱、蛋黄酱等的区别。

二、复合增鲜剂

复合增鲜剂主要是指各种能够在烹调或食品加工中发挥增鲜作用的调料。这些产品主要分为两个部分，一是家庭和餐饮业用的中小包装产品，如几十克到几百克的小包装袋（小铁桶）产品，餐饮业用的是 10 kg 以下的包装袋（铁桶）产品；二是食品加工或调味品加工用的大型包装产品，如 10 kg 以上的包装袋产品等。

目前我国在超市出售的鲜味剂有单一型增鲜剂和复合增鲜剂，单一型增鲜剂是味精（MSG）、肌苷酸（IMP）或鸟苷酸（GMP）；复合增鲜剂主要是鸡精、鸡粉、香菇精等。其实复合增鲜剂的品种远不止这些，西式鲜味调料有各种用畜禽肉、蔬菜等熬制的汤料。日本超市中有各种风味增鲜剂出售，如鲣鱼精、海带精、肉味提取物等。在食品加工业中有品种繁多的复合增鲜剂，其原料来源广泛，配方设计和用途多样化。随着我国食品加工业的迅猛发展，各种肉类和海产品提取物的产销也在逐年增长。

三、复合香辛料

多种香辛料混合后，可产生某种具有混合特征香气的香辛调料，即为复合香辛料。典型的产品如十三香、五香粉、咖喱粉、七味唐辣子（日）、辣椒粉等。混合香辛料的品种很多，各国各地区都有适合当地人群消费习惯的产品。

同步测试

1. 复合调味品的分类有哪些？
2. 介绍常见的风味酱及其作用。
3. 对比说明，浸裹涂调料与风味酱的区别。

中药材类原料

项目描述

中药材类原料知识，主要介绍中药材类原料的概况，常见的中药材的种类及其品质特点，常见中药材的药膳作用，中药材类原料在烹调过程中的药膳运用。

项目目标

1. 了解中药材类原料的名称、品种、作用及功效。
2. 熟悉中药材类原料在药膳制作过程中的处理方法。
3. 中药材类原料知识是烹饪原料知识的补充，以中医药食材药理知识为基础，有利于弘扬中国传统文化，使学生了解药膳的基本知识。

内容提要

中药材类原料包括植物的根和根茎、果实和种子、叶、花、皮以及动物、矿物等。我国中药资源十分丰富，但从中医药膳学的角度出发，并非所有的中药均可用于药膳，这是由于药膳除了要具有一定的养生和食疗作用外，还应考虑药膳的食用性和安全性。严格地讲，中药材类原料是指那些口感适合于食用，易于被人们接受，同时具有无明显毒副作用、无严格剂量要求的以药食两用为主的中药材。中药材类原料毕竟是药物，与食物相比，其大多具有明显的寒、热、温、凉之性，个别药物还有“小毒”，故在炮制方法、配伍宜忌、用法用量、烹调加工等方面均具有严格的要求。中药材类原料按其主要功效大致可分为解表药、清热药、润下药、祛风湿药、化湿药、利水渗湿药、温里药、理气药、消食药、止血药、活血化瘀药、化痰药、止咳平喘药、安神药、平肝息风药、补虚药、收涩药、驱虫药等。

任务一 解表药

凡以发散表邪为主要功效，常用以治疗表证的药物，称解表药。解表药大多辛散轻扬，归肺、膀胱经。适用于恶寒发热、头身疼痛、无汗或汗出不畅等较轻的外感表证。根据药性及功效主治差异，解表药可分为发散风寒药及发散风热药两类。

一、发散风寒药

本类药物性味多辛温，以发散肌表风寒邪气为主要作用。主治风寒表证，症见：恶寒发热，无汗

或汗出不畅，头身疼痛，鼻塞流涕，口不渴，舌苔薄白等。

❶ 紫苏

【异名】 苏叶，紫菜。

【功效】 解表散寒，行气和中，安胎，解鱼蟹毒。

【应用】 用于外感风寒所致之恶寒发热、鼻塞、流清涕、咳嗽、呕恶，妊娠呕吐；用于鱼蟹中毒所致之腹痛、腹泻等。

(1) 外感风寒，恶寒发热，无汗头痛，鼻塞、流清涕，胸闷泛恶，纳呆。紫苏叶 9 g，生姜 3 片，煎汤热服。

(2) 孕后 2～3 个月，脘腹胀闷，呕恶不食，或食入即吐，浑身无力，舌淡苔白，脉缓滑无力。紫苏梗 9 g，生姜 6 g，大枣 10 枚，陈皮 6 g，红糖 15 g，共煎取汁，代茶饮。

(3) 鱼蟹中毒引起的吐泻、腹痛。紫苏、生姜各 30 g，煎汤服。

【用法用量】 煎汤，5～10 g。不宜久煎。

【使用注意】 本品性温，阴虚、气虚及热病患者慎服。

❷ 生姜

【异名】 姜，鲜姜。

【功效】 解表散寒，温中止呕，化痰止咳，解鱼蟹毒。

【应用】 用于外感风寒所致之恶寒发热、头痛、恶心呕吐、寒痰咳嗽；用于鱼蟹中毒所致之恶心欲吐、腹痛等。

(1) 老年人咳嗽喘急，不下食，食即吐逆，腹胀满。生姜汁 500 mL、砂糖 120 g，调匀，微火温之，10～20 沸而止。每含半匙。

(2) 恶心呕吐，口泛清涎，脘腹冷痛，纳呆，肠鸣泄泻，四肢不温。生姜(去皮)50 g，橘皮 20 g。先将生姜切片，橘皮切丝，同置砂锅中，加清水 1 L，煮至 450 mL 即成。每次温饮 150 mL，每日 3 次。

【用法用量】 煎汤或绞汁，3～10 g。

【使用注意】 本品助火伤阴，故实热及阴虚内热者忌服。

❸ 胡荽

【异名】 香菜，芫荽。

【功效】 发汗透疹，健胃消食。

【应用】 用于风寒束表所致之头痛鼻塞，麻疹不透，饮食积滞，纳食不佳等。

(1) 风寒感冒，头痛鼻塞。紫苏 6 g，生姜 6 g，胡荽 9 g。水煎服。

(2) 秋冬季感冒初起，恶寒微热，鼻塞打喷嚏，或鼻流清涕；预防流行性感冒。胡荽 6 g，紫苏、葱白各 10 g。将胡荽、紫苏、葱白 3 味放入砂罐，加水煎沸 10 min，滤渣取汁，倒入杯中，加红糖调味即可。

(3) 胃脘胀满，口淡乏味，厌食纳差，恶心欲吐，便溏泄泻，嗳腐吞酸等；老年人和儿童日常保健。猪大肠 500 g，胡荽 100 g。先将猪大肠处理干净，再将洗净的胡荽装入猪肠，两端用线缝合，放入砂锅，加水适量，以文火清炖至七成熟，捞出大肠，拆线，除去胡荽，将大肠改刀切成小圆片待用；架炒锅，加素油少许，烧热，先煸葱、姜等味料，再放入大肠片及酱油、食盐、白糖、黄酒等调料烹制至熟烂入味，入原汤勾芡，即可盛盘，再撒鲜胡荽少许即得。

【用法用量】 煎服，3～6 g。

二、发散风热药

本类药物性多寒凉，味多辛，以发散风热为主要作用。主要适用于风热表证，症见：发热，微恶风寒，咽干口渴，头痛目赤，舌边尖红，苔薄黄等。

❶ 薄荷

【异名】 蕃荷菜，升阳菜，南薄荷，夜息花。

【功效】 疏散风热，清利头目，利咽透疹，疏肝行气。

【应用】 用于外感风热或风温初起所致之发热头痛，目赤，喉痹，口疮，风疹，麻疹，胸胁胀闷等。

(1) 体虚或年老者风热感冒之发热头痛，咽喉肿痛，咯痰不爽等。薄荷叶 30 g，生姜 2 片，人参 5 g，生石膏 30 g，麻黄 2 g。共为末，水煎，滤汁，代茶饮。

(2) 头痛目赤，咽喉红肿疼痛，气滞脘腹胀满等。薄荷、砂糖适量。沸水浸泡饮。

(3) 头痛发热，目赤，咽喉肿痛，麻疹初起透发不畅，夏季风热感冒等。鲜薄荷 30 g(干薄荷 10 g)，粳米 30 g，冰糖少许。将薄荷煎取浓汁；另取粳米加井水共煮稀粥，兑入薄荷汁一半量，再煮一沸，加入冰糖令溶。早、晚各 1 次，温热食。忌用糯米。

(4) 痰气壅结所致之耳鸣、耳聋。陈皮 10 g，荸荠 10 g，薄荷 6 g，煎汤取汁，代茶饮。

【用法用量】 煎汤，3～6 g；宜后下。薄荷叶长于发汗解表，薄荷梗偏于行气和中。

【使用注意】 本品芳香辛散，发汗耗气，故体虚多汗者不宜使用。

❷ 桑叶

【异名】 铁扇子，蚕叶。

【功效】 疏散风热，清肺润燥，平抑肝阳，清肝明目。

【应用】 用于外感风热或肝阳上亢所致之感冒，肺热燥咳，头晕头痛，目赤昏花，牙龈肿痛等。

(1) 头痛发热，咽红肿痛，咳嗽痰少，口干微渴等。桑叶、菊花、薄荷、甘草各 10 g，开水冲泡，代茶饮。

(2) 肝阳上亢所致之眩晕。①桑叶、菊花、枸杞子各 9 g，水煎取汁，代茶饮。②桑叶、菊花、枸杞子各 10 g，决明子 6 g，水煎取汁，代茶饮。

(3) 燥热伤肺，或热病后期，肺阴损伤，干咳无痰等。桑叶 10 g，杏仁、沙参各 5 g，浙贝母 3 g，梨皮 15 g。煎汁，调入冰糖 10 g，搅匀，代茶饮。

【用法用量】 煎汤或入丸散，5～10 g。桑叶蜜制能增强润肺止咳的作用，故肺热燥咳者多用蜜制桑叶。

❸ 菊花

【异名】 节华，金蕊，药菊。

【功效】 疏散风热，平抑肝阳，清肝明目，解毒消肿。

【应用】 用于外感风热或肝阳上亢所致之感冒，头痛眩晕，目赤肿痛，目暗昏花，疮痈肿毒等。

(1) 热毒上攻，目赤眩晕，眼花面肿。菊花(焙)、排风子(焙)、甘草(炮)各 50 g。上三味，捣为散，夜卧时温水调下 15 g。

(2) 头痛，眩晕等。白菊花 10～15 g，沸水冲泡，代茶饮。

(3) 高血压。菊花 9 g，决明子 10 g，钩藤 6 g，加水共煎代茶饮。

【用法用量】 煎汤，5～10 g。疏散风热宜用黄菊花，平肝、清肝、明目宜用白菊花。

【使用注意】 气虚胃寒、食少泄泻者慎服。

❹ 淡豆豉

【异名】 香豉，豉，淡豉，大豆豉。

【功效】 解表除烦，宣发郁热。

【应用】 用于外感风热所致之寒热头痛、口渴咽干、烦躁胸闷、虚烦不眠等。

(1) 消渴，心神烦躁。鲜瓜蒌根 250 g，冬瓜 250 g，淡豆豉、食盐各适量。将鲜瓜蒌根、冬瓜分别洗净去皮，冬瓜去子切成片，与鲜瓜蒌根一并放入锅内，加淡豆豉及水烧开，煮至瓜烂，加盐少许即食。

（2）微热恶风，胸胁胀痛，烦躁不安，口眼歪斜，言语不利等。薏苡仁 30 g，葱白 4 茎，淡豆豉 10 g，牛蒡根（切）30 g，薄荷 6 g。先将葱白、淡豆豉、牛蒡根、薄荷等放入砂锅，加水煎煮 30 min，去渣留汁待用；将薏苡仁倒入砂锅，加水煮粥，粥熟时，兑入药液搅匀即成。

（3）风寒侵袭之感冒轻证。葱白 10 g，淡豆豉 50 g。将葱白、淡豆豉同置于瓦罐中，加水煎煮约 30 min，滤去渣，取汁备用。

【用法用量】 煎服，6～12 g。

任务二　清热药

凡以清解里热为主要功效，用以治疗里热证的药物，称为清热药。清热药性寒凉，主治温热病高热烦渴，肺、胃、心、肝等脏腑火热证，温毒发斑，血热出血，痈疮肿毒等里热证。根据疾病的证型及药性特点，清热药可分为清热泻火药、清热解毒药、清热凉血药等。本类原料药性大多寒凉，易伤脾胃，故脾胃虚弱、食少便溏者慎用。

一、清热泻火药

本类药物性味多苦寒或甘寒，以清热泻火为主要作用。主治发热、口渴、汗出、烦躁等气分实热证，以及肺热咳嗽、胃热口渴、烦躁不安、肝火目赤等脏腑实热证。

❶ 芦根

【异名】 苇茎，鲜芦根，苇根，鲜苇根。

【功效】 清热泻火，生津止渴，除烦止呕，利尿。

【应用】 用于肺胃实热所致之热病烦渴、肺热咳嗽、肺痈吐脓、胃热呕吐、热淋涩痛等。

（1）温热病热盛伤津，口中燥渴，咳唾白沫，黏滞不爽。芦根 100 g，荸荠 500 g，麦门冬 50 g，梨 1 kg，藕 500 g。梨去皮核，荸荠去皮，藕去节，与芦根、麦门冬一起切碎，以洁净纱布绞取汁和匀凉饮，亦可隔水炖，温服。

（2）高热引起的口渴、心烦，胃热呕吐、呃逆，肺热咳嗽及肺痈病。芦根 100～150 g，竹茹 15～20 g，粳米 60 g，生姜 2 片。先将芦根、竹茹同煎去渣取汁，入粳米煮粥，粥欲熟时加入生姜，稍煮即可。

（3）老年人消渴，饮水不足，五脏干枯。芦根 270 g，青粟米 135 g。先将芦根加水 10 L，煎取 7.5 L，再入青粟米煎煮为饮。空腹食之，渐进为度。

【用法用量】 煎服，15～30 g；鲜品用量加倍，或捣汁用。

【使用注意】 本品性寒，脾胃虚寒者慎用。

❷ 栀子

【异名】 越桃，山栀。

【功效】 泻火除烦，清热利湿，凉血解毒。

【应用】 用于里热所致之心烦，湿热黄疸，淋证涩痛，血热吐衄，目赤肿痛，火毒疮疡等。焦栀子用于血热所致之吐血、呕血、尿血、崩漏等。

（1）肺热咳嗽或咯血。鲜栀子 15 g，蜂蜜少许。加水煎汤，饮用。

（2）黄疸，淋证，心烦不眠，目赤肿痛。栀子仁 3～5 g，粳米 30～60 g，将栀子仁碾成细末备用，煮粳米为稀粥，待粥将成时，放入栀子仁末稍煮即成。每日分 2 次食用。亦可先煎栀子仁，去渣取汁，再以药汁煮粥。

【用法用量】 煎汤、浸泡，6～10 g。

【使用注意】 本品苦寒伤胃，脾虚便溏者不宜用。

❸ 决明子

【异名】 草决明，还瞳子。

【功效】 清肝明目，润肠通便。

【应用】 用于肝经实火引起的目赤涩痛、畏光多泪、头痛眩晕、目暗不明、大便秘结等。

(1) 大便秘结，高血压兼冠心病。菊花 10 g，山楂 15 g，决明子 15 g，白糖 30 g。上三味，除去杂质捣碎，加水适量，煎煮 40 min，去渣取汁，兑入白糖晾温。代茶饮用。

(2) 小儿癖瘕。牡丹叶、漏芦(去芦头)、决明子各 10 g，猪肝 100 g，粳米 700 g。将猪肝洗净切片。先煎前三味药，去渣取汁。后入猪肝、粳米，煮作粥。分顿食用。

(3) 高血压、高脂血症及习惯性便秘。决明子 10～15 g，粳米 50 g，冰糖适量。先把决明子放入锅内炒至微有香气，待冷后去渣取汁。放入粳米煮粥，粥熟后加入冰糖，再煮 2 沸即可。分顿食用。

【用法用量】 煎服，9～15 g。

【使用注意】 本品性寒滑肠，气虚便溏者不宜用。

二、清热解毒药

本类药物性味多苦寒，以清热解毒为主要作用。主治各种热毒证，如疮痈疔疖、温热病、咽喉肿痛、痢疾、癌肿、水火烫伤等。

❶ 金银花

【异名】 银花，忍冬花，二宝花。

【功效】 清热解毒，疏散风热。

【应用】 用于外感风热或温病初起所致之痈肿疔疮、喉痹、丹毒、热毒血痢等；用于预防流行性乙型脑炎(乙脑)、流行性脑脊髓膜炎(流脑)等。

(1) 预防乙脑、流脑。金银花、连翘、大青叶、芦根、甘草各 10 g。水煎代茶饮，每日 1 剂，连服3～5 天。

(2) 温病初起所致发热恶寒、咳嗽、咽喉肿痛。金银花 30 g，水煎去渣取汁，再加粳米 50 g，清水适量，共煮为稀粥食用。

(3) 咽痛。金银花、白糖各 18 g，开水浸泡，凉后代茶饮。

【用法用量】 煎服，6～15 g。疏散风热、清泻里热，以生品为佳；炒炭宜用于热毒血痢；露剂多用于暑热烦渴。

【使用注意】 本品性寒，脾胃虚寒及气虚疮疡脓清者忌用。

❷ 鱼腥草

【异名】 蕺菜，紫背鱼腥草，紫蕺，侧耳根，折耳根。

【功效】 清热解毒，消痈排脓，利尿通淋。

【应用】 用于湿热所致之肺痈吐脓、痰热喘咳、热痢、热淋、痈肿疮毒等。

(1) 肺热咳嗽，痰血脓臭；痔疮疼痛等。鲜鱼腥草 60 g，猪肺 200 g。将猪肺洗净切块，除泡沫，与鱼腥草同煮汤，加食盐少许调味。分顿饮汤食猪肺。

(2) 热淋，白浊，白带。鱼腥草 20～50 g，水煎取汁，加白糖适量调服。每日 1 剂。

(3) 湿疹。海带 30 g 切丝，鱼腥草 15 g 布包，与绿豆 30 g 同放锅中煎，至海带、绿豆熟烂时取出药包，用白糖调味。每日 1 剂，连服 1 周。

(4) 慢性鼻窦炎。鱼腥草捣烂，绞取自然汁，每日滴鼻数次。另用鱼腥草 20 g，水煎服。

【用法用量】 煎汤，鲜品加倍捣汁服，15～25 g。

【使用注意】 本品性寒，虚寒证及阴性疮疡者忌服。不宜久煎。

三、清热凉血药

本类药物性味多为甘苦寒或咸寒，多归心、肝经，有清解营分、血分热邪的作用。主要用于温热病热入营血所致的身热夜甚、心烦不寐、斑疹隐隐、舌质红绛及杂病中的各种血热出血证等。

本任务主要介绍生地黄。

【异名】 干地黄。

【功效】 清热凉血，养阴生津。

【应用】 用于热入营血引起的温毒发斑、吐血、衄血、舌绛烦渴、津伤便秘，以及阴虚所致之骨蒸劳热、虚热消渴等。

(1) 咽干、吞咽困难、反胃呕逆。麦门冬 10 g，生地黄 15 g，藕 200 g。取麦门冬、生地黄、藕分别洗净切碎，一并入锅加水适量，煎煮 40 min，去渣取汁。分顿服完。

(2) 月经不调，功能性子宫出血，产后血晕，恶露不净，瘀血腹痛以及吐血，衄血，咳血，便血。鲜益母草汁 10 g，鲜生地黄汁 40 g，鲜藕汁 40 g，生姜汁 2 g，蜂蜜 10 g，粳米 100 g。先以粳米煮粥。待米熟时，加入上述诸药汁及蜂蜜，煮成稀粥即成。温服。

(3) 消渴，心中烦热。生藕汁半盏，生地黄汁半盏。上二味相合，温服，分为 3 服。

(4) 骨蒸劳热。甲鱼 1 只，去肠及内脏，地骨皮 25 g，生地黄 15 g，牡丹皮 15 g，共炖汤，分数次服食，连食数剂。

【用法用量】 煎服，10～15 g。鲜品用量加倍，或以鲜品捣汁入药。

【使用注意】 脾虚湿滞、腹满便溏者不宜使用。

任务三 祛风湿药

凡以祛风除湿、散寒止痛、舒筋活络为主要功效，常用于治疗风湿痹痛的药物，称为祛风湿药。祛风湿药味多辛苦，性温或凉，大多归肝、脾、肾经。主治风湿痹痛日久，肢体拘挛、关节不利、红肿疼痛、麻木不仁等，也可用于中风后遗症之偏瘫、手足麻木、肢体疼痛，少数药物亦可用于腰膝酸软、下肢痿弱等。

❶ 木瓜

【异名】 宣木瓜，光皮木瓜。

【功效】 舒筋活络，和胃化湿。

【应用】 用于风湿阻络引起的痹痛、筋脉拘挛等，以及湿阻中焦引起的消渴、脘腹痞满、吐泻转筋等。

(1) 消渴。木瓜(干)、乌梅(打破，不去仁)、麦蘖(炒)、甘草、草果(去皮)各 15 g。以上各味研为粗末。每服 12 g，水半盏，加生姜 5 片，煎七分，去滓，不拘时候，温服。

(2) 筋脉拘挛疼痛。木瓜 1 个，与酒水相和，煮令烂，研作膏，热裹痛处，冷即易之，每日 3～5 次。

(3) 腿足肿痛、麻木不仁。羊肉 1 kg，草果 5 g，木瓜 1 kg，豌豆 300 g，粳米 500 g，白糖 200 g，食盐、胡椒少许，木瓜取汁待用。羊肉洗净切小方块。粳米、草果、豌豆分别洗净入锅内，加木瓜汁及水适量。置武火上烧沸，移文火上熬即可。食用时加入调料，佐餐食用。

【用法用量】 煎汤，煮粥、羹等，6～9 g。

【使用注意】 内有郁热、小便短赤者忌服。胃酸过多者慎服。

❷ 五加皮

【异名】 南五加皮，刺五加。

【功效】 祛风湿，补肝肾，强筋骨，利水。

【应用】 用于风湿困阻所致之四肢拘挛、屈伸不利等，肝肾不足所致之腰膝酸软乏力、水肿脚气等。

（1）四肢麻木，筋骨酸痛，腰膝无力，老伤复发。五加皮 60 g，当归、牛膝各 60 g，糯米 1 kg，甜酒曲适量。将五加皮洗净，刮去骨，与当归、牛膝一起放入砂锅内同煎 40 min；去渣取汁，再以药汁、糯米、甜酒曲酿酒。每次服 10～30 mL，每日早、晚服用。

（2）风湿久痹，腰痛，足痿脚弱。五加皮适量，洗刮去骨，煎汁和酒曲酿成饮之。或切碎以袋盛，浸酒煮饮。

（3）虚劳不足。五加皮、地骨皮各 500 g。上二味切细，以水煎取汁，以汁拌酒曲、米饭，如常法酿酒。每日饮酒。

【用法用量】 煮粥、羹，或做药酒，4.5～9 g。

【使用注意】 阴虚火旺者忌服。

任务四 化湿药

凡以芳香辟浊、宣化湿邪、化湿运脾为主要功效，常用于治疗湿阻中焦的药物，称为化湿药。化湿药多为辛香温燥之品，大多归脾、胃经。故主要用于湿阻中焦之脘腹痞满，不思饮食，食少体倦，呕吐泄泻等。

❶ 藿香

【异名】 广藿香，排香草，苏藿香。

【功效】 祛暑解表，化湿和胃。

【应用】 用于湿阻中焦引起的脘腹痞满、恶心呕吐；暑天外感风寒、内伤生冷引起的恶寒发热、头晕乏力、头痛胸闷、腹痛吐泻等。

（1）脘腹痞满，食后腹胀等。鲜嫩藿香叶、黄鳝各适量。先将黄鳝做成菜肴，再将藿香叶洗净、切碎，放入黄鳝菜肴中调匀。佐餐食用。

（2）头晕，恶心欲吐。茶叶 6 g，藿香、佩兰各 9 g。冲泡代茶饮。

（3）恶心呕吐，不思饮食。鲜藿香、粳米各 30 g，先煮粳米粥，待粥成，入鲜藿香搅匀，继续加热，待香气出即成。空腹食用。

（4）口臭。藿香洗净，煎汤，时时噙漱。

【用法用量】 浸泡、煎汤、粥等，3～10 g。

【使用注意】 不宜久煎。阴虚火旺者慎用。

❷ 白豆蔻

【异名】 白蔻，白蔻仁。

【功效】 化湿行气，温中止呕。

【应用】 用于湿阻中焦、脾胃气滞引起的脘腹痞满、胸胁胀闷、纳差、呕吐泄泻等。

（1）呕吐，胃痛。白豆蔻 10 g 为末，酒送下。

（2）外感风寒，呕吐泄泻。藿香、煨姜各 6 g，防风、白豆蔻各 3 g，水煎，滤汁去渣；加用粳米 100 g，水适量，共煮成粥。趁热服粥，以微出汗为佳。

（3）寒湿泄泻。干姜、高良姜各 4.5 g，白豆蔻 3 g，水煎，滤汁去渣，加入薏苡仁 30 g、粳米 60 g 及水适量，共煮为粥。每日分 2 次服食。

【用法用量】 浸泡、煎汤、羹粥，3～6 g。不宜久煎。

【使用注意】 阴虚血燥者慎用。

③ 草果

【异名】　草果子，草果仁。

【功效】　燥湿温中，截疟除痰。

【应用】　用于寒湿中阻引起的脘腹痞满、胸胁胀闷、纳差、呕吐泄泻；妊娠呕吐不能食，胎动不安等。

(1) 腹痛胀满。草果 2 个，酒煎服之。

(2) 中焦虚寒，脘腹冷痛，食滞胃脘。草果 5 g，羊肉 500 g，豌豆 100 g，萝卜 300 g，生姜 10 g，香菜、胡椒粉、食盐、醋各适量。将草果、羊肉块、豌豆、生姜放入锅内，加水适量，大火烧开，小火再煮 1 h，然后放入萝卜块煮熟即成，食用时拌入调料，分顿服食。

【用法用量】　浸泡、煎汤、羹粥，3～6 g。

【使用注意】　阴虚血燥者慎用。

任务五　利水渗湿药

凡以通利水道、渗泄水湿为主要功效，常用于治疗水湿内停证的药物，称为利水渗湿药。利水渗湿药多为甘淡之品，大多归肾、脾、膀胱经。故主要用于水肿、痰饮、小便不利、泄泻、湿疹、湿疮、带下、淋证等。

① 茯苓

【异名】　云苓，茯菟，松木薯，松苓。

【功效】　利水渗湿，健脾，宁心安神。

【应用】　用于脾虚湿盛引起的各种水肿、泄泻、痰饮、纳差等，及心脾两虚引起的心悸、失眠等。

(1) 单纯性肥胖，多食难化，体倦怠动。茯苓 120 g，精白面 60 g，黄蜡适量。将茯苓粉碎成极细末，与精白面混合均匀，加水调成稀糊状，以黄蜡代油，制成煎饼，当主食食用。每周食用 1～2 次。

(2) 失眠，心悸。茯苓 30 g，红枣 30 g，阿胶 10 g，红豆 30 g，冰糖适量。将红豆、茯苓、红枣洗净，盛入炖盅，放入 800 mL 水，文火炖 3 h 后，放入阿胶、冰糖，文火炖 1 h。早、晚各 1 次，连渣服用。

(3) 水肿。鲫鱼 1 条，茯苓 25 g，先将茯苓加水煎汤取汁 100 mL。再将鲫鱼洗净处理后入锅中，加入药汤汁、适量清水及葱、姜、味精及少量食盐，煮熟服用。

(4) 泄泻，小便不利。芡实 15 g，茯苓 10 g，大米适量。将芡实、茯苓捣碎，加水适量，煎至软烂时再加入淘净的大米，继续煮烂成粥。

(5) 纳呆食少。精面粉 1 kg，精猪肉 500 g，茯苓粉 50 g。将精猪肉剁成馅，加茯苓粉、食盐、味精、料酒、香油调好。将面发好，包上肉馅，成提花包，入笼蒸 8 min 即可。

【用法用量】　煎汤、糕饼、羹粥，10～15 g。

【使用注意】　虚寒精滑、阴虚无水湿者忌服。

② 薏苡仁

【异名】　苡米，菩提子。

【功效】　利水渗湿，健脾除痹，消肿排脓。

【应用】　用于脾虚湿盛引起的水肿、泄泻、痰饮、湿痹、肢体拘挛疼痛、脚气肿痛、淋浊、带下等，以及肺痈、肠痈等。

(1) 皮肤浮肿，面色暗淡，面部扁平疣。薏苡仁 200 g，茯苓 10 g，粳米 200 g，鸡脯肉 100 g，干香菇 4 个。上味加工备用，薏苡仁用 7 倍清水在武火上煮沸后，移于文火慢煮，至能用手捏烂为度。粳米用 5 倍的清水煮 1 h。然后将两粥合在一起，加入香菇、鸡肉丁、茯苓粉再煮，至煮稠为止。

(2) 泄泻,不思饮食。薏苡仁 30 g,粳米 60 g,洗净,共煮粥。每日食之。

(3) 风湿痹久,水肿,筋脉拘挛。薏苡仁适量为末,同粳米适量煮粥,每日食之。

(4) 暑湿外感,头身困重。薏苡仁、白扁豆各 30 g,粳米 100 g。共煮成粥。每日分 2 次服用。

【用法用量】 浸酒、煎汤、煮粥,30～50 g。

【使用注意】 虚寒精滑、津亏阴虚者忌服。

③ 赤小豆

【异名】 赤豆,红饭豆,饭豆,蛋白豆。

【功效】 利水消肿,清热解毒,消痈排脓。

【应用】 用于水肿胀满、脚气肿痛等;湿毒引起的黄疸、风湿热痹、疮痈肿毒、肠痈腹痛等。

(1) 下肢水肿,小便色赤短少。鲜茅根 200 g(或干茅根 50 g),赤小豆 50 g,粳米 100 g。将鲜茅根洗净,加水适量,煎煮半小时,去渣取汁备用;赤小豆洗净,放入锅内,加水适量,煮至六七成熟;再将淘净的粳米和药汁倒入,继续煮至豆烂米熟即成。分顿 1 日内食用。

(2) 消渴,水肿,小便频数。赤小豆 50 g,陈皮、辣椒、草果各 6 g,活鲤鱼 1 尾(约 1 kg)。将鱼洗净,赤小豆、陈皮、辣椒、草果洗净后,塞入鱼腹中,再放入盆内,加姜、葱、胡椒、食盐适量,灌入鸡汤,上笼蒸 1.5 h 即可。食鱼喝汤,隔日 1 次。

(3) 产妇乳汁不下。赤小豆适量,以酒研细,温服。

(4) 腹水。白茅根 30 g,赤小豆 3 kg,同煮豆熟,去白茅根,食豆。

【用法用量】 煎汤、糕饼、羹粥,9～30 g。

【使用注意】 阴津不足者忌服。

任务六 温里药

凡以温里散寒为主要功效,常用于治疗里寒证的药物,称为温里药。温里药性味辛温,大多归脾、肾经。里寒证多为寒邪内侵或阳虚不能温煦所致的各种病症,主要表现为畏寒肢冷、惊悸怔忡、神疲倦卧、舌淡苔白、脉沉紧等。

① 肉桂

【异名】 玉桂,牡桂,菌桂。

【功效】 补火助阳,引火归元,温通经脉,散寒止痛。

【临床应用】 用于阳虚引起的阳痿、宫冷不孕、心腹冷痛、寒疝腹痛、闭经、痛经、阴疽、胸痹,以及虚阳上浮引起的发热、咽痛、虚喘等。

(1) 畏寒肢冷,腰膝酸软,小便频数清长,男子阳痿,女子宫寒不孕。肉桂 3 g,粳米 50 g,红糖适量。先将肉桂煎取浓汁去渣,再用粳米煮粥,待粥煮沸后,调入肉桂汁及红糖,同煮为粥。或用肉桂末 1～2 g,调入粥内同煮服食。一般以 3～5 天为一疗程,早、晚温热服食。

(2) 产后腹痛。肉桂末适量,温酒服约 1 g,每日 3 次。

(3) 心腹冷痛,胸痹,饮食不下。肉桂末 50 g,粳米 200 g,将粳米淘净,煮粥至半熟,次下肉桂末调和,空腹服,每日 1 次。

(4) 脘腹冷痛,喜温喜按。公鸡 1 只,去皮及内脏,洗净切块,放入砂锅内,加水适量,放入生姜 6 g,砂仁、丁香、高良姜、肉桂、橘皮、荜茇、川椒、大茴香各 3 g,葱、酱油、食盐适量,以文火炖烂,撒入胡椒面少许。酌量吃鸡肉饮汤。

【用法用量】 煎汤、羹粥,1～5 g。

【使用注意】 阴虚火旺,内有实热,血热妄行之出血者及孕妇忌用。

❷ 小茴香

【异名】 茴香子，小茴，谷茴香。

【功效】 散寒止痛，理气和胃。

【应用】 用于中焦虚寒、肝经寒凝气滞所致的脘腹冷痛、胁腹胀痛、小腹冷痛、寒疝腹痛、痛经、呃逆等。

(1) 脘腹冷痛，呕吐食少，寒疝腹痛。炒小茴香 20 g，粳米 100 g。小茴香放入纱布袋内，加水先煮 30 min 后，再放入洗净的粳米，加适量水煮粥至熟。

(2) 下焦虚寒，男子白浊。小茴香 30 g，黄酒 250 mL。小茴香研粗末，加入黄酒内，煮沸 3～5 min，放温，分次服用。

【用法用量】 煎汤、糕饼、羹粥，3～6 g。

【使用注意】 实热内盛、阴虚火旺者忌服。

❸ 胡椒

【异名】 白胡椒，黑胡椒，玉椒。

【功效】 温中散寒，下气消痰。

【应用】 用于中焦实寒或虚寒所致的胃寒腹痛、呕吐清稀、反胃、泄泻等。

(1) 胃脘冷痛。大黑枣去核，每个黑枣入胡椒 7 粒，将枣包好，放在炭火上煅黑存性，研末。每次 1 g，用陈酒送下，三四服即可。

(2) 胃脘冷痛，喜温喜按。猪肚 1 只，洗净，置砂锅中，加水适量；加入胡椒、砂仁、干姜各 6 g，陈皮、肉桂各 3 g，葱、酱油、食盐适量。以文火炖烂，酌量食用。

(3) 反胃，呕哕吐食。胡椒 1 g 为末，生姜 50 g，切。以水 2 大盏，煎取 1 盏，去滓，分温 3 服。

【用法用量】 作调味品，煎汤，熬粥，2～4 g；研末服，0.6～1.5 g。

【使用注意】 阴虚火旺者忌服。孕妇慎用。

❹ 花椒

【异名】 蜀椒，秦椒，川椒，大椒，汉椒，巴椒。

【功效】 温中止痛，杀虫止痒，除湿止泻。

【临床应用】 用于中焦实寒或虚寒所致的脘腹冷痛、痛经等；小儿蛲虫病、虫积腹痛、肛周瘙痒等，以及湿阻中焦所致之湿疹、阴痒、呕吐泄泻等。

(1) 胆道蛔虫症。花椒 6 g(微炒)，乌梅 9 g。上二味水煎，每日分 2～3 次服。

(2) 小腹冷痛，痛经。生姜 24 g，大枣 30 g，花椒 9 g。将姜、枣洗净，生姜切薄片，同花椒一起加水小火煎煮，成 1 碗汤汁即可。痛时喝汤食枣。

【用法用量】 作调味品，煎汤、羹粥，3～6 g。

【使用注意】 阴虚火旺者忌服，孕妇慎用。多食易动火、耗气、损目。

任务七　理气药

凡以疏理气机为主要功效，常用于治疗气滞证和气逆证的药物，称为理气药。理气药多为辛香之品，大多归肺、肝、脾经。依其作用特点的不同，其功效有理气健脾、疏肝解郁、理气宽胸之不同。气滞证主要表现为胀、满、痛；气逆证主要表现为呕吐、恶心、嗳气、咳喘等。如脾胃气滞主要表现为脘腹胀满、疼痛，恶心呕吐；肝郁气滞主要表现为胁肋胀满、乳胀、痛经、情志抑郁等。

❶ 陈皮

【异名】 橘皮，广陈皮。

Note

【功效】 理气健脾,燥湿化痰。

【应用】 用于中焦气滞所致的脘腹胀满、不思饮食、恶心呕吐等,以及湿痰或寒痰所致的咳嗽痰多、胸胁胀满等。

(1) 胸部满闷,脘腹胀满,不思饮食。生姜 60 g,橘皮 30 g。水煎取汁,代茶饭前温饮。

(2) 小儿不思食,气逆。桂心 15 g,橘皮 90 g,薤白 150 g,黍米 300 g,人参 15 g。上药先研粗末,桂心、橘皮、人参以水 7 L 先煮,煎取 2 L,次下薤白、黍米,待米熟药成,稍稍服之。

(3) 不思饮食,呕吐,咳嗽痰多。陈皮 10 g,花茶 3 g。用 250 mL 开水冲泡后饮用。

【用法用量】 煎汤、糕饼、羹粥,3～10 g。

【使用注意】 阴虚燥咳者忌服。

❷ 玫瑰花

【异名】 徘徊花。

【功效】 疏肝解郁,活血止痛。

【应用】 用于肝郁气滞、瘀血阻滞所致的胁腹胀痛、月经不调、经前乳胀、跌打损伤等。

(1) 月经后期,量少色暗,有血块,小腹疼痛。月季花 9 g(鲜品加倍),玫瑰花 9 g(鲜品加倍),红茶 3 g。用 200 mL 开水冲泡后饮用,冲饮至味淡。

(2) 肝郁胁痛,月经不调。玫瑰花初开者 30 朵,冰糖适量。玫瑰花去心蒂,洗净,放入砂锅中,加清水浓煎。调以冰糖进食。

(3) 月经不调,痛经,带下。玫瑰花 5 朵,糯米 100 g,樱桃 10 枚,白糖 100 g。将玫瑰花用清水漂洗净。糯米淘净入锅,加水烧开,熬煮成粥,加入玫瑰花、樱桃、白糖稍煮即好。

【用法用量】 煎汤、糕饼、羹粥,1.5～6 g。

任务八 消食药

凡以消化食积为主要功效,常用以治疗饮食积滞的药物,称为消食药。消食药大多性味甘平或甘温,大多归脾、胃经。脾胃为生化之源,后天之本,主纳谷运化。若饮食不节损伤脾胃,或先天脾胃功能不良,易致饮食停滞,出现各种运化功能失常的病症,如消化不良、纳呆食少、脘腹胀满、便秘、腹泻等。

❶ 山楂

【异名】 东山楂,红果,胭脂果。

【功效】 消食健胃,化痰消滞,活血散瘀。

【应用】 用于食积所致的脘腹胀痛、纳呆厌食、嗳腐吞酸;气滞血瘀之痛经、闭经、产后腹痛等。

(1) 纳呆食少,脘腹胀闷,厌食恶心。山楂 10 g,生麦芽 10 g。山楂洗净,切片,与麦芽同置杯中,倒入开水,加盖泡 30 min,代茶饮用。

(2) 食肉不消。山楂肉 120 g,水煮食之,饮其汁。

(3) 泄泻,痢疾。山楂炭,单味研粉,加糖冲服或配茶叶、姜煎服。

【用法用量】 煎汤或入丸、散,3～10 g。焦山楂消食导滞作用强,常用于肉食积滞、胃脘胀满、泻痢腹痛。

❷ 麦芽

【异名】 麦蘖,大麦毛,大麦芽。

【功效】 消食化积,回乳消胀。

【应用】 用于食积所致的食欲不振、脘腹胀满等;肝郁气滞之胃痛、乳房胀痛等。

(1) 小儿消化不良，不思饮食，脘腹胀满。麦芽 120 g，橘皮 30 g，炒白术 30 g，神曲 60 g，米粉 150 g，白糖适量。麦芽、橘皮、炒白术、神曲研粉，与白糖、米粉加清水和匀，放入碗内，用蒸锅蒸熟即可。每日随意食 2～3 块，连服 5～7 天。

(2) 产后发热，乳汁不通。麦芽 100 g，炒研末。清汤调下，作 4 服。

【用法用量】 水煎服，10～15 g。炒用(回乳)，30～120 g。

【使用注意】 哺乳期妇女忌用。孕妇慎服。

❸ 鸡内金

【异名】 鸡肫内黄皮，鸡中金。

【功效】 健脾消食，涩精止遗，通淋化石。

【应用】 用于食积所致的消化不良、呕吐、反胃、小儿疳积；结石症，如胆石症、泌尿系结石等。

(1) 饮食减少，常作泄泻，完谷不化。白术 200 g，干姜 100 g，鸡内金 100 g，熟枣肉 250 g。上药 4 味，白术、鸡内金各自轧细焙熟，再将干姜轧细，共和枣肉，同捣如泥作小饼，木炭火上炙干。空腹时，当点心，细嚼咽之。

(2) 反胃，食即吐出。鸡内金适量烧灰，酒服。

(3) 小儿疳积。鸡内金 20 个(勿落水，用瓦焙干，研末)，车前子 200 g(炒，研末)。二物和匀，以米汤溶化，拌入与食。忌油腻、面食、煎炒。

【用法用量】 煎汤，3～10 g。研末服或入丸、散，1.5～3 g。

【使用注意】 脾虚无积者慎服。鸡内金含有胃激素，在高温下易被破坏，故一般以生用(焙干研末)为佳。

任务九　止血药

凡以制止体内外出血为主要功效，常用以预防和治疗各种出血类病症的药物，称为止血药。止血药大多性味苦寒，归心、肝经。适用于血热、瘀阻、虚寒等所致的各种出血病症，如咯血、衄血、便血、紫癜等。

❶ 三七

【异名】 参三七，田七。

【功效】 化瘀止血，消肿定痛，补虚强壮。

【应用】 用于血瘀所致的胸胁刺痛、跌仆肿痛等，以及血虚所致的体倦乏力、产后贫血等。

(1) 贫血，久病体弱，产后血虚。三七 20 g，母鸡 1 只，黄酒、生姜、葱、调料适量。三七的一半打碎磨粉，余下三七及母鸡上笼蒸软后切成薄片，姜切成大片，葱切成 10 节备用。将三七片、鸡片、姜片、葱段分别装入 10 只碗内，灌入清汤适量，加入料酒、食盐，上笼蒸约 2 h。蒸好后，将 10 只碗中的生姜、葱去掉，三七粉撒入各蒸碗的汤中即可。可分顿食用。

(2) 诸肿块瘿瘤，尚未转移，神疲体倦。三七粉 3 g，黑芝麻 50 g，糙米 50 g，红糖 10 g。煮成粥食之。

(3) 跌打损伤，骨折。鸡肉 250 g，三七粉 10 g，冰糖适量。将三七粉、冰糖(捣碎)与鸡肉片和匀隔水密闭蒸熟。每日 2 次，连服 3～4 周。

【用法用量】 浸泡、煮、蒸、熬，3～10 g。

【使用注意】 大剂量可致中毒，引起呼吸困难、房室传导阻滞等。孕妇慎服。

❷ 艾叶

【异名】 冰台，艾蒿，医草，灸草。

【功效】 温经止血,散寒止痛;外用祛湿止痒。

【应用】 用于冲任虚寒所致的痛经、月经不调、崩漏、胎动不安、湿疹瘙痒等。

(1) 月经过多,崩漏,便血。艾叶 9 g,老母鸡 1 只,米酒 60 mL,葱白 2 段,食盐适量。将鸡肉放砂锅内,加入艾叶、米酒和适量清水,煮沸。加食盐、葱白,用小火煨至熟烂,然后拣去艾叶和葱白即成。食肉喝汤,佐餐食用,连用 5~7 天。

(2) 痛经,月经不调,宫冷不孕。鲜艾叶 30 g(干艾叶 10 g)煎汤,去渣后加入粳米 50 g,红糖适量煮粥。月经过后 3 天开始服至下次月经来前 3 天,每天 2 次,早、晚温热食用。

(3) 崩漏,胎动不安。艾叶 9 g,生姜 25 g,鸡蛋 2 个,加水适量同煮,蛋熟去壳,复入原汤中煨片刻。饮汤食蛋,每天 2 次。

【用法用量】 煎汤、捣汁或入丸、散,3~9 g。

任务十 活血化瘀药

凡以畅通血行、消散瘀血为主要功效,常用于治疗瘀血病症的药物,称为活血化瘀药。性味多辛、苦、温,大多归心、肝经。瘀血既是病理产物,又是多种病症的致病因素,且所致病种广泛,如气滞血瘀所致之胸胁刺痛、腹痛、胃脘痛,月经不调、痛经、闭经、产后腹痛等;以及中风后遗症、风湿肩背痛、跌打损伤等。孕妇忌用。

❶ 西红花

【异名】 番红花,藏红花。

【功效】 活血化瘀,凉血解毒,解郁安神。

【应用】 用于瘀血阻滞所致之癥瘕、痛经、产后瘀阻、跌打损伤、忧郁痞闷等。

(1) 郁闷痞结。西红花每服 1 朵,冲汤下忌食油荤、食盐,宜食淡粥。

(2) 痛经。西红花 3 g,鸡脯肉(老母鸡)200 g,鸡蛋清 50 g,调料适量。先将西红花浸泡再蒸 10 min 备用,再将鸡脯肉洗净绞碎如泥,加入鸡蛋清、调料和匀蒸熟。西红花连汤汁浇在鸡汤里即成。

【用法用量】 可入蜜膏、蒸露、糖浆浸泡等,1~3 g。

【使用注意】 孕妇忌用。月经过多或有出血性疾病者慎用。

❷ 桃仁

【异名】 桃核仁。

【功效】 活血祛瘀,润肠通便,止咳平喘。

【应用】 用于瘀血阻滞所致之痛经、闭经、产后瘀阻、跌打损伤、忧郁痞闷、咳喘、便秘等。

(1) 瘀血心痛,发动无时,不能下食。桃仁 10 g,红米 50 g。将桃仁去皮尖研末,以水投取汁,以桃仁汁和红米煮粥食之。

(2) 习惯性便秘。芝麻、松子仁、胡桃仁、桃仁(去皮尖,炒)、甜杏仁各 10 g,粳米 200 g。将五仁混合碾碎,入粳米共煮稀粥。食用时,加白糖适量,分顿食用。

【用法用量】 捣碎,浸泡、煎、煮、熬,5~10 g。

任务十一 化痰药

凡以化痰为主要功效,常用于治疗痰证的药物,称为化痰药。大多性味苦平或甘寒,归肺、脾、肾经。痰之产生多责之于肺不能布散津液,脾不能运化精微,肾不能蒸化水液,以致津液凝聚成痰。痰既是病理产物,又是致病因子,它"随气升降,无处不到",导致各种痰饮病症,如咳嗽痰多。

本类原料使用时注意：咳嗽兼有咳血者，或者胃溃疡出血者，不宜用强烈而有刺激性的化痰药，以防加重出血。

❶ 桔梗

【异名】 梗草，苦梗，苦菜根。

【功效】 开宣肺气，祛痰利咽。

【应用】 用于痰浊壅肺所致的咳嗽痰多、咽喉肿痛、肺痈吐脓、小便癃闭等。

(1) 肺脓肿，咳吐脓血。桔梗 10 g，芦根 20 g，加水 300 mL，煮沸，去药渣，加入冰糖 20 g，搅拌待冰糖溶解后分 3 次服。

(2) 咳嗽痰多，咽喉肿痛。桔梗 9 g，桑叶 15 g，菊花 12 g，杏仁 6 g，甘草 9 g。水煎去渣，代茶饮。

【用法用量】 浸泡、熬、煮、蒸、炖，3～10 g。

【使用注意】 凡气机上逆、呕吐、呛咳、眩晕、咳血(阴虚火旺)者忌用。

❷ 胖大海

【异名】 安南子。

【功效】 清热润肺，利咽开音，润肠通便。

【应用】 用于肺燥津伤所致的干咳无痰、咽喉肿痛、音哑、热结便秘等。

(1) 喉痛音哑，干咳无痰。胖大海 10 g，枇杷叶 6 g，沸水冲服，代茶饮。

(2) 干咳。胖大海 5 枚，冰糖适量。将胖大海洗净，放入碗内加冰糖适量调味，冲入沸水，加盖闷半小时即可。慢饮，隔 4 h 再泡 1 次，每日 2 次。

(3) 骨蒸内热，目赤，痔疮瘘管。胖大海 100 g 加水，煮沸后，加入蜂蜜 100 g，搅拌，冷却。每日 3 次，每次 15 g。

【用法用量】 泡服、煮、煎、熬，2～4 枚。

【使用注意】 脾胃虚寒泄泻者慎服。过量服用可引起呼吸中枢麻痹。

任务十二 止咳平喘药

凡以降利肺气、平息咳喘为主要功效，常用于治疗咳嗽气喘的药物，称为止咳平喘药。止咳平喘药，其味或甘或苦或辛，其性或温或寒，主归肺经。主要用于外感或内伤引起的咳嗽、哮喘。

本类原料使用时应注意：表证、麻疹初起，不能单投止咳平喘药，尤其是收敛止咳，当以疏解宣发为主，少佐止咳药。

❶ 苦杏仁

【异名】 北杏仁。

【功效】 止咳平喘，润肠通便。

【应用】 用于痰浊壅肺所致的咳嗽气喘，胸闷痰多，肠燥便秘等。

(1) 咳嗽痰多。大鲫鱼 1 条，苦杏仁 10 g，红糖 30 g。将大鲫鱼洗净，同苦杏仁一起放入锅中，加水适量，煎煮至鱼肉熟透。放入红糖煮化即成，出锅晾温。一顿食完，吃肉喝汤。

(2) 咳喘。苦杏仁 10 g，鸭梨 100 g，冰糖 20 g，将苦杏仁除去杂质后打碎，鸭梨洗净后切碎，加水适量煮熟，去渣取汁。放入冰糖溶化晾温，分次饮用。

(3) 久病体虚之肺痿咳嗽，吐痰黏白，精神疲乏，形体消瘦，心悸气喘。羊肺 1 具，苦杏仁 30 g，柿霜 30 g，绿豆粉 309，白蜂蜜 60 g。取苦杏仁去皮研末，与柿霜、绿豆粉一起装入碗内，放入蜂蜜调匀。加清水少许至以上四味混合成浓汁状。羊肺洗净放入以上药汁，置盆内加水约 500 mL，隔水炖熟，晾温。吃肺喝汤。

【用法用量】 浸泡、煎、煮、熬，3～10 g。

【使用注意】 本品有小毒，用量不宜过大，应反复多次用沸水浸烫，去皮、尖部。本品需在医生指导下使用。婴幼儿慎用。

❷ 罗汉果

【异名】 拉汉果，光果木鳖。

【功效】 清热润肺，化痰止咳，生津利咽，润肠通便。

【应用】 用于痰热壅肺所致的肺热痰火咳嗽、咽痛、肠燥便秘等。

(1) 百日咳。罗汉果 1 个，柿饼 15 g，水煎服。

(2) 痰火咳嗽。罗汉果、猪精肉各适量，汤服之。

(3) 急、慢性支气管炎，咽喉炎，扁桃体炎，便秘。罗汉果 15～30 g，开水泡，代茶饮。

【用法用量】 水煎服或单用加蜂蜜泡服。或做成年糕、糖果、饼干等，10～30 g。

【使用注意】 脾胃虚寒者慎服。肺寒及外感咳嗽者忌用。

任务十三 补虚药

凡以补虚扶弱、纠正人体气血阴阳的不足为主要功效，常用于治疗虚证的药物，称为补虚药。补虚药能补虚扶弱，分别能纠正人体气血阴阳虚衰的病理偏向。补虚药主治虚证，症见面色淡白或萎黄，精神萎靡，身疲乏力，心悸气短，脉虚无力等。由于虚证又有气虚证、阳虚证、血虚证、阴虚证之不同。故补虚之功效又有补气、补血、补阴、补阳之异。根据补虚药的药性、功效与主治的不同，一般又分为补气药、补阳药、补血药、补阴药 4 类。

一、补气药

以补益脏气、纠正脏气虚衰的病理偏向为主要功效，用于治疗气虚证的药物，称为补气药。补气药的性味以甘温或甘平为主，均具有补气的功效，主要具有补益脾肺之气，或者补益心气功效。用于治疗脾气虚，症见食欲不振，脘腹虚胀，大便溏薄，体倦神疲，面色萎黄或白，消瘦或一身虚浮，甚或脏器下垂，血失统摄，造血功能低下等；肺气虚，症见气少不足以息，动则益甚，咳嗽无力，声音低怯，甚或喘促，体倦神疲，易出虚汗等；心气虚，症见心悸怔忡，胸闷气短，活动后加剧，脉虚等。

❶ 人参

【异名】 红参，野山参。

【功效】 大补元气，复脉固脱，补益脾肺，生津养血，安神益智。

【应用】 用于肢冷脉微、脾虚食少、肺虚喘咳、津伤口渴、内热消渴、久病虚羸、惊悸失眠、阳痿、宫冷不孕等。

(1) 中风后烦躁不食。人参 30 g，粟米 250 g，薤白 15 g，鸡子白 1 枚。先煮人参取汁，后加入粟米煮粥，将熟时下鸡子白、薤白，熟后食之。如食不尽，可作 2 次。

(2) 虚羸不思食。人参 10 g，茯苓 15 g，粳米 100 g，生姜 6 g。先将人参、茯苓、生姜水煎取汁，后入粳米煮粥，临熟下鸡子白 1 枚及食盐少许，搅匀，空闲食之。

(3) 崩漏，便血。红参 6 g，粳米 50 g，冰糖适量。用红参、粳米先煮粥，待熟后入冰糖，搅匀，分多次食之。

(4) 反胃，反酸。人参末 5 g，生姜汁 15 g，粟米 50 g。先以水煮人参末、生姜汁，后入粟米，煮为稀粥，觉饥即食之。

【用法用量】 泡、炖、蒸、焖、煨、煮、熬。1～10 g。

【使用注意】 阴虚阳亢、骨蒸潮热、咳嗽吐衄，肺有实热或痰气壅滞的咳嗽，肝阳上升、目赤头晕以及一切火郁内实之证者均忌服。不宜与藜芦、五灵脂同用。

❷ 山药

【异名】 山芋，薯药，怀山药。

【功效】 补脾养胃，生津益肺，补肾涩精。

【应用】 用于食少、久泻不止、肺虚喘咳、肾虚遗精、带下、尿频、虚热消渴等。

(1) 脾胃虚弱，纳差。山药、白术各 30 g，人参 1 g，捣为细末，煮白面糊为丸，如小豆大，每日服 30 丸，空心食前温米饮下。

(2) 虚劳咳嗽。山药捣烂半碗，加入甘蔗汁半碗，和匀，温热饮之。

(3) 小便频数。茯苓(去黑皮)、干山药(去皮，白矾水内蘸过，慢火焙干用之)各等份，研为细末，稀米饮调服。

【用法用量】 内服：煎汤 15～30 g，大剂量 250～600 g；或入丸、散。外用：适量，捣敷。补阴，宜生用；健脾止泻，宜炒黄用。

❸ 甘草

【异名】 国老。

【功效】 补脾益气，润肺止咳，缓急止痛，清热解毒，调和药性。

【应用】 用于肺脾虚弱所致的倦怠、惊悸气短、咳嗽痰多等，以及用于缓解药物之毒性、烈性，脘腹四肢挛急疼痛，痈肿疮毒等。

(1) 小儿水痘。绿豆 10 g，赤小豆 10 g，黑豆 10 g，生甘草 3 g。加水浸泡 1 h 后，煮开，文火煨至烂熟。以上为 1 次量，每日服 2～3 次。

(2) 老年人中风。热毒，胸闷。甘草 30 g，黑豆 80 g，生姜 15 g。以水 400 mL，煎取 200 mL，去渣，徐徐服之。

(3) 胃癌疼痛。甘草 20 g，杭白芍 30 g。水煎服。

【用法用量】 浸酒、炖、蒸、煮。3～10 g。

【使用注意】 湿盛而胸腹胀满及呕吐者忌服。久服大剂量，易引起浮肿。不宜与京大戟、芫花、甘遂、海藻同用。

❹ 大枣

【异名】 木蜜，干枣，凉枣。

【功效】 补中益气，养血安神，调和药性。

【应用】 用于脾虚所致的食少、体倦便溏，心气虚所致的妇女脏躁、惊悸等。

(1) 妇女脏躁。大枣、甘草、浮小麦适量，水煎服。

(2) 脾胃寒湿，饮食减少，久泻，完谷不化。白术 120 g，干姜 60 g，鸡内金 60 g，熟枣肉 300 g。上药 4 味，白术、鸡内金皆用生者，每味各自轧细，焙熟，再将干姜轧细，和熟枣肉一起捣成泥状，做小饼，木炭火上炙干。空闲时，当点心，细嚼咽之。

(3) 中风惊恐虚悸，四肢沉重。大枣(去核)7 枚，青粱粟米 200 g。先煮枣去渣，投米煮粥。

【用法用量】 9～15 g。水煎服，或做丸用。

【使用注意】 味甘而能助湿，食之不当可致脘腹痞闷、食欲不振，故湿盛苔腻、脘腹作胀者忌用。

【备注】 将大枣制成乌黑色，即成“黑枣”，又名“南枣”，其功效与红枣相似而滋补作用较好。

❺ 蜂蜜

【异名】 石蜜，石饴，食蜜，白蜜，蜂糖。

【功效】 调补脾胃，缓急止痛，润肺止咳，润肠通便，润肤生肌，解毒。

【应用】 用于脾气虚弱或肺虚所致的脘腹隐痛、肺燥干咳、肠燥便秘等；用于解乌头类药毒；外治疮疡不敛、水火烫伤等。还可用于治疗高血压。

(1) 口疮。①蜜浸大青叶含之。②生蜜一味，频用涂疮上。三五次即愈。

(2) 烫火伤，热油烧痛。①以白蜜涂之。②以生蜜调侧柏叶灰涂之，每日三五次。

(3) 咳嗽。白蜜 500 g，生姜 1 kg(取汁)，上 2 味，先秤铜挑，知斤两讫，纳蜜复秤知数，次纳姜汁，以微火煎令姜汁尽。

(4) 胃十二指肠溃疡疼痛。蜂蜜 24 g，生甘草 6 g，陈皮 6 g，水适量，先煎甘草、陈皮去渣，冲入蜂蜜。每日 3 次分服。

(5) 高血压，慢性便秘。蜂蜜 54 g，黑芝麻 45 g。先将黑芝麻蒸熟捣如泥，搅入蜂蜜，用热开水冲化，每日 2 次分服。

【用法用量】 冲调，15～30 g；或入丸剂、膏剂。

【使用注意】 痰湿内蕴、中满痞胀及大便不实者禁服。

⑥ 党参

【异名】 台参，野台参，潞党参，西党参。

【功效】 补中益气，养血生津。

【应用】 用于脾肺气虚或气血亏虚所致的食少倦怠、咳嗽虚喘、贫血、面色萎黄、惊悸气短、津伤口渴、内热消渴等。

(1) 肺脾气虚所致的体倦、咳嗽乏力。党参 500 g(软甜者，切片)，北沙参 250 g(切片)，桂圆肉 120 g。水煎浓汁，滴水成珠，用瓷器盛储。每用 1 酒杯，空心滚水冲服，冲入煎药亦可。

(2) 气血亏损所致的腰酸痛、气短、惊悸失眠、自汗。党参、当归、山药各 10 g，猪腰 500 g，酱油、醋、姜、蒜、香油适量。猪腰切开剔去筋膜臊腺，洗净。将洗净的当归、党参、山药与猪腰同置锅内，加水适量，清炖至猪腰熟透。捞出猪腰，待冷，切成薄片，放在平盘上，加入酱油、醋、姜丝、蒜末、香油等调料即可食用。经常佐餐食用。

(3) 倦怠嗜睡，头面虚肿，四肢浮肿，食少，便溏。党参 3 g，黄芪 3 g，鸡脯肉 200 g，冬瓜 1 kg，食盐、黄酒等适量。将党参、黄芪洗净，鸡脯肉切丝，冬瓜去皮、瓤，横切成块。冬瓜放在汤碗中，将鸡丝、党参、黄芪、盐、黄酒、味精同放在冬瓜上，加水适量。将冬瓜碗置于蒸锅中，蒸熟即可。经常佐餐食用。

【用法用量】 浸泡、炖、蒸、煮、焖熬。10～15 g。

【使用注意】 本品对虚寒证最为适用，热证、实证者不宜使用。

⑦ 西洋参

【异名】 西洋人参，洋参，花旗参。

【功效】 补气养阴，清热生津。

【应用】 用于气阴两虚所致的虚热烦倦、咳喘痰血、内热消渴、口燥咽干等。

(1) 热病后气阴不足所致的口干、烦渴、气短、乏力。西洋参 3 g，粳米 50 g，麦门冬 10 g，淡竹叶 10 g。西洋参研末，水煎麦门冬、淡竹叶，去渣取汁，再入西洋参末、粳米，慢火煮作稀粥食用。

(2) 小儿羸瘦，身体衰弱，食少便溏，神疲乏力。西洋参 3 g，红枣 30 枚，冰糖 15 g。将西洋参放入碗内置饭锅上蒸，趁热切成薄片。加红枣、冰糖同煮至参、枣烂熟。空腹温热食之。

【用法用量】 浸泡、炖、蒸、煮。3～6 g。

【使用注意】 中阳衰微、胃有寒湿者忌服。忌铁器及火炒。

⑧ 黄芪

【异名】 黄耆，王孙，绵黄芪。

【功效】 补气升阳，益卫固表，托毒生肌，利水消肿。

【应用】 用于脾气虚或肺气虚所致的乏力、食少便溏、中气下陷、久泻脱肛、便血崩漏、表虚自汗、水肿、内热消渴、血虚萎黄、半身不遂、痹痛麻木、痈疽难溃、久溃不敛等。

(1) 体倦，五脏虚衰，年老体弱，久病羸弱，心慌气短，体虚自汗，慢性泄泻，脾虚久痢，食欲不振，气虚浮肿。黄芪 30 g，人参 10 g，粳米 90 g，白糖适量。将黄芪、人参切片，用冷水浸泡 30 min，入砂锅煎沸，煎出浓汁后去渣取汁，再把渣加入冷水如上法再煎，并取汁。将两煎药汁合并后分两等份，早、晚各用 1 份，同粳米加水煮粥，粥成后加入白糖。早、晚空腹服用。

(2) 小儿消化不良，妊娠水肿，胎动不安，术后伤口难愈。黄芪 50 g，鲈鱼 500 g，生姜、葱、醋、食盐、料酒等适量。将鲈鱼去鳞、鳃及内脏，洗净。黄芪切片，装入白纱布袋内，扎紧袋口。将鲈鱼与黄芪共放入锅中，加入葱、姜、醋、食盐、料酒、适量水。将砂锅置武火上烧沸，用文火炖熬至熟即成。食用时加入味精。佐餐时用。

(3) 小儿慢性肾炎。生黄芪 3 g，生薏苡仁 30 g，赤小豆 15 g，鸡内金末 9 g，金橘饼 2 枚，糯米 30 g。先将生黄芪放入小锅内，加水 600 mL，煮 20 min，捞出渣。再加入生薏苡仁、赤小豆煮 30 min。最后加入鸡内金末和糯米，煮熟成粥，分两次温热服用，每次服后嚼食金橘饼 1 枚，连服 2～3 个月。

【用法用量】 浸泡、炖、蒸、焖、煮熬。10～30 g。

【使用注意】 内有积滞，阴虚阳亢，疮疡阳证、实证者不宜使用。

二、补血药

以滋养营血、纠正营血亏虚为主要功效，常用于治疗血虚证的药物，称为补血药。本类药物的性味以甘温或甘平为主，均具有补血的功效，主要用于治疗心肝血虚证，症见面色苍白无华或萎黄，舌质较淡，脉细或细速无力等。偏于心血虚者可见惊悸、怔忡、心烦、失眠、健忘；偏于肝血虚者可见眩晕、耳鸣、两目干涩、视力减退，或肢体麻木、拘急、震颤；妇女肝血不足，可见月经后期、量少色淡，甚至闭经。

使用时应注意：部分补血药有一定滋腻性，可能妨碍脾胃运化，故湿滞脾胃、脘腹胀满、食少便溏者应慎用。必要时，可配伍健脾消食药，以助运化。

❶ 当归

【异名】 干归，秦归。

【功效】 补血，活血，止痛，润肠。

【应用】 用于血虚所致的萎黄、眩晕、惊悸、月经不调、闭经、痛经，以及虚寒腹痛、风湿痹痛、跌仆损伤、痈疽疮疡、肠燥便秘等。

(1) 妇女产后气血虚弱，阳虚失温所致的腹痛，或者血虚乳少，恶露不止；腹中寒疝虚劳不足。当归 90 g，生姜 150 g，羊肉 500 g。上 3 味，加水 8 L，煮取 3 L，温服 700 mL，每日 3 服。

(2) 肌热燥热，烦渴引饮，目赤面红，昼夜不息，其脉洪大而虚，重按全无。黄芪 30 g，当归(酒洗)6 g。上药作 1 服，水 2 盏，煎至 1 盏，去滓，温服。

(3) 血虚、血瘀引起的月经不调。红花 10 g，当归 10 g，丹参 15 g，糯米 100 g。先煎诸药，去渣取汁。后加入米煮作粥。空腹食用。

(4) 久病体虚，倦怠乏力，消瘦。鳝鱼 500 g，当归 15 g，党参 15 g。取鳝鱼除去头、骨、内脏，洗净，切丝。当归和党参洗净切片，用纱布包扎，一并入锅加水适量，煎煮 60 min，捞出药包，加入适量食盐、葱、姜等调料。分顿佐餐食用，吃鳝鱼喝汤。

(5) 中风后遗症。干地龙 30 g，红花 20 g，赤芍 20 g，当归 50 g，黄芪 100 g，川芎 10 g，玉米面 400 g，小麦面 100 g，桃仁、白糖适量。干地龙以白酒浸泡去味，烘干研细末备用。桃仁煮去皮尖，略炒，备用。余药入砂锅加水适量，煎煮成浓汁，去渣备用。将地龙粉、玉米面、小麦面、白糖一起加入药汁中调匀制作面团，制圆饼 20 个，并将备用桃仁均匀撒在饼上。入笼屉或烤箱制熟。每服适量，或作早、晚餐辅食。

【用法用量】 浸酒、炖、蒸、焖、煮，5～15 g。酒当归活血通经，用于闭经、痛经、风湿痹痛、跌仆损伤。

【使用注意】 湿盛中满、大便溏泄者忌用。

② 阿胶

【异名】 傅致胶，盆覆胶，驴皮胶。

【功效】 补血养阴，润燥安胎。

【应用】 用于阴血亏虚所致的贫血、妊娠下血、月经不调、产后血虚、惊悸、燥咳、咯血、吐血、衄血、便血、崩漏等。

(1) 老年人体虚，大便秘结。阿胶 6 g，连根葱白 3 根，蜜 2 匙。先煎葱白，再加入阿胶、蜜溶开。食前温服。

(2) 久咳咯血，崩漏，胎动。阿胶 15 g，桑白皮 15 g，糯米 100 g，红糖 8 g。先煮桑白皮，去滓取汁，后用清水煮糯米 10 min 后倒入药汁、阿胶，然后加入红糖，煮成粥。

(3) 失血性贫血。阿胶 6 g，瘦猪肉 100 g。水炖瘦猪肉至熟，后加入阿胶烊化，食盐调味，食肉喝汤。

【用法用量】 烊化或磨粉后制成汤剂、粥剂、羹剂用，6～15 g。

【使用注意】 本品不能直接入煎剂，须单独加水蒸化，加入汤剂中服，称烊化服。本品性质滋腻，脾胃虚弱、腹胀便溏者慎用。

③ 龙眼肉

【异名】 桂圆，龙眼干，龙目，圆眼。

【功效】 补益心脾，养血安神。

【应用】 用于心脾气血不足所致的惊悸怔忡、健忘失眠、萎黄等。

(1) 禀赋不足，后天失养，病久体虚，积劳内伤，久虚不复之虚劳。龙眼肉 60 g，白糖 3 g，素体多火者，再加入西洋参 3 g。盛竹筒式瓷碗内，碗口罩以丝绵一层，日日于饭锅上蒸之，蒸至多次。凡衰羸老弱，别无痰火，便滑之病者，每次以开水服 1 匙，大补气血，力胜参芪，产妇临盆，服之尤妙。

(2) 脾胃虚弱，视物不清。桂圆 900 g，菊花、当归各 150 g，枸杞子 300 g，用黄酒 3 L 浸 1 个月。每次饮 30 mL，每日 2 次。

(3) 思虑过度，劳伤心脾，气血不足，惊悸怔忡，失眠健忘。龙眼 250 g，浸泡于 1.5 L 白酒中，1 个月后开封饮用。

(4) 产后浮肿，气虚水肿，脾虚泄泻。龙眼干、生姜、大枣适量，煎汤服。

【用法用量】 水煎服，10～15 g，补虚可用 30～60 g；或浸酒，熬膏。

【使用注意】 消渴、腹胀或有痰火者不宜服用。

三、补阳药

凡具有温补阳气功效，治疗阳虚证的药物，称为补阳药。补阳药性味多甘温，或咸温，或辛热，能补助人体阳气。主要适用于阳气不足所致的形寒肢冷、面色苍白、神疲自汗及阳气欲脱等症。

① 鹿茸

【异名】 斑龙珠。

【功效】 壮肾阳，益精血，强筋骨，托疮毒。

【应用】 用于冲任虚寒、带脉不固所致的崩漏不止、带下过多等，以及元阳不足，精血亏虚等。

(1) 肾虚腰痛，遇劳则甚。鹿茸 5 g，菟丝子 15 g，小茴香 9 g，羊肾 1 对。共炖，食肉喝汤。

(2) 阳痿，小便频数，面色无华。用嫩鹿茸 30 g(去毛切片)，山药(末)30 g，放入绢袋，置酒瓶中，7 日开瓶，每日饮 30 mL，将鹿茸焙作丸服。

(3) 老年人心跳过缓，头晕目眩，气短乏力。鹿茸 3 g，红参 3 g，研细末，用丹参 15 g、红枣 10 个煎汤送服。

【用法用量】 研末冲服或入丸剂，亦可浸酒服，1～3 g。

【使用注意】 凡阴虚阳亢、血分有热、胃火盛或肺有痰热及外感热病者均禁服。

❷ 鹿鞭

【异名】 鹿茎筋，鹿阴茎，鹿冲，鹿冲肾。

【功效】 补肾壮阳，益精填髓。

【应用】 用于肾虚劳损所致的腰膝酸痛、耳聋耳鸣、阳痿、遗精、早泄、宫冷不孕等。

(1) 肾阳虚衰，阳痿，遗精，肢冷腰酸及妇人宫冷，久不受孕等。鹿鞭1具，白酒500 mL。鹿鞭用温水发透，刮去粗皮杂质后剖开，再刮去里面的粗皮杂质，洗净，切片，浸于白酒内7天。每次服1小杯，每日2次。

(2) 肾气损虚，耳聋。鹿肾(鹿鞭)1对，去脂膜，切细，加粳米、豉汁煮粥，入五味调和，空腹食之；作羹及入酒并得，食之。

(3) 五劳七伤，阳气衰弱。鹿肾(鹿鞭)1对，去脂膜，切细；肉苁蓉100 g，酒浸1宿，刮去皱皮，切片。粳米煮粥，欲熟时，下鹿鞭、肉苁蓉、葱白、食盐、椒食之。

【用法用量】 煎汤、煮、熬膏或入丸、散，6～15 g。

【使用注意】 阴虚阳亢者忌服。

❸ 海马

【异名】 水马，龙落子鱼，马头鱼。

【功效】 补肾壮阳，散结消肿。

【应用】 用于肾阳虚所致的阳痿、虚喘、遗尿、带下等，以及气滞血瘀所致的癥瘕积聚、跌仆损伤等。

(1) 阳痿，遗精，早泄，尿频；妇女白带清稀，绵绵不断，腰酸如折，小腹冷感；年老体衰，神倦肢冷等。净仔公鸡1只，海马1对，水发香菇30 g，火腿20 g，食盐6 g，料酒20 mL，葱段、姜片各15 g，清汤500 mL，味精适量。海马用温水洗净；鸡在开水中煮约5 min取出，剔骨取肉，连皮切成长方条；火腿、香菇切丁，将鸡条整齐摆在茶碗里，分别放上海马、火腿、香菇及调料，上屉蒸15 h取出，拣去葱、姜，调入味精。佐餐服食。

(2) 阳痿及跌打损伤。海马30 g，白酒500 mL。浸泡7日后服，每次1小杯，每日2～3次。

(3) 肾虚咳喘，夜尿频多。猪肉100 g，海马1对，核桃肉15 g，大枣2枚，清汤适量，慢火炖熟，加食盐、葱、姜调味，随量饮用。

【用法用量】 煎汤，3～9 g；研末，1 g。

【使用注意】 孕妇及阴虚阳亢者禁服。

❹ 冬虫夏草

【异名】 中华虫草，冬虫草。

【功效】 补肺益肾，止血化痰。

【应用】 用于肾虚精亏之腰痛、阳痿等，以及肺肾两虚之虚喘或劳嗽痰血，且可用于病后体虚等，为补虚扶弱的平和食疗佳品。

(1) 阳痿。冬虫夏草9～12 g，虾仁15～30 g，生姜少许，水煎至沸30 min后取汤温服。

(2) 身体虚弱，病后久虚不复，虚喘，吐血，贫血及食欲不振等证。冬虫夏草50 g，黑枣50 g，白酒1 L，酒浸密封60日后用，每日服2次，每次20 mL。

(3) 病后虚损。冬虫夏草3～5根，老雄鸭1只，去肚杂，将鸭头劈开，纳药其中，仍以线扎好，加酱油、酒，如常蒸烂食之。

【用法用量】 煎汤、炖或入丸、散，5～10 g。

【使用注意】 有表邪者慎用。

四、补阴药

凡具有养阴生津功效，治疗阴虚证的药物，称为补阴药。本类药物性味甘寒凉，能滋养阴液，生津润燥，主要适用于阴液亏虚所致的咽干口燥、便秘、尿黄，以及阴虚内热所致的五心烦热、潮热盗汗等病症。

❶ 百合

【异名】 重迈，摩罗，百合蒜，夜合花。

【功效】 养阴润肺，清心安神。

【应用】 用于肺燥或肺阴虚所致的久咳、痰中带血、心烦失眠等。

(1) 虚烦不安者。百合 7 枚、鸡子黄 1 枚。先以水洗百合，浸 1 宿，当白沫出，去其水，再以泉水 400 mL，煎取 200 mL，去滓，入鸡子黄搅匀，煎至 100 mL，温服。

(2) 热邪壅肺，烦闷咳嗽者。百合 120 g，加蜜后蒸软，时时含 1 片，吞津。

(3) 肺病吐血。百合捣汁，和水饮之。亦煮食。

【用法用量】 煎汤、熬粥，或入丸、散，6～12 g。

【使用注意】 风寒咳嗽及中寒便溏者禁服。

❷ 枸杞子

【异名】 西枸杞，甜菜子。

【功效】 滋补肝肾，明目，润肺。

【应用】 用于肝肾不足之头晕目眩、腰膝酸软、视力减退、遗精、消渴等，以及肺肾阴虚所致的虚劳咳嗽。

(1) 肾虚眩晕，头痛，神衰，腰酸足软。枸杞子 15 g，怀山药 50 g，猪脑 1 具，生姜、葱、味精、食盐等适量。将猪脑漂洗干净，怀山药、枸杞子洗净，一同放入砂锅中，入葱、姜、清水适量。将砂锅置武火上煮沸后，移文火上煮熟，调味食用。

(2) 体弱乏力，贫血昏花，视物模糊，肾虚阳痿，腰痛。枸杞子 100 g，青笋 100 g，瘦猪肉 500 g。炒锅入油烧热，将肉丝、笋丝同时下锅滑散，将料酒、白糖、酱油、食盐、味精搅匀，与枸杞子一同加入锅中颠炒几下，淋入芝麻油炒匀，装盘即成。佐餐食用。

(3) 血虚失眠。枸杞子 10 g，龙眼肉 15 g，红枣 4 枚，粳米 100 g，煮粥食用。

【用法用量】 煎、煮、熬，10～15 g。

【使用注意】 脾虚便溏者慎服。

❸ 黑芝麻

【异名】 胡麻，乌麻，乌芝麻，小胡麻。

【功效】 补益肝肾，养血益精，润肠通便。

【应用】 用于肝肾不足、精血亏虚所致的须发早白、腰膝酸软、头晕耳鸣、视物昏花、目暗不明。

(1) 益寿延年。黑芝麻、茯苓(去黑皮)、生干地黄(焙)、天门冬(去心焙)各 240 g。上 4 味，捣罗为细散。每服方寸匕，食后用温水调下。

(2) 久咳不止(肺肾亏虚型)。黑芝麻 100 g，松子仁 200 g，核桃仁 100 g，蜂蜜 200 g，黄酒 500 mL，将黑芝麻、松子仁、核桃仁一同捣成膏状，放入砂锅中，加入黄酒，文火煮沸约 10 min，倒入蜂蜜，搅拌均匀后继续熬煮收膏，冷却装瓶备用。每日 2 次，每次服食 1 汤匙，温开水送服。

(3) 老年人四肢无力，腰膝酸痛。黑芝麻 1 kg(焙)，薏苡仁 1 kg，干地黄 250 g(切)，放入绢袋中储存，白酒渍之，勿令泄气，满 5～6 日。空腹温服 1～2 盏。

(4) 白发。黑芝麻，九蒸九晒，研末，以枣膏调服。

(5) 便秘。黑芝麻、大枣各 60 g，杏仁 15 g，共浸水后捣烂成糊，煮熟加糖一次服下。

【用法用量】 煎汤，或归丸、散，9～15 g

【使用注意】 脾弱便溏者禁服。

❹ **石斛**

【异名】 林兰，禁生，杜兰，悬竹，千年竹。

【功效】 生津养胃，滋阴清热，润肺益肾，明目。

【应用】 用于阴虚内热所致的肾虚目暗、口干口渴、视力减退或腰膝软弱等。

(1) 口渴少津，纳呆。石斛 20 g，谷芽 12 g，白蜜 30 g，水煎取汁，加白蜜拌匀饮服。

(2) 头晕目眩，视物昏花，畏光流泪及复视，白内障，夜盲症。石斛 309，枸杞子 15 g，羊肝 1 个，放砂锅内，慢火炖熟，饮汤食肝。

(3) 热病津伤，心烦口渴；胃脘隐痛而兼干呕等。鲜石斛 30 g，水煮取汁，加粳米 50 g，冰糖适量入砂锅内煮粥。每日 2 次，稍温顿服。

【用法用量】 煎汤、熬膏或入丸、散，6～15 g，鲜品加倍。

【使用注意】 温热病早期阴未伤者、湿温病未化燥者、脾胃虚寒者均禁服。

主要参考文献

[1] 赵廉.烹饪原料学[M].北京:中国纺织出版社,2008.

[2] 周宏,陈坤浩.烹饪原料知识习题册[M].3版.北京:中国劳动社会保障出版社,2015.

[3] 冯玉珠.烹调工艺学[M].3版.北京:中国轻工业出版社,2009.

[4] 张富儒.川菜烹饪事典[M].重庆:重庆出版社,1985.

[5] 阎红.烹饪原料学[M].成都:四川人民出版社,2003.